CAD/CAM 职场技能特训视频教程

UG NX8 数控编程
基本功特训
（第 2 版）

陈胜利　谢新媚　陆宇立　蔡凯武　编著

电子工业出版社

Publishing House of Electronics Industry

北京·BEIJING

内 容 简 介

本书是一本以软件为基础并结合实践的书籍，是生产一线工程师与一线教师的倾情力作，作者根据多年的编程经验及模具设计经验，把工厂所需与教学实际相结合，通过软件的基本操作详细地阐述编程过程及加工注意事项。书中还包含大量的操作技巧和编程工程师的经验点评，读者学习后可以轻松掌握 UG 编程。

全书共 16 章，内容精练简明，主要包括两部分内容，第一部分为 UG 编程基本操作及加工工艺、平面加工、型腔铣加工、型腔铣二次开粗、等高轮廓铣加工、轮廓区域铣加工、数控钻孔加工、NC 程序与后处理；第二部分为如何看刀路和判别刀路的好坏、拆铜公与出铜公工程图纸、模具加工前的补面工作，以及塑料玩具球前模、保龄球前模、电蚊香座盖后模、保温瓶盖前模和铜公的编程。

本书内容丰富、功能讲解详尽，配书光盘中有大量实例素材和所有内容的视频讲解，并且在讲解功能的同时穿插大量的加工工艺知识，实例都来自于工厂实际，实用性非常强。另外，还将为选用本书作教材的教师提供丰富的教学资源。

本书适合大中专院校机械类专业师生和从事数控加工的广大技术人员，也可作为相关培训班的教材。

图书在版编目（CIP）数据

UG NX8 数控编程基本功特训/陈胜利等编著. —2 版. —北京：电子工业出版社，2014.5

CAD/CAM 职场技能特训视频教程

ISBN 978-7-121-22585-7

I. ①U… II. ①陈… III. ①数控机床－程序设计－应用软件－教材 IV. ①TG659

中国版本图书馆 CIP 数据核字（2014）第 040482 号

策划编辑：许存权

责任编辑：许存权　　特约编辑：马军令

印　　刷：北京七彩京通数码快印有限公司

装　　订：北京七彩京通数码快印有限公司

出版发行：电子工业出版社

　　　　　北京市海淀区万寿路 173 信箱　邮编：100036

开　　本：787×1 092　1/16　印张：25.25　字数：645 千字

版　　次：2012 年 5 月第 1 版

　　　　　2014 年 5 月第 2 版

印　　次：2024 年 1 月第 16 次印刷

定　　价：59.00 元（含 DVD 光盘 1 张）

再 版 前 言

※ UG NX 软件简介

Unigraphics Solutions 公司（原名 UGS，现名为 Siemens PLM Software）是全球著名的 MCAD 供应商，主要为汽车与交通、 航空航天、日用消费品、通用机械及电子工业等领域通过其虚拟产品开发（VPD）的理念提供多级化的、集成的、企业级的包括软件产品与服务在内的完整的 MCAD 解决方案。

UG（Unigraphics）在航空航天、汽车、通用机械、工业设备、医疗器械，以及其他高科技应用领域的机械设计和模具加工自动化领域得到了广泛的应用。多年来，UGS 一直在支持美国通用汽车公司实施目前全球最大的虚拟产品开发项目，同时，UG 也是日本著名汽车零部件制造商 DENSO 公司的计算机应用标准，并在全球汽车行业得到了广泛的应用，如 Navistar、底特律柴油机厂、Winnebago 和 Robert Bosch AG 等，现 UG 改名为 NX。

NX-CAM 是整个 NX 系统的一部分，它以三维主模型为基础，具有强大可靠的刀具轨迹生成方法，可以完成铣削（2.5～5 轴）、车削、线切割等的编程。NX-CAM 是模具数控行业最具代表性的数控编程软件，其最大的特点就是生成的刀具轨迹合理、切削负载均匀、适合高速加工。另外，在加工过程中的模型、加工工艺和刀具管理，均与主模型相关联，主模型更改设计后，编程只需重新计算即可，所以，NX 编程的效率非常高。

※ 编写目的

（1）我国的模具和数控行业已经广泛的使用 NX，尤其是在广东的深圳、东莞及中山等工业发达的地区最为普及，很多工厂都开始接受和使用 NX 进行编程、产品设计和模具设计等。

（2）目前，市场上优秀的 NX 模具设计和编程类书籍并不多，多数都是些简单的功能介绍、命令讲解等，离实际的生产设计、加工相差很远，一些读者学完了整本书都未能达到入门的水平。本书作者有多年的编程经验，且愿意把这些工作经验和技巧呈现出来与大家一起分享，希望读者在编程方面有所提高，并做到真正的学以致用。

※ 本书特色

（1）在第 1 版基础上，结合读者建议修订改版，完善内容、增加素材。

（2）重点体现操作技巧和活学活用，技术含量高。

（3）功能解释详细到位，每个功能均有操作演示，海量视频讲解。

（4）工程师经验点评、模型分析、编程思路使读者技高一筹。

（5）使用的图档、实例均为工厂实际编程文件。

（6）非常适合作为高等院校相关专业的数控教材。

※ 如何学习本书

如何有效地学习本书，才能真正达到融会贯通、举一反三的效果呢？相信很多读者都想知道答案。根据本书的内容，作者提出几点建议。

（1）书本内容结合光盘讲解可快速地掌握第一部分内容中的编程基本操作及参数设置。

（2）掌握 NX 编程的基本操作后，接着就应该学习第 10 章的拆铜公知识、出铜公图和第 11 章的模具补面知识，因为只有知道模具的哪些部位需要拆铜公和哪些部位需要补面，才能编制出合理的加工程序。

（3）最后就是学习本书最后几章的综合实例。学习之前，读者可先根据光盘提供的原文件尝试去独立思考，确定加工方法和使用的加工刀具，然后再对照书中的编程方法，这样便可达到事半功倍的效果。

（4）学习本书的同时，应从其他资料了解更多的数控刀具知识和电脑锣知识，这样有助于对书本知识更深入地掌握。

（5）用更多的时间了解模具结构知识，掌握模具的加工流程。

（6）应有目的地了解电火花加工和线切割加工的有关知识。

※ 本书编写人员

除封面署名作者外，参与本书编写和光盘开发的人员还有范得升、陈文胜、陈金华、韩思远、陈卓海、郑福禄、张罗谋、郑志明、郑福达、王泽凯、何志冲、韩思明等。本书在编写过程中还得到了业内多位专家的指导，在此表示衷心感谢！

本书书稿虽经过多次校核，但书中难免还存在不足之处，望广大读者批评指正，电子邮箱：qiushigzs@126.com，若本书选为学校教材，可通过 YL878787@163.com 邮箱索取其丰富的教学资料！

编　者

目　　录

第 2 部分　NX 编程高手实践

第1部分 NX 编程入门与工艺介绍

作者寄语

第一部分主要是基础与工艺内容，虽然有点枯燥，但读者一定要打下坚实的基础，并尽可能多掌握点加工工艺知识。

NX 软件提供的编程方法虽然很多，但在模具加工中主要还是反复地使用几个常用的命令，所以，读者在学习时一定要侧重于学习和应用这几个常用的命令，这样可达到事半功倍的效果。

书中虽然没有详细介绍如何操作机床和如何对刀等，但读者一定要清楚地认识到机床操作对编程也是非常重要的，编程人员必须要掌握一定的机床操作技能。

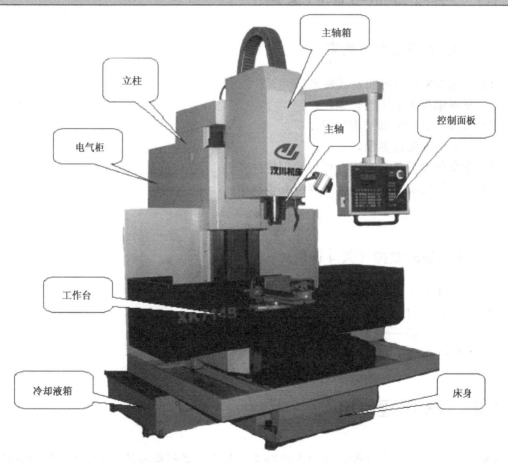

第1章

NX 编程基本操作及加工工艺

本章主要介绍 NX 编程的基本操作及相关的加工工艺知识，读者学习完本章后将对 NX 编程知识有一个总体的认识，懂得如何设置编程界面及编程的加工参数。另外，为了使读者在学习 NX 编程前具备一定的加工工艺基础，本章还介绍了数控加工工艺的常用知识。

1.1　学习目标与课时安排

 学习目标及学习内容

（1）熟悉 NX 编程界面及其特点。
（2）掌握编程加工工艺知识。
（3）掌握一定的模具结构知识。
（4）学会进入编程界面。
（5）学会创建刀具、加工几何体和创建操作等。
（6）学会创建加工模板和导入模型到模板中。

 学习课时安排（共 4 课时）

（1）1.2～1.3 节——1 课时。
（2）1.4 节——1 课时。
（3）1.5～1.6 节——1 课时。
（4）1.7～1.8 节——1 课时。

1.2　NX 编程简介

NX 是当前世界最先进的、面向先进制造行业的、紧密集成的 CAID/CAD/CAE/CAM

软件系统，提供了产品设计、分析、仿真、数控程序生成等一整套解决方案。NX-CAM 是整个 NX 系统的一部分，它以三维主模型为基础，具有强大可靠的刀具轨迹生成方法，可以完成铣削（2.5～5 轴）、车削、线切割等的编程。NX-CAM 是模具数控行业最具代表性的数控编程软件，其最大的特点就是生成的刀具轨迹合理、切削负载均匀、适合高速加工。另外，在加工过程中的模型、加工工艺和刀具管理，均与主模型相关联，主模型更改设计后，编程只需重新计算即可，所以，NX 编程的效率非常高。

NX-CAM 主要由 5 个模块组成，即交互工艺参数输入模块、刀具轨迹生成模块、刀具轨迹编辑模块、三维加工动态仿真模块和后处理模块，下面对这 5 个模块作简单的介绍。

（1）交互工艺参数输入模块：通过人机交互的方式，用对话框和过程向导的形式输入刀具、夹具、编程原点、毛坯、零件等工艺参数。

（2）刀具轨迹生成模块：具有非常丰富的刀具轨迹生成方法，主要包括铣削（2.5～5 轴）、车削、线切割等加工方法。本书主要讲解 2.5 轴和 3 轴数控铣加工。

（3）刀具轨迹编辑模块：刀具轨迹编辑器可用于观察刀具的运动轨迹，并提供延伸、缩短或修改刀具轨迹的功能。同时，能够通过控制图形和文本的信息编辑刀轨。

（4）三维加工动态仿真模块：是一个无需利用机床，成本低，高效率的测试 NC 加工的方法，可以检验刀具与零件和夹具是否发生碰撞、是否过切，以及加工余量分布等情况，以便在编程过程中及时解决。

（5）后处理模块：包括一个通用的后置处理器（GPM），用户可以方便地建立用户定制的后置处理。通过使用加工数据文件生成器（MDFG），一系列交互选项提示用户选择定义特定机床和控制器特性的参数，包括控制器和机床的规格与类型、插补方式、标准循环等。

1.3 编程加工工艺知识

在进行数控编程前，读者必须具备一定的加工工艺知识。例如，数控机床的分类、各种数控机床的加工能力和切削原理；切削刀具的规格和材料，切削参数（主轴转速、进给速度、吃刀量）的选择原则；工件材料的切削性能，切削过程中的冷却，公差配合等。只有具备了这些知识，才能编制出合理、高效的数控加工程序。

1.3.1 数控加工的优点

先进的数控加工技术是一个国家制造业发达的标志，利用数控加工技术可以加工很多普通机床不能加工的复杂曲面零件或模具，而且加工的稳定性和精度都会得到很大的保证。总体上说，数控加工比传统的加工具有以下优点。

（1）加工效率高：利用数字化的控制手段可以加工复杂的曲面，而加工过程是由计算机控制的，所以零件的互换性强，加工的速度快。

（2）加工精度高：与传统的加工设备相比，数控系统优化了传动装置，提高了分辨率，减少了人为和机械误差，因此，加工的效率得到很大的提高。

（3）劳动强度低：由于采用了自动控制方式，也就是说切削过程是由数控系统在数控程序的控制下完成的，不像传统加工手段那样利用手工操作机床来完成加工。在数控机床工作时，操作者只需要监视设备的运行状态即可，所以劳动强度低。

（4）适应能力强：数控机床在程序的控制下运行，通过改变程序即可改变所加工的产品，产品的改型快且成本低，因此，加工的柔性非常高、适应能力强。

（5）加工环境好：数控加工机床是机械控制、强电控制、弱电控制为一体的高科技产物，通常都有很好的保护措施，工人的操作环境相对较好。

1.3.2 数控机床介绍

用数控机床加工模具或零件时，首先应该编写出零件的加工程序作为数控机床的工作指令，将加工程序送到数控装置，由数控装置控制数控机床主传动的变速、起停、进给运动方向、速度和位移量，以及其他动作（如刀具的选择交换、工件的夹紧与松开、冷却和润滑的开关等），使刀具与工件及其他辅助装置严格地按照加工程序规定的顺序、轨迹和参数有条不紊地工作，从而加工出符合要求的工件。数控加工主要步骤如图 1-1 所示。

图 1-1 数控加工步骤

模具加工中，常用的数控设备有数控铣床、加工中心（具备自动换刀功能的数控铣）、火花机和线切割机等，如图 1-2 所示。

1. 数控铣床的组成

数控铣床由数控程序、输入/输出装置、数控装置、驱动装置和位置检测装置、辅助控制装置、机床本体组成。

1）数控程序

数控程序是数控机床自动加工零件的工作指令，目前常用的称为“G 代码”。数控程序是在对加工零件进行工艺分析的基础上，根据一定的规则编制的刀具运动轨迹信息。编制程序的工作可由人工进行；对于形状复杂的零件，则需要用 CAD/CAM 进行。

2）输入/输出装置

输入/输出装置的主要作用是提供人机交互和通信。通过输入/输出装置，操作者可以输入指令和信息，也可使其显示机床的信息。通过输入/输出装置也可以在计算机和数控机床之间传输数控代码、机床参数等。

零件加工程序输入过程有两种不同的方式：一种是边读入边加工（DNC）；另一种是一次将零件加工程序全部读入数控装置内部的存储器，加工时再从内部存储器中逐段调出进行加工。

（a）数控铣床

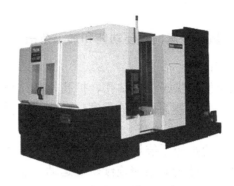
（b）加工中心

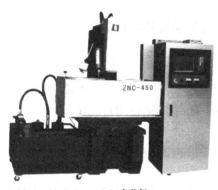
（c）火花机

（d）线切割机

图 1-2　数控设备

3）数控装置

数控装置是数控机床的核心部分。数控装置从内部存储器中读取或接受输入装置送来的一段或几段数控程序，经过数控装置进行编译、运算和逻辑处理后，输出各种控制信息和指令，控制机床各部分的工作。

4）驱动装置和位置检测装置

驱动装置接收来自数控装置的指令信息，经功率放大后，发送给伺服电机，伺服电机按照指令信息驱动机床移动部件，按一定的速度移动一定的距离。

位置检测装置检测数控机床运动部件的实际位移量，经反馈系统反馈至机床的数控装置，数控装置比较反馈回来的实际位移量值与设定值，如果出现误差，则控制驱动装置进行补偿。

5）辅助控制装置

辅助控制装置的主要作用是接收数控装置或传感器输出的开关量信号，经过逻辑运算，实现机床的机械、液压、气动等辅助装置完成指令规定的开关动作。这些控制主要包括主轴起停、换刀、冷却液和润滑装置的启动停止、工件和机床部件的松开与夹紧等。

6）机床本体

数控机床的机床本体与传统机床相似，由主轴传动装置、进给传动装置、床身、工作台及辅助运动装置、液压气动系统、润滑系统、冷却装置等组成。

2．数控铣床的主要功能和加工范围

1）点定位

点定位提供了机床钻孔、扩孔、镗孔和铰孔等加工能力。在孔加工中，一般会将典型的加工方式编制为固定的程序，称为固定循环，方便常用孔加工方法的使用。

2）连续轮廓控制

常见的数控系统均提供直线和圆弧插补，高档的数控系统还提供螺旋插补和样条插补，这样就可以使刀具沿着连续轨迹运动，加工出需要的形状。连续轮廓控制为机床提供了轮廓、箱体和曲面腔体等零件的加工。

3）刀具补偿

利用刀具补偿功能，可以简化数控程序编制、提供误差补偿等功能。

3．数控铣床编程要点

1）设置编程坐标系

编程坐标系的位置以方便对刀为原则，在毛坯上的任何位置均可。

2）设置安全高度

安全高度一定要高过装夹待加工件的夹具高度，但也不应太高，以免浪费时间。

3）刀具的选择

在型腔尺寸允许的情况下尽可能选择直径较大且长度较短的刀具；优先选择镶嵌式刀具，对于精度要求高的部位可以考虑使用整体式合金刀具；尽量少用白钢刀具（因为白钢刀具磨损快，换刀的时间浪费严重，得不偿失）；对于很小的刀具才能加工到的区域应该考虑使用电火花机或者线切割机床加工。

4）加工模型的准备

设置合适的编程坐标系；创建毛坯；修补切削不到的区域（例如，很小的孔、腔，没有圆角的异型孔等）。

1.3.3　铣床与加工中心操作

1．夹具与装夹

在数控铣床或加工中心上常用的夹具主要有通用夹具、组合夹具、专用夹具和成组夹具，在选择夹具时要综合考虑各种因素，选择最经济、合理的夹具。

1）螺钉压板

利用 T 形槽螺栓和压板将工件固定在机床工作台上即可。装夹工件时，需根据工件装夹精度要求，使用百分表校正工件。

2）机用虎钳（平口钳）

形状比较规则的零件铣削时常用虎钳进行装夹，方便灵活，适应性广。当加工精度要求较高，需要较大的夹紧力时，则需要使用较高精度的机械式或液压式虎钳。

虎钳在数控铣床工作台上的安装，要根据加工精度控制钳口与 X 轴或 Y 轴的平行度，且零件夹紧时要注意避免工件变形或钳口一端上翘。

3）铣床用卡盘

当需要在数控铣床上加工回转体零件时，可以使用三爪卡盘装夹，对于非回转零件可使用四爪卡盘装夹。

2．装夹注意事项

在装夹工件时，应该注意以下问题。

（1）安装工件时，应保证工件在本次定位装夹中所有需要完成的待加工面充分暴露在外，以方便加工。同时，也应考虑机床主轴与工作台面之间的最小距离和刀具的装夹长度，确保在主轴的行程范围内能使工件的加工范围和加工内容全部完成。

（2）夹具在机床工作台上的安装位置必须给刀具运动轨迹留有空间，不能和各工步刀具轨迹发生干涉。

3．对刀

对刀的目的是通过刀具或对刀工具确定工件坐标系与机床坐标系之间的空间位置关系，并将对刀数据输入到相应的存储器中。它是数控加工中最重要的操作内容，其准确性将直接影响零件的加工精度。对刀分为 X、Y 向对刀和 Z 向对刀。

1）对刀方法

根据现有条件和加工精度要求选择对刀方法，可采用试切法、寻边器对刀、对刀仪对刀和自动对刀等。其中试切法精度较低，加工中常用寻边器和 Z 轴设定器对刀，效率高且保证加工精度。

2）对刀注意事项

（1）根据加工要求选择合适的对刀工具，控制对刀误差。

（2）在对刀过程中，可通过改变微调进给量来提高对刀精度。

（3）对刀时需谨慎操作，防止刀具在移动的过程中碰撞工件。

（4）对刀数据一定要存储在与程序对应的存储地址中，防止因调用错误而产生严重后果。

4．塑料模具加工的步骤

1）加工前的确认

（1）首先核对模具图、连络单、程序单、装夹图、版次是否一致。

（2）对工件外形尺寸、前工段尺寸、外观进行检查是否符合图纸要求。

（3）对程序进行确认，根据程序文件与图纸进行核对，检查图档尺寸与图纸尺寸是否一致。

（4）如果发现工件加工外形与图纸不合，应填写好加工异常记录表。

2）工件的装夹

（1）在装夹前应先将工件的毛刺、油渍去除干净。

（2）注意要根据工件的基准角进行装夹。

（3）根据工件的形状和材质选择合适的夹具进行装夹。

（4）如果使用虎钳进行装夹，应该考虑其压力大小，以防将工件压变形。

（5）装夹完成后要将工作台面清理干净。

3）装刀

（1）根据程序单，选择好第一把刀，对出工件 Z 轴零点。

（2）装刀时应该考虑刀具的有效长度与刀具的总伸出长度是否符合程序要求。

（3）若采用自动换刀加工，将所有刀具按要求安装好，并放入刀库中，并记录每把刀的刀号。

4）程序修改

5）执行

6）检查有无异常

7）完工处理

（1）去油污，去毛刺。

（2）用高度尺、卡尺确定加工尺寸。

（3）填写完工文件。

1.3.4 数控刀具介绍及使用

1. 刀具的介绍

数控加工刀具必须适应数控机床高速、高效和自动化程度高的特点，一般包括通用刀具、通用连接刀柄及少量专用刀柄。刀柄要连接刀具并装在机床动力头上，因此已逐渐标准化和系列化。数控刀具的分类有多种方法。根据刀具结构分类：①整体式；②镶嵌式，采用焊接或机夹式连接，机夹式又可分为不转位和可转位两种；③特殊形式，如复合式刀具、减震式刀具等。根据制造刀具所用的材料分类：①高速钢刀具；②硬质合金刀具；③金刚石刀具；④其他材料刀具，如立方氮化硼刀具、陶瓷刀具等。为了适应数控机床对刀具耐用、稳定、易调、可换等的要求，近几年机夹式可转位刀具得到广泛的应用，在使用数量上达到整个数控刀具的 30%～40%，金属切除量占总数的 80%～90%。

数控铣刀从形状上主要分为平底刀（端铣刀）、圆鼻刀和球刀，如图 1-3 所示，从刀具使用性能上分为白钢刀、飞刀和合金刀。在工厂实际加工中，最常用的刀具有 D63R6、D50R5、D35R5、D32R5、D30R5、D25R5、D20R0.8、D17R0.8、D13R0.8、D12、D10、D8、D6、D4、R5、R3、R2.5、R2、R1.5、R1 和 R0.5 等。

（1）平底刀：主要用于粗加工、平面精加工、外形精加工和清角加工。其缺点是刀尖容易磨损，影响加工精度。

　(a) 球刀　　(b) 圆鼻刀　　(c) 平底刀

图 1-3　数控铣刀

　　（2）圆鼻刀：主要用于模胚的粗加工、平面粗精加工，特别适用于材料硬度高的模具开粗加工。

　　（3）球刀：主要用于非平面的半精加工和精加工。

　编程工程师点评

　　①白钢刀（即高速钢刀具）因其通体银白色而得名，主要用于直壁加工，白钢刀价格便宜，但切削寿命短、吃刀量小、进给速度低、加工效率低，模具加工中较少使用。
　　②飞刀（即镶嵌式刀具）主要为机夹可转位刀具，这种刀具刚性好、切削速度高，在数控加工中应用非常广泛，用于模胚的开粗、平面和曲面粗精加工效果均很好。
　　③合金刀（通常指的是整体式硬质合金刀具）精度高、切削速度高，但价格昂贵，一般用于精加工。
　　④在实际编程加工中，为了提高加工质量或方便加工，有时会让操机师傅根据需要磨刀，如 D6R0.15、D10R1 等。

　　数控刀具与普通机床上所用的刀具相比，有许多不同的要求，主要有以下特点：
　　（1）刚性好（尤其是粗加工刀具）、精度高、抗振及热变形小。
　　（2）互换性好，便于快速换刀。
　　（3）寿命高，切削性能稳定、可靠。
　　（4）刀具的尺寸便于调整，以减少换刀时间。
　　（5）刀具应能可靠地断屑或卷屑，以利于切屑的排除。
　　（6）系列化、标准化，以利于编程和刀具管理。

2．刀具的使用

　　在数控加工中，刀具的选择直接关系到加工精度的高低、加工表面质量的优劣和加工效率的高低。选择合适的刀具并设置合理的切削参数，将可以使数控加工以最低的成本和最短的时间达到最佳的加工质量。刀具选择总的原则：安装调整方便、刚性好、耐用度和精度高。在满足加工要求的前提下，尽量选择较短的刀柄，以提高刀具加工的刚性。

　　选择刀具时，要使刀具的尺寸与模胚的加工尺寸相适应。如模腔的尺寸是 80mm×80mm，则应该选择 D25R5 或 D16R0.8 等刀具进行开粗；如模腔的尺寸大于 100mm×100mm，则应该选择 D30R5、D32R5 或 D35R5 的飞刀进行开粗；如模腔的尺寸大于 300mm×300mm，那应该选择直径大于 D35R5 的飞刀进行开粗，如 D50R5 或 D63R6 等。另外，刀具的选择由机床的功率所决定，如功率小的数控铣床或加工中心，则不能使用大于 D50R5 的刀具。

在实际加工中，常选择立铣刀加工平面零件轮廓的周边、凸台、凹槽等；选择镶硬质合金刀片的玉米铣刀加工毛坯的表面、侧面及型腔开粗；选择球头铣刀、圆鼻刀、锥形铣刀和盘形铣刀加工一些立体型面和变斜角轮廓外形，如图1-4所示。

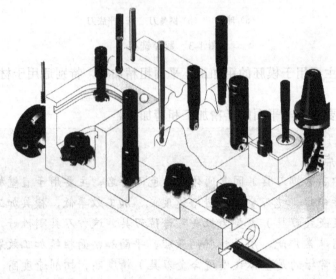

图1-4　常用的立铣刀

3．刀具切削参数的设置

合理选择切削用量的原则：粗加工时，一般以提高生产率为主，但也应考虑经济性和加工成本；半精加工和精加工时，应在保证加工质量的前提下，兼顾切削效率、经济性和加工成本。具体数值应根据机床说明书、切削用量手册，并结合经验而定。具体要考虑以下5个因素。

（1）切削深度 a_p（mm）：在机床、工件和刀具刚度允许的情况下，a_p 就等于加工余量，这是提高生产率的一个有效措施。为了保证零件的加工精度和表面粗糙度，一般应留一定的余量进行精加工。数控机床的精加工余量可略小于普通机床。

（2）切削宽度 L（mm）：L 与刀具直径 D 成正比，与切削深度成反比。经济型数控机床的加工过程中，一般 L 的取值范围为 $L=（0.6～0.9）D$。

（3）切削速度 v（m/min）：提高 v 也是提高生产率的一个措施，但 v 与刀具耐用度的关系比较密切。随着 v 的增大，切削热升高，刀具耐用度急剧下降，故 v 的选择主要取决于刀具耐用度。另外，切削速度与加工材料也有很大关系，例如，用立铣刀铣削合金刚30CRNi2MoVA 时，v 可选用 8m/min 左右；而用同样的立铣刀铣削铝合金时，v 可选用 200m/min 以上。

（4）主轴转速 n（r/min）：主轴转速一般根据切削速度 v 来选定。计算公式为 $v=\pi nD/1000$（D 为刀具直径，单位 mm）。数控机床的控制面板上一般备有主轴转速修调（倍率）开关，可在加工过程中对主轴转速在一定范围内进行调整。

（5）进给速度 f（mm/min）：f 应根据零件的加工精度和表面粗糙度要求，以及刀具和工件材料来选择。f 的增加也可以提高生产效率。加工表面粗糙度要求低时，f 可选择得大些。在加工过程中，f 也可通过机床控制面板上的修调开关进行人工调整，但是最大进给速度要受到设备刚度和进给系统性能等的限制。

随着数控机床在生产实际中的广泛应用，数控编程已经成为数控加工中的关键问题之一。在数控程序的编制过程中，要在人机交互状态下即时选择刀具和确定切削用量。因此，编程人员必须熟悉刀具的选择方法和切削用量的确定原则，从而保证零件的加工质量和加工效率，充分发挥数控机床的优点，提高企业的经济效益和生产水平。

表 1-1～表 1-3 分别列出了白钢刀、飞刀和合金刀的参数设置（这些切削参数仅供参考，实际确定切削用量还应根据具体的机床性能、零件形状和材料、装夹状况等进行调整）。

表 1-1　白钢刀参数设置

刀具类型	最大加工深度/mm	普通长度/mm（刃长/刀长）	普通加长/mm（刃长/加长）	主轴转速/（r/m）	进给速度/（mm/min）	吃刀量/mm
D32	120	60/125	106/186	800～1500	1000～2000	0.1～1
D25	120	60/125	90/166	800～1500	500～1000	0.1～1
D20	120	50/110	75/141	1000～1500	500～1000	0.1～1
D16	120	40/95	65/123	1000～1500	500～1000	0.1～0.8
D12	80	30/80	53/110	1000～1000	500～1000	0.1～0.8
D10	80	23/75	45/95	800～1000	500～1000	0.2～0.5
D8	50	20/65	28/82	800～1200	500～1000	0.2～0.5
D6	50	15/60	不存在	800～1200	500～1000	0.2～0.4
R8	80	32/92	35/140	800～1000	500～1000	0.2～0.4
R6	80	26/83	26/120	800～1000	500～1000	0.2～0.4
R5	60	20/72	20/110	800～1500	500～1000	0.2～0.4
R3	30	13/57	15/90	1000～1500	500～1000	0.2～0.4

 编程工程师点评

①刀具直径越大，转速越慢；同一类型的刀具，刀杆越长，吃刀量就要减小，否则容易弹刀而产生过切。

②白钢刀转速不可过快，进给速度不可过大。

③白钢刀容易磨损，开粗时少用白钢刀。

表 1-2　飞刀参数设置

刀具类型	最大加工深度/mm	普通长度/mm	普通加长/mm	主轴转速/（r/m）	进给速度/（mm/min）	吃刀量/mm
D63R6	300	150	320	700～1000	2500～4000	0.2～1
D50R5	280	135	300	800～1500	2500～3500	0.1～1
D35R5	150	110	180	1000～1800	2200～3000	0.1～1
D30R5	150	100	165	1500～2200	2000～3000	0.1～0.8

续表

刀具类型	最大加工深度 /mm	普通长度 /mm	普通加长 /mm	主轴转速 /(r/m)	进给速度 /(mm/min)	吃刀量 /mm
D25R5	130	90	150	1500~2500	2000~3000	0.1~0.8
D20R0.4	110	85	135	1500~2500	2000~2800	0.2~0.5
D17R0.8	105	75	120	1800~2500	1800~2500	0.2~0.5
D13R0.8	90	60	115	1800~2500	1800~2500	0.2~0.4
D12R0.4	90	60	110	1800~2500	1500~2200	0.2~0.4
D16R8	100	80	120	2000~2500	2000~3000	0.1~0.4
D12R6	85	60	105	2000~2800	1800~2500	0.1~0.4
D10R5	78	55	95	2500~3200	1500~2500	0.1~0.4

 编程工程师点评

①表1-2中的飞刀参数只能作为参考,因为不同的飞刀材料其参数值也不相同,不同的刀具厂生产的飞刀其长度也略有不同。另外,刀具的参数值也因数控铣床或加工中心的性能和加工材料的不同而不同,所以,刀具的参数一定要根据工厂的实际情况而设定。

②飞刀的刚性好,吃刀量大,最适合模胚的开粗,另外,飞刀精加工陡峭面的质量也非常好。

③飞刀主要是镶刀粒的,没有侧刃,如图1-5所示。

图1-5 飞刀

表1-3 合金刀参数设置

刀具类型	最大加工深度 /mm	普通长度/mm (刃长/刀长)	普通加长/mm	主轴转速 /(r/m)	进给速度 /(mm/min)	吃刀量 /mm
D12	55	25/75	26/100	1800~2200	1500~2500	0.1~0.5
D10	50	22/70	25/100	2000~2500	1500~2500	0.1~0.5
D8	45	19/60	20/100	2200~3000	1000~2200	0.1~0.5
D6	30	13/50	15/100	2500~3000	700~1800	0.1~0.4
D4	30	11/50	不存在	2800~4000	700~1800	0.1~0.35
D2	25	8/50	不存在	4500~6000	700~1500	0.1~0.3
D1	15	1/50	不存在	5000~10000	500~1000	0.1~0.2
R6	75	22/75	22/100	1800~2200	1800~2500	0.1~0.5
R5	75	18/70	18/100	2000~3000	1500~2500	0.1~0.5

续表

刀具类型	最大加工深度/mm	普通长度/mm（刃长/刀长）	普通加长/mm	主轴转速/（r/m）	进给速度/（mm/min）	吃刀量/mm
R4	75	14/60	14/100	2200～3000	1200～2200	0.1～0.35
R3	60	12/50	12/100	2500～3500	700～1500	0.1～0.3
R2	50	8/50	不存在	3500～4500	700～1200	0.1～0.25
R1	25	5/50	不存在	3500～5000	300～1200	0.05～0.25
R0.5	15	2.5/50	不存在	>5000	300～1000	0.05～0.2

 编程工程师点评

①合金刀刚性好，不易产生弹刀，用于精加工模具的效果最好。

②合金刀和白钢刀一样有侧刃，精铣铜公直壁时往往使用其侧刃。

1.3.5 编程的工艺流程

编程时，应该遵守编程的工艺流程，否则极容易出现错误。首先需要分析图纸、编写工艺卡等，接着需要编写模具的加工程序，然后将程序输入到数控机床，最后进行程序检验和进行试切。

1）分析图纸

在数控机床上加工模具，编程人员拿到的原始资料是零件图。根据零件图，可以对零件的形状、尺寸精度、表面粗糙度、工件材料、毛坯种类和热处理状况等进行分析，然后选择机床、刀具，确定定位夹紧装置、加工方法、加工顺序及切削用量的大小。在确定工艺过程中，应充分考虑所用数控机床的性能，充分发挥其功能，做到加工路线合理、走刀次数少和加工工时短等。此外，还应填写有关的工艺技术文件，如数控加工工序卡片、数控刀具卡片、走刀路线图等。

2）编制程序

编程人员应根据工艺分析的结果和编程软件的特点，选择合理的加工方法及切削参数，编制高效的程序。如本书使用 NX 软件进行编程，则应要熟悉 NX 的各种编程方法及各项参数的意义。

3）输入程序

将加工程序输入数控机床的方式有光电阅读机、键盘、磁盘、磁带、存储卡、RS-232接口及网络等。目前常用的方法是：通过键盘输入程序；通过计算机与数控系统的通信接口将加工程序传送到数控机床的程序存储器中（现在一些新型数控机床已经配置大容量存储卡存储加工程序，作数控机床程序存储器使用，因此，数控程序可以事先存入存储卡中）；还可以一边由计算机给机床传输程序，一边加工（这种方式一般称为 DNC，程序并不保存在机床存储器中）。

4）检验程序和进行试切

数控程序必须经过校验和试切才能正式加工。一般可以利用数控软件的仿真模块，首先在计算机上进行模拟加工，以判断是否存在撞刀、少切及多切等情况。

也可以在有图形模拟功能的数控机床上，进行图形模拟加工，检查刀具轨迹的正确性，对无此功能的数控机床可进行空运行检验。但这种方法只能检验出刀具运动轨迹是否正确，不能查出刀具的对刀误差。由于刀具调整不当或因某些计算误差引起的加工误差，所以有必要进行首件试切这一重要步骤。当发现有加工误差不符合图纸要求时，应分析误差产生的原因，以便修改加工程序或采取刀具尺寸补偿等措施，直到加工出符合图纸要求的模具为止。

1.3.6 模具结构的认识

编程者必须对模具结构有一定的认识，如模具中的前模（型腔）、后模（型芯）、行位（滑块）、斜顶、枕位、碰穿面、擦穿面和流道等。一般情况下前模的加工要求比后模的加工要求高，所以前模必须加工得非常准确和光亮，该清的角一定要清；但后模的加工就有所不同，有时有些角不一定需要清得很干净，表面也不需要很光亮。另外，模具中一些特殊部位的加工工艺要求也不相同，如模具中的角位需要留 0.02mm 的余量待打磨师傅打磨；前模中的碰穿面、擦穿面需要留 0.05mm 的余量用于试模。

图 1-6 所示为模具中的一些常见结构。

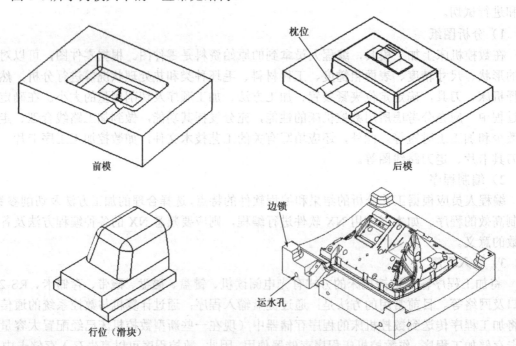

图 1-6 模具中常见的结构及名称

编程工程师点评

有些模具在未加工完成之前需要进行后处理，如回火、淬火和调质等，则需要留 0.5～1.5mm 的余量进行后处理。

1.4　数控编程常遇到的问题及解决方法

在数控编程中，常遇到的问题有撞刀、弹刀、过切、漏加工、多余的加工、空刀过多、提刀过多和刀路凌乱等问题，这也是编程初学者急需解决的重要问题。

1.4.1　撞刀

撞刀是指刀具的切削量过大，除了切削刃外，刀杆也撞到了工件。造成撞刀的原因主要有安全高度设置不合理或根本没设置安全高度、选择的加工方式不当、刀具使用不当和二次开粗时余量的设置比第一次开粗设置的余量小等。

下面以图表的方式讲述撞刀的原因及其解决的方法，如表 1-4 所示。

表 1-4　撞刀原因及解决方法

序号	撞刀原因	图解	撞刀解决方法
1	吃刀量过大		减少吃刀量。刀具直径越小，其吃刀量应该越小。一般情况下，模具开粗每刀吃刀量不大于 0.5mm，半精加工和精加工吃刀量更小
2	选择不当的加工方式		将等高轮廓铣的方式改为型腔铣的方式。当加工余量大于刀具直径时，不能选择等高轮廓的加工方式
3	安全高度设置不当	提刀中撞到夹具 	①安全高度应大于装夹高度；②多数情况下不能选择"直接的"进退刀方式，除了特殊的工件之外

序号	撞刀原因	图解	撞刀解决方法
4	二次开粗余量设置不当		二次开粗时，余量应比第一次开粗的余量要稍大一点，一般为0.05mm。如果第一次开粗余量为0.3mm，则二次开粗余量应为0.35mm。否则，刀杆容易撞到上面的侧壁

除了上述原因会产生撞刀外，修剪刀路有时也会产生撞刀，故尽量不要修剪刀路。撞刀产生最直接的后果就是损坏刀具和工件，更严重的可能会损害机床主轴。

1.4.2 弹刀

弹刀是指刀具因受力过大而产生幅度相对较大的振动。弹刀会造成工件过切和损坏刀具，刀径小且刀杆过长或受力过大都会产生弹刀的现象。

下面以图表的方式讲述弹刀的原因及其解决的方法，如表1-5所示。

表1-5 弹刀原因及解决方法

序号	弹刀的原因	图解	弹刀的解决方法
1	刀径小且刀杆过长		改用大一点的球刀清角或电火花加工深的角位
2	受力过大（即吃刀量过大）		减少吃刀量（即全局每刀深度），当加工深度大于120mm时，要分两次装刀，即先装上短的刀杆加工到100mm的深度，然后再装上加长刀杆加工100mm以下的部分，并设置小的吃刀量

编程工程师点评

　　弹刀现象最容易被编程初学者所忽略，应引起足够的重视。编程时，应根据切削材料的性能和刀具的直径、长度来确定吃刀量和最大加工深度及太深的地方是否需要电火花加工等。

1.4.3　过切

　　过切是指刀具把不能切削的部位也切削了，使工件受到了损坏。造成工件过切的原因有多种，主要有机床精度不高、撞刀、弹刀、编程时选择小的刀具但实际加工时误用大的刀具等。另外，如果操机师傅对刀不准确，也可能会造成过切。

　　图 1-7 所示的情况是由于安全高度设置不当而造成的过切。

图 1-7　过切

 编程工程师点评

　　编程时，一定要认真细致，完成程序的编制后还需要详细检查刀路以避免过切等现象的发生，否则将导致模具报废甚至机床损坏。

1.4.4　欠加工

　　欠加工是指模具中存在一些刀具能加工到的地方却没有加工，其中平面中的转角处是最容易漏加工的，如图 1-8 所示。

　　类似于图 1-8 所示的模型，为了提高加工效率，一般会使用较大的平底刀或圆鼻刀进行光平面，当转角半径小于刀具半径时，则转角处就会留下余量，如图 1-9 所示。为了清除转角处的余量，应使用球刀在转角处补加刀路，如图 1-10 所示。

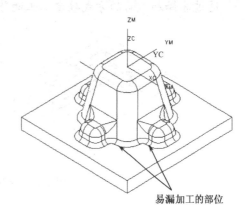

易漏加工的部位

图 1-8　平面中的转角处漏加工

 编程工程师点评

　　漏加工是比较普遍也最容易忽略的问题之一，编程者必须小心谨慎，不要等到模具已经从机床上拆下来了才发现漏加工，那将会浪费大量的时间。

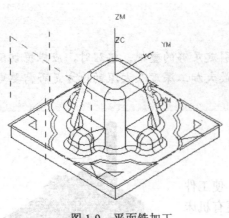

图 1-9 平面铣加工

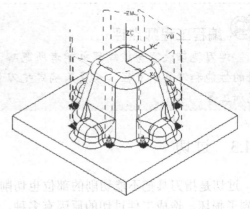

图 1-10 补加刀路

1.4.5 多余的加工

多余的加工是指对于刀具加工不到的地方或电火花加工的部位进行加工，多余的加工多发生在精加工或半精加工。

有些模具的重要部位或者普通数控加工不能加工的部位都需要进行电火花加工，所以在开粗或半精加工完成后，这些部位就无需再使用刀具进行精加工了，否则就是浪费时间或者造成刀具损坏。图 1-11 和图 1-12 所示的模具部位就无需进行精加工了。

 编程工程师点评

通过选择加工面的方式确定加工的范围，不加工的面不要选择。

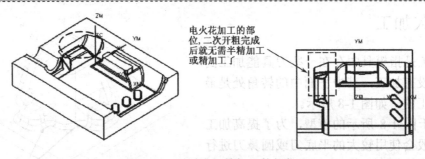

电火花加工的部位，二次开粗完成后就无需半精加工或精加工了

图 1-11 无需进行精加工的部位

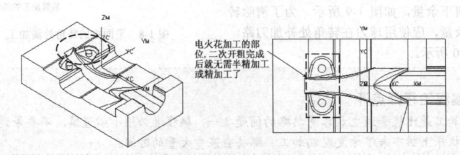

电火花加工的部位，二次开粗完成后就无需半精加工或精加工了

图 1-12 无需进行精加工的部位

1.4.6 提刀过多和刀路凌乱

提刀在编程加工中是不可避免的，但当提刀过多时就会浪费时间，降低加工效率和提高加工成本。另外，提刀过多会造成刀路凌乱不美观，而且会给检查刀路的正确与否带来麻烦。

造成提刀过多的原因有模型本身复杂、加工参数设置不当、选择不当的切削模式和没有设置合理的进刀点等。

下面以图表的方式列出了提刀过多的原因和解决方法，如表1-6所示。

表1-6 提刀过多的原因及解决方法

序号	提刀过多的原因	图　示	解决方法及图示
1	设置不当的加工参数	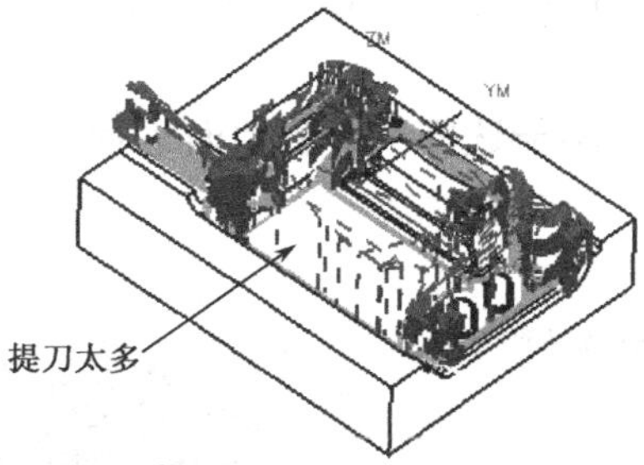 提刀太多 二次开粗：选择"使用3D"的方式	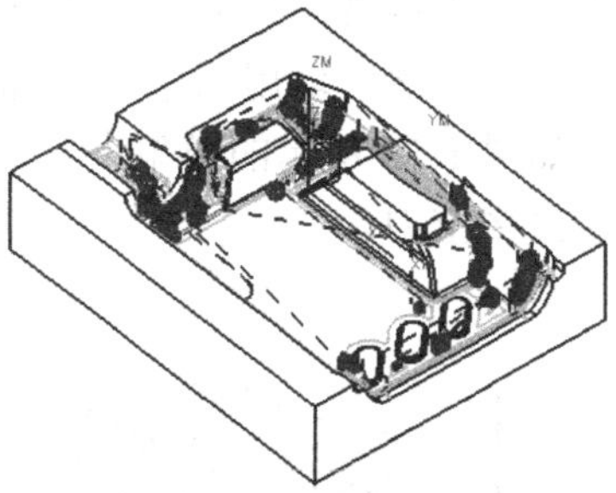 二次开粗：选择"使用基于层"的方式
2	选择不当的切削模式	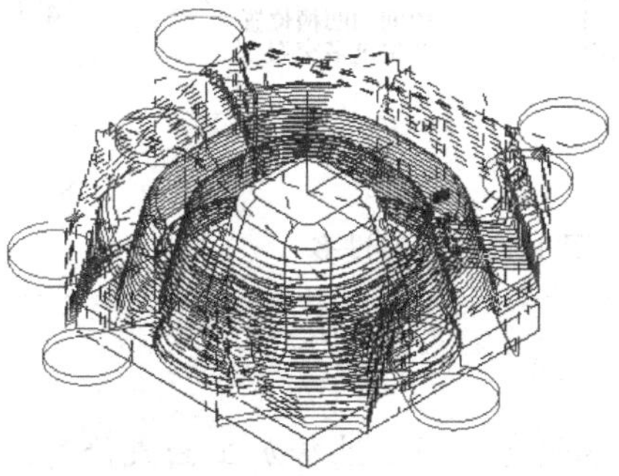 选择"跟随部件"的切削模式	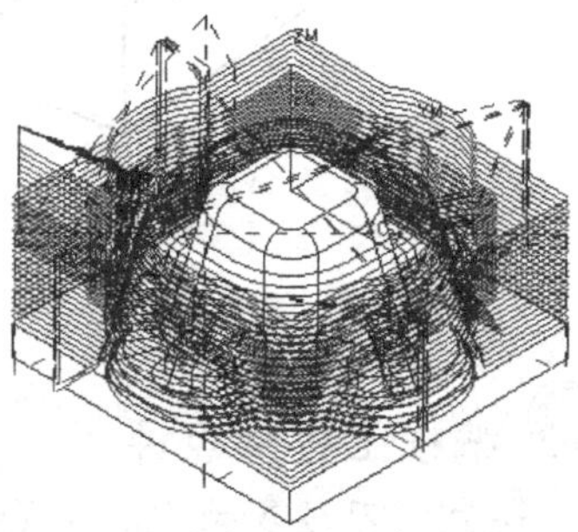 选择"跟随周边"的切削模式
3	没有设置合理的进刀点	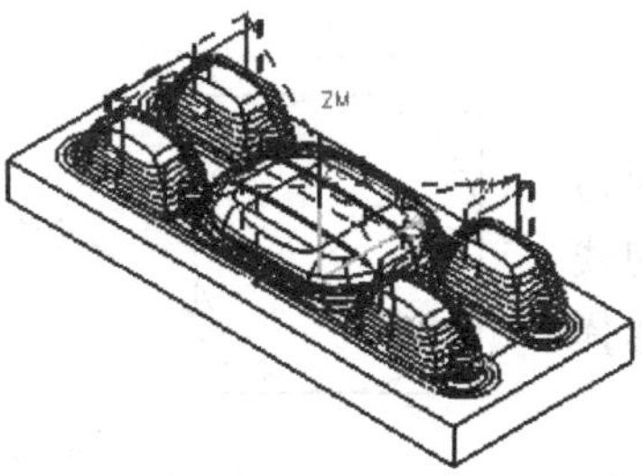 等高轮廓铣加工时没有设置进刀点	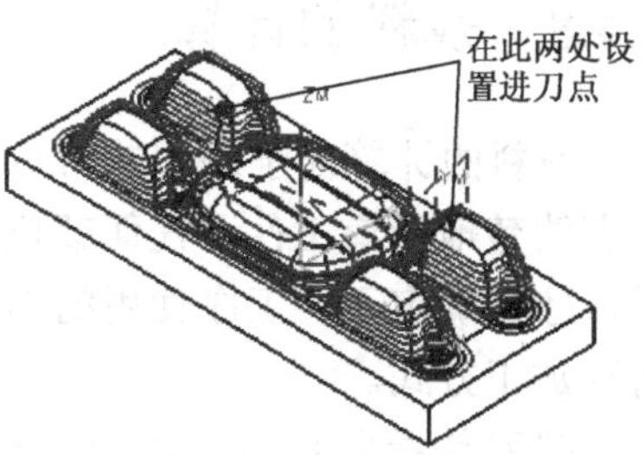 在此两处设置进刀点

编程工程师点评

  造成提刀过多的原因还有很多，如修剪刀路、切削顺序等，在后面章节的实例中将会详细介绍。

1.4.7　空刀过多

  空刀是指刀具在加工时没有切削到工件，当空刀过多时则浪费时间。产生空刀的原因多有加工方式选择不当、加工参数设置不当、已加工的部位所剩的余量不明确和大面积进行加工，其中，选择大面积的范围进行加工最容易产生空刀。

  为避免产生过多的空刀，在编程前应详细分析加工模型，确定多个加工区域。编程总脉络是开粗用铣腔型刀路，半精加工或精加工平面用平面铣刀路，陡峭的区域用等高轮廓铣刀路，平缓区域用固定轴轮廓铣刀路。

  如图 1-13 所示的模型，半精加工时不能选择所有的曲面进行等高轮廓铣加工，否则将产生过多空刀。

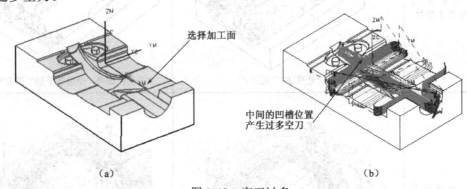

（a）　　　　　　　　　　　　　　　（b）

图 1-13　空刀过多

 编程工程师点评

  避免空刀过多的方法就是把刀路细化，通过选择加工面或修剪边界的方式把大的加工区域分成若干个小的加工区域。

1.4.8　残料的计算

  残料的计算对于编程非常重要，因为只有清楚地知道工件上任何部位剩余的残料，才能确定下一工序使用的刀具及选择何种加工方式。

  把刀具看做是圆柱体，则刀具在直角上留下的余量可以根据勾股定理进行计算，如图 1-14 所示。

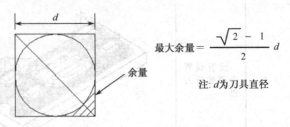

$$最大余量 = \frac{\sqrt{2}-1}{2}d$$

注：d 为刀具直径

图 1-14　直角上的余量计算

如果并非直角，而是有圆弧过渡的内转角时，其余量同样需要使用勾股定理进行计算，如图 1-15 所示。

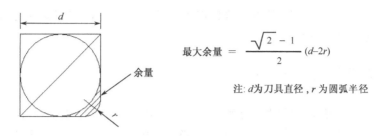

$$最大余量 = \frac{\sqrt{2}-1}{2}(d-2r)$$

注：d 为刀具直径，r 为圆弧半径

图 1-15　非直角上的余量计算

如图 1-16 所示的模型，其转角半径为 5mm，如使用 D30R5 的飞刀进行开粗，则转角处的残余量约为 4mm；当使用 D12R0.4 的飞刀进行等高清角时，则转角处的余量约为 0.4mm；当使用 D10 或比 D10 小的刀具进行加工时，则转角处的余量为设置的余量，当设置的余量为 0 时，则可以完全清除转角上的余量。

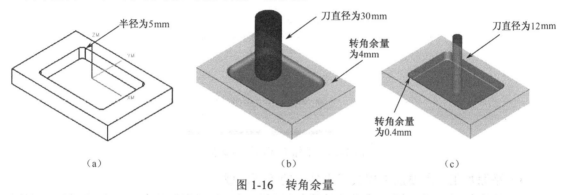

（a）　　　　　　　　　　　　　　（b）　　　　　　　　　　　　　　（c）

图 1-16　转角余量

> **编程工程师点评**
>
> 当使用 D30R5 的飞刀对图 1-17 所示的模型进行开粗时，其底部会留下圆角半径为 5mm 的余量。

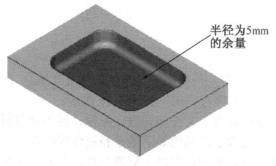

图 1-17　底部留下余量

1.5　编程界面及加工环境简介

读者学习编程时，首先需要熟悉编程界面和加工环境，知道如何进入编程界面和了解编程中需要设置哪些参数等。

1.5.1　加工环境简介

当第一次进入编程界面时，会弹出〖加工环境〗对话框，如图 1-18 所示。在〖加工环境〗对话框中选择加工方式，然后单击 初始化 按钮即可正式进入编程主界面。

图 1-18　〖加工环境〗对话框

（1）平面加工：主要加工模具或零件中的平面区域。

（2）轮廓加工：根据模具或零件的形状进行加工，包括型腔铣加工、等高轮廓铣和固定轴区域轮廓铣加工等。

（3）点位加工：在模具中钻孔，使用的刀具为钻头。

（4）线切割加工：在线切割机上利用铜线放电的原理切割零件或模具。

（5）多轴加工：在多轴机床上利用工作台的运动和刀轴的旋转实现多轴加工。

1.5.2　编程界面简介

首先打开要进行编程的模型，然后在菜单条中选择〖开始〗/〖加工〗命令或在键盘上按 Ctrl+Alt+M 组合键即可进入编程界面，如图 1-19 所示。

（1）〖菜单条〗工具条：包含了文件的管理、编辑、插入和分析等命令。

（2）〖视图〗工具条：包含了产品的显示效果和视角等命令。

（3）〖插入〗工具条：包含了创建程序、创建刀具、创建几何体和创建操作等命令。

（4）〖加工操作〗工具条：包含了生成刀轨、列出刀轨、校验刀轨和机床仿真等命令。

（5）〖导航器〗工具条：包含了程序顺序视图、机床视图、几何视图和加工方法视图。

（6）〖后处理〗工具条：创建后处理和输出后处理。

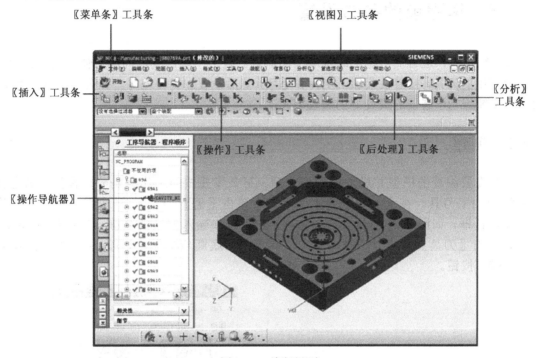

图 1-19　编程界面

1.5.3　工序导航器介绍

在编程主界面中左侧单击〖工序导航器〗![按钮]按钮，即可在编程界面中显示〖工序导航器〗，如图 1-20 所示。在〖工序导航器〗中的空白处单击鼠标右键，弹出右键菜单，如图 1-21 所示，通过该菜单可以切换加工视图或对程序进行编辑等。

图 1-20　工序导航器

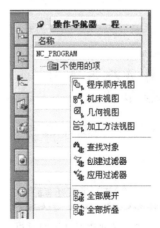

图 1-21　右键菜单

1.6 编程前的参数设置

NX 编程时，应遵循一定的编程顺序和原则。在工厂里，编程师傅习惯首先创建加工所需要使用的刀具，接着设置加工坐标和毛坯，然后设置加工公差等一些公共参数。所以，希望 NX 编程初学者能养成良好的编程习惯。

1.6.1 创建刀具

打开需要编程的模型并进入编程界面后，第一步要做的工作就是分析模型，确定加工方法和加工刀具。在〖加工创建〗工具条中单击〖创建刀具〗 按钮，弹出〖创建刀具〗对话框，如图 1-22 所示。在〖名称〗输入框中输入刀具的名称，接着单击 确定 按钮，弹出〖刀具参数〗对话框。输入刀具直径和底圆角半径，如图 1-23 所示，最后单击 确定 按钮。

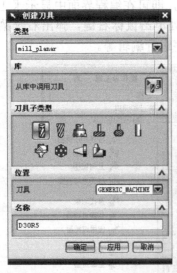

图 1-22 〖创建刀具〗对话框

图 1-23 〖刀具参数〗对话框

编程工程师点评

①刀具的名称一般根据刀具的直径和圆角半径来定义，如直径为 30、圆角半径为 5 的飞刀，其名称定义为 D30R5；直径为 12 的平底刀，其名称定义为 D12；半径为 5 的球刀，其名称定义为 R5。

②输入刀具名称时，只需要输入小写字母即可，系统会自动将字母转为大写状态。

③设置刀具参数时，只需要设置刀具的直径和底圆角半径即可，其他参数按默认即可。加工时，编程人员还需要编写加工工艺说明卡，注明刀具的类型和实际长度。

1.6.2　创建几何体

几何体包括机床坐标、部件和毛坯，其中机床坐标属于父级，部件和毛坯属于子级。在〖加工创建〗工具条中单击〖创建几何体〗 按钮，弹出〖创建几何体〗对话框，如图 1-24 所示。在〖创建几何体〗对话框中选择几何体和输入名称，然后单击 确定 按钮即可创建几何体。

编程工程师点评

上述创建几何体的方法很容易使初学者混淆机床坐标与毛坯的父子关系，而且容易产生多层父子关系，所以建议不要采用这种方法创建几何体。

下面介绍一种最常用的且容易让编程初学者掌握的创建几何体的方法。

1. 创建机床坐标

（1）首先，在编程界面的左侧单击〖工序导航器〗 按钮，使〖工序导航器〗显示在界面中。

（2）在〖工序导航器〗中的空白处单击鼠标右键，然后在弹出的菜单中选择〖几何视图〗命令，如图 1-25 所示。

（3）在〖工序导航器〗中双击 MCS_MILL 图标，如图 1-26 所示，弹出〖Mill Orient〗对话框，接着设置安全距离，如图 1-27 所示，然后单击〖CSYS 对话框〗 按钮，弹出〖CSYS〗对话框，如图 1-28 所示，然后选择当前坐标为机床坐标或重新创建坐标，最后单击 确定 按钮两次。

图 1-24　〖创建几何体〗对话框

编程工程师点评

机床坐标一般在工件顶面的中心位置，所以创建机床坐标时，最好先设置好当前坐标，然后在〖CSYS〗对话框中设置"参考"为 WCS。

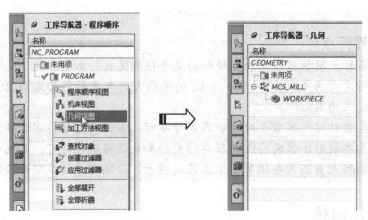

图 1-25　切换加工视图

2. 指定部件

双击 WORKPIECE 图标，弹出〖工件〗对话框，如图 1-29 所示。在〖工件〗对话框中单击〖指定部件〗 按钮，弹出〖部件几何体〗对话框，如图 1-30 所示，然后选择需要加工的部件，最后单击 确定 按钮。

图 1-26　双击图标　　　　　图 1-27　设置安全距离　　　　　图 1-28　〖CSYS〗对话框

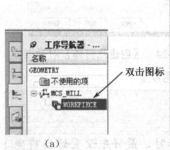

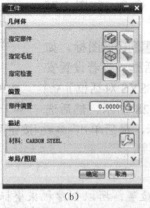

（a）　　　　　　　　　　（b）

图 1-29　〖工件〗对话框　　　　　　　　图 1-30　〖部件几何体〗对话框

3．指定毛坯

在〖工件〗对话框中单击〖指定毛坯〗 按钮，如图 1-31 所示，弹出〖毛坯几何体〗对话框，如图 1-32 所示，然后设置毛坯的创建类型，最后单击 确定 按钮两次。

图 1-31 〖工件〗对话框   图 1-32 〖毛坯几何体〗对话框

1.6.3 设置余量及公差

加工主要分为粗加工、半精加工和精加工三个阶段，不同阶段其余量及加工公差的设置都是不同的，下面介绍设置余量及公差的方法。

（1）在〖工序导航器〗中单击鼠标右键，然后在弹出的菜单中选择〖加工方法视图〗命令，如图 1-33 所示。

（2）在〖工序导航器〗中双击粗加工公差图标 MILL_ROUGH，弹出〖铣削方法〗对话框，然后设置部件的余量为 0.5，内公差为 0.05，外公差为 0.05，如图 1-34 所示，最后单击 确定 按钮。

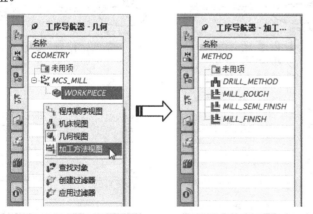

图 1-33 切换视图   图 1-34 设置粗加工余量及公差

 编程工程师点评

加工模具时，其开粗余量多设为 0.5，但如果是加工铜公余量就不一样了，因为铜公最后的结果是要留负余量的。

（3）设置半精加工和精加工的余量和公差，结果如图 1-35 和图 1-36 所示。

编程工程师点评

模具加工要求越高时，其对应的公差值就应该越小。

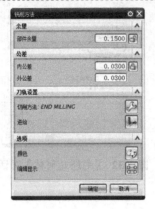

图 1-35　半精加工余量及公差　　　　　图 1-36　精加工余量及公差

1.6.4　创建操作

创建操作包括创建加工方法、设置刀具、设置加工方法和参数等。在〖加工创建〗工具条中单击〖创建工序〗 按钮，弹出〖创建工序〗对话框，如图 1-37 所示。首先在〖创建工序〗对话框中选择"类型"，接着选择"子类型"，然后选择程序名称、刀具、几何体和方法。

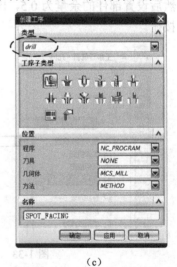

（a）　　　　　　　　　　（b）　　　　　　　　　　（c）

图 1-37　〖创建工序〗对话框

在〖创建工序〗对话框中单击 确定 按钮即可弹出新的对话框，从而进一步设置加工参数。

编程工程师点评

在模具加工中，最常使用的加工类型主要是 mill-planar 和 mill- coutour 两种。

下面以图表的方式详细介绍最常用的几种操作子类型及说明，如表 1-7 所示。

表 1-7　常用的操作子类型及说明

序号	操作子类型	加工范畴	图　解
1	面铣加工 （face-milling）	适用于平面区域的精加工，使用的刀具多为平底刀	
2	表面加工 （planar-mill）	适用于加工阶梯平面区域，使用的刀具多为平底刀	
3	型腔铣 （cavity-mill）	适用于模坯的开粗和二次开粗加工，使用的刀具多为飞刀（圆鼻刀）	
4	等高轮廓铣 （zlevel-profile）	适用于模具中陡峭区域的半精加工和精加工，使用的刀具多为飞刀（圆鼻刀），有时也会使用合金刀或白钢刀等	
5	固定轴区域轮廓铣 （contour-area）	适用于模具中平缓区域的半精加工和精加工，使用的刀具多为球刀	

1.7　刀具路径的显示及检验

生成刀路时，系统就会自动显示刀具路径的轨迹。当进行其他的操作时，这些刀路轨迹就会消失，如果想再次查看，则可先选中该程序，接着单击鼠标右键，然后在弹出的菜单中选择〖重播〗命令，即可重新显示刀路轨迹，如图 1-38 所示。

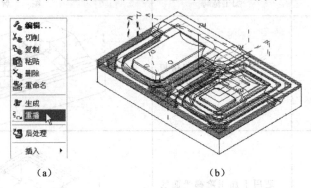

　（a）　　　　　　　　　　　　　　　　（b）

图 1-38　重播刀路

编程初学者往往不能根据显示的刀路轨迹判别刀路的好坏，而需要进行实体模拟验证。在〖加工操作〗工具条中单击〖校验刀轨〗　按钮，弹出〖刀轨可视化〗对话框，接着选择〖2D 动态〗选项，然后单击〖播放〗　按钮，系统开始进行实体模拟验证，如图 1-39 所示。

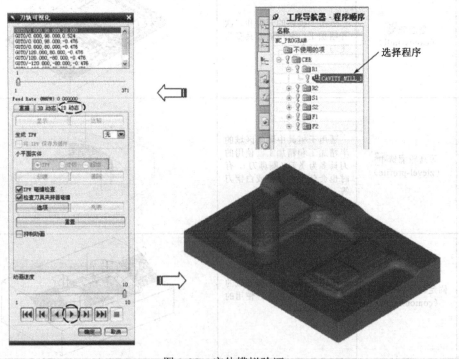

图 1-39　实体模拟验证

编程工程师点评

进行实体模拟验证前，必须设置加工工件和毛坯，否则无法进行实体模拟。

1.8 创建 NX8 编程模板

有些工程师为了提高编程速度，都会制作一个或多个适合自己公司或工厂的编程模板。这样可打开已创建好的模板，就不必重复地创建常用的刀具和加工方法了。

1.8.1 创建模板

创建的模板内容主要包括常用刀具的创建和常用加工方法的创建。在电脑桌面上双击图标打开 NX8 进入开始界面，接着在标准工具条中单击〖新建〗[图] 按钮，弹出〖新建〗对话框。设置名称为 moban 和文件路径，如图 1-40（a）所示，并单击 确定 按钮进入建模界面。在键盘上按 Ctrl+Alt+M 组合键，弹出〖加工环境〗对话框，如图 1-40（b）所示，选择 mill_contour 并单击 确定 按钮进入编程界面。

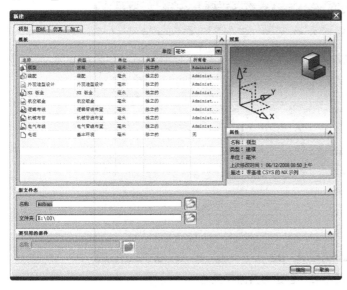

(a)　　　　　　　　　　　　　　　(b)

图 1-40　创建模板

（1）首先创建刀具库，如工厂常用的刀具有 D50R5、D35R5、D30R5、D20R4、D17R0.8、D13R0.8、D12、D10、D8、D6、D4、R5、R4、R3、R2.5、R2、R1.5 和 R1 等刀具，然后在〖工序导航器〗中单击鼠标右键，并在弹出的〖右键〗菜单中选择"机床视图"选项，结果如图 1-41 所示。

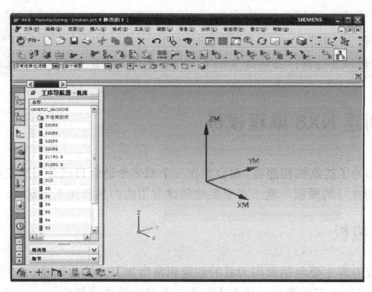

图 1-41　创建刀具

（2）接着创建 NX8 编程常用的加工方法，如型腔铣、等高轮廓铣、平面铣和固定轮廓铣，并设置好相应的加工参数，结果如图 1-42 所示。

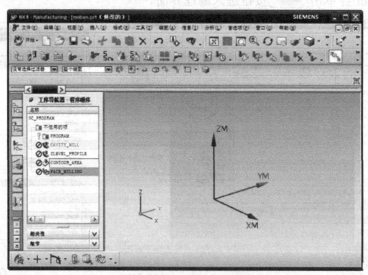

图 1-42　创建刀具路径策略

（3）在〖工序导航器〗中单击鼠标右键，接着在弹出的〖右键〗菜单中选择"加工方法视图"，然后设置粗加工、半精加工、精加工的余量和公差。

（4）在〖标准〗工具条中单击〖保存〗按钮保存模板。

1.8.2　导入模型到模板中进行编程

（1）打开前面创建的 moban.prt 模板文件。

（2）导入文件。在〖标准〗工具条中选择〖文件〗/〖导入〗/〖部件〗命令，弹出〖导入部件〗对话框，默认其参数设置并单击 确定 按钮，接着选择要编程的文件并单击 OK 按钮，弹出〖点〗对话框。默认坐标设置并单击 确定 按钮和 取消 按钮，结果如图 1-43 所示。

图 1-43　导入模型

（3）另存文件。在〖标准〗工具条中选择〖文件〗/〖另存为〗命令，弹出〖保存 CAM 安装部件为〗对话框，然后输入名称并单击 OK 按钮。

（4）调用已创建的刀具和加工方法进行编程。

1.9　工程师经验点评

（1）本章内容是全书的基础，须认真掌握数控编程加工的工艺知识，如刀具的选择、机床的选择等。

（2）要对撞刀、弹刀和过切等常见的加工问题有足够的认识，这样才能通过后面的学习成为一名合格的编程人员。

（3）要想胜任工厂企业里编程的职位，则必须要有较快的编程速度，这样就必须掌握如何创建适合工厂需求的编程模板，调入模板即可设置想要的刀路。

1.10　练习题

1-1　数控加工的优点主要有哪些？常使用哪些数控设备？

1-2　如何创建加工几何体？加工几何体包括哪几部分？

1-3　如何设置加工余量及公差？

1-4　如何判断刀具的类型？选择刀具加工时主要需要设置哪些刀具参数？

平面加工

平面加工是模具加工中最常用的加工方法之一，NX 软件提供了多种平面铣的方式。平面加工最大的特点是效率高，适应性广，只要是平面区域都可以使用平面铣的方式进行加工。

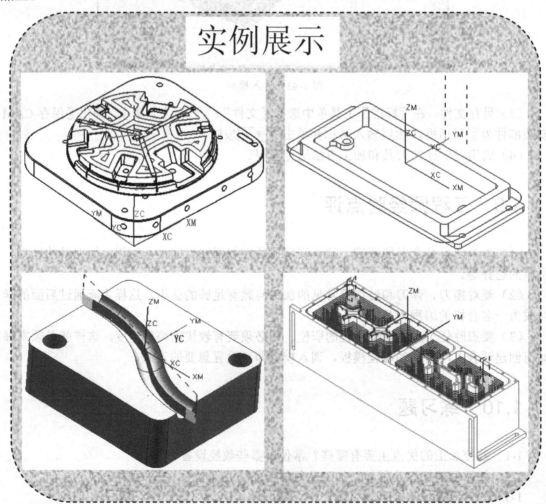

实例展示

在〖加工创建〗工具条中单击〖创建工序〗 ![按钮图标] 按钮，弹出〖创建工序〗对话框，接着在〖类型〗选项中选择 mill-planar，如图 2-1 所示。

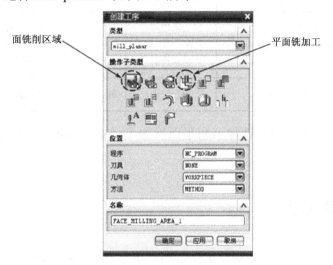

图 2-1 〖创建工序〗对话框

下面以表格的形式对平面加工组中各功能按钮的特点进行说明，如表 2-1 所示。

表 2-1 平面加工组的说明

序号	图标	操作子类型		说 明
		英文名称	中文名称	
1		FACE-MILLING-AREA	平面区域铣	通过选择平面或平面上的边界作为加工对象
2		FACE-MILLING	面铣	用于切削实体表面上余量，平面加工时多使用该功能按钮进行设置参数
3		FACE-MILLING-MANUAL	手动平面铣	系统默认切削的方法为手动设置
4		PLANAR-MILL	平面铣	通过指定加工平面和最低加工底面确定加工范围，加工复杂工件的平面时，有时也需要使用该功能按钮
5		PLANAR-PROFILE	表面轮廓铣	系统默认的加工方式为表面轮廓铣
6		ROUGH-FOLLOW	跟随零件粗铣	系统默认的加工方式为跟随零件粗铣
7		ROUGH-ZIGZAG	往复式轮廓粗铣	系统默认的加工方式为往复轮廓粗铣
8		ROUGH-ZAG	单向粗铣	系统默认的加工方式为单向粗铣
9		CLFANUP-CORNERS	平面清角	使用来自于前一操作产生的二维 IPW，只是清除上一步平面加工未清除的余量
10		FINISH-WALLS	侧壁精铣	主要用于精加工工件的侧壁
11		FINISH-FLOOR	底部精铣	主要用于精加工工件转角处的底部
12		THREAD-MILLING	螺纹铣削	建立加工螺纹的操作

续表

序号	图标	操作子类型		说　明
		英文名称	中文名称	
13		PLANAR-TEXT	文本雕刻	主要用于对工件平面中的文字等进行雕刻
14		MILL-CONTROL	机床控制	通过机床面板进行控制，并添加后处理命令
15		MILL-USER	用户定义	用户自定义参数建立操作

　　平面加工中最常用的是面铣加工和平面铣加工，本章将重点介绍这两个加工方法的操作。

2.1　面铣加工

　　面铣加工主要用于平面轮廓或平面区域的精加工，刀具轨迹在一个平面上或不同的几个平面上。

2.1.1　学习目标与课时安排

学习目标及学习内容

　　（1）掌握面铣加工的参数设置。
　　（2）掌握平面加工主要使用哪些刀具。
　　（3）学会创建加工边界。
　　（4）学会使用〖指定检查体〗功能保护面。
　　（5）掌握加工坐标的设置。
　　（6）实际平面加工中会遇到哪些问题，应注意哪些问题。

学习课时安排（共3课时）

　　（1）实例操作演示及功能讲解——2课时。
　　（2）其他实例讲解及实际加工应该注意的问题——1课时。

2.1.2　功能解释与应用

　　在类型为 **mill-planar** 的〖创建工序〗对话框中选择〖面铣〗操作子类型，然后单击 确定 按钮，弹出〖面铣〗对话框，如图2-2所示。

选择此
子类型

（a）

（b）

图 2-2 〖面铣〗对话框

下面详细介绍〖面铣〗对话框中重要参数的含义。

（1）〖指定部件〗：即指定需要加工的模具或零件作为部件。

 编程工程师点评

编程前，应参考第 1.5 节创建几何体的方法，创建好毛坯和部件，而不应该在该对话框中进行设置。如果先前已经创建好几何体，则对话框中的〖几何体〗和〖指定部件〗选项都会变成灰色。

（2）〖指定面边界〗 📦：即指定需要加工的平面或加工边界。在〖平面铣〗对话框中单击〖指定面边界〗 📦 按钮，弹出〖指定面几何体〗对话框，如图 2-3 所示。

〖过滤器类型〗：包括面边界、曲线边界和点边界三种。

● 〖面边界〗 📦：通过选择加工平面确定加工范围，如图 2-4 所示。

编程工程师点评

指定面几何体时，强烈建议选择“面边界”的形式确定加工范围，这样操作方便且不容易出错。

● 〖曲线边界〗 📄：通过选择面的边界或曲线，确定加工范围，选择的曲线可以是封闭的或非封闭的，但选择的边界线必须是两条以上，如图 2-5 所示。

图 2-3　〖指定面几何体〗对话框

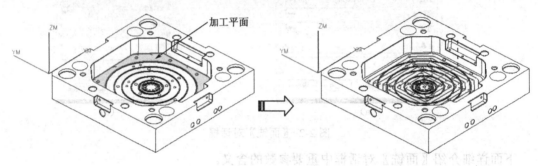

图 2-4　面边界

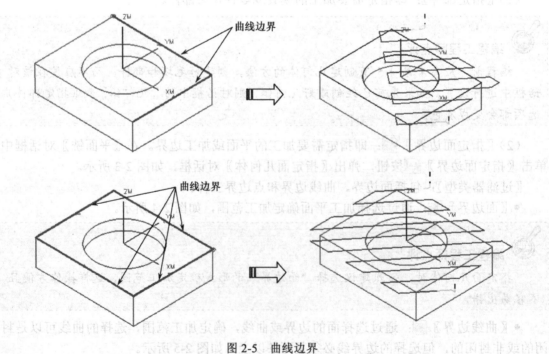

图 2-5　曲线边界

编程工程师点评

  选择曲线或边界作为加工范围时，要保证曲线或边界范围内不能有凸台，否则平面加工时，容易造成凸台过切和撞刀，使工件或模具报废，如图 2-6 所示。

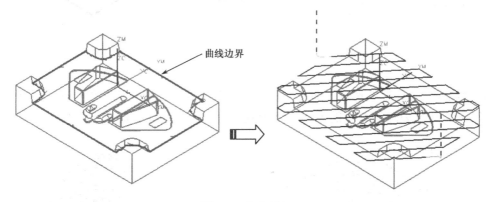

图 2-6 凸台过切

•〖点边界〗：通过选择点确定加工范围，但选择的点必须超过三个，如图 2-7 所示。

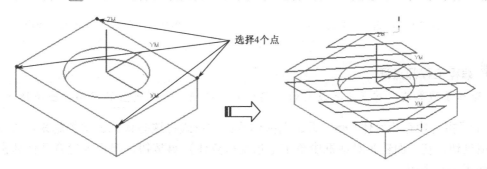

图 2-7 点边界

编程工程师点评

  选择点作为边界时，应注意所选择的点必须在同一平面上，且该平面垂直于刀轴。

  ①〖点方法〗：包括自动判断的点、光标位置点、现有点和端点等，当选择"点边界"选项时，该选项才会激活。

  ②〖成链〗：该按钮只有在选择"曲线边界"选项时才会激活，单击 成链 按钮后，系统会自动将选择的曲线封闭起来。

编程工程师点评

  操作时，首先单击 成链 按钮，接着选择封闭曲线中的一条曲线，然后单击 确定 按钮即可创建链接的边界，如图 2-8 所示。

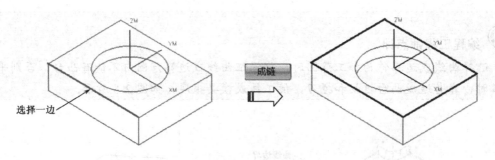

图 2-8　创建封闭的边链

③〖忽略孔〗：勾选该选项，即可当面中的孔不存在，刀具轨迹仍然经过孔的上方，如图 2-9 所示；如果去除该选项的勾选，则刀具轨迹不会经过该孔的上方，如图 2-10 所示。

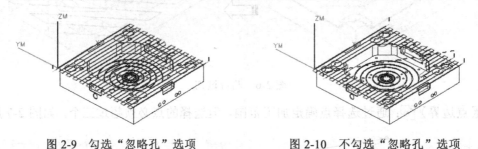

图 2-9　勾选"忽略孔"选项　　　　　　图 2-10　不勾选"忽略孔"选项

 编程工程师点评

　　选择面边界前，首先需要设置好〖忽略孔〗选项，否则产生的刀路会出现错误。

（3）〖指定检查几何体〗 ：通过选择体或面的形式将这些体或面保护起来，从而避免撞刀或过切。在〖面铣〗对话框中单击〖指定检查体〗 按钮，弹出〖检查几何体〗对话框，如图 2-11 所示。

〖过滤方式〗：几何体的过滤方式主要包括体、面、曲线和点，在实际操作中多选择体或面作为检查几何体。

●〖体〗：选择实体作为保护对象，如平面加工时刀具不能碰到夹具，则需要选择"体"作为保护对象，如图 2-12 所示。

　　　　　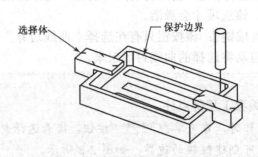

图 2-11　〖检查几何体〗对话框　　　　图 2-12　选择体作为保护对象

●〖面〗：选择工件中的一个或多个面作为保护对象，主要是为了避免平面加工时造成侧壁过切，如图 2-13 所示。

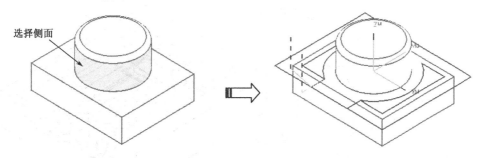

图 2-13　选择面作为保护对象

（4）〖指定检查边界〗：指定或创建加工的边界，对边界内的刀轨进行裁剪或保留。单击〖指定检查边界〗按钮，弹出〖检查边界〗对话框，如图 2-14 所示。

 编程工程师点评

　　指定好检查边界后，接着单击 确定 按钮关闭〖检查边界〗对话框，然后再次单击〖指定检查边界〗按钮，弹出〖检查边界〗对话框，如图 2-14（b）所示，此时，才可以设置材料侧为"内部"或"外部"。

（a）

（b）

图 2-14　〖检查边界〗对话框

编程工程师点评

　　指定检查边界时，可事先创建好检查边界，然后使用〖曲线边界〗功能选择创建的曲线作为检查边界，如图 2-15 所示；也可以通过〖点边界〗功能直接创建检查边界。

①〖内部〗：将边界内的刀轨修剪掉，如图 2-16 所示。

②〖外部〗：将边界外的刀轨修剪掉，如图 2-17 所示。

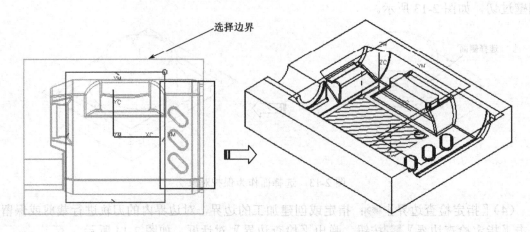

图 2-15　检查边界

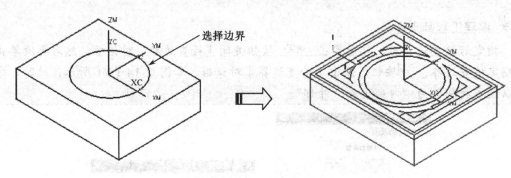

图 2-16　修剪内部刀轨

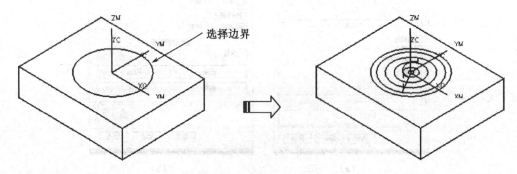

图 2-17　修剪外部刀轨

（5）〖刀具〗：选择或创建当前程序需要使用的刀具。如需创建新的刀具，则单击〖新建〗 按钮，弹出〖新的刀具〗对话框，如图 2-18 所示。

（6）〖输出〗：包括刀具号、补偿、刀具补偿和 Z 偏置。在数控铣床上加工时，则不需要设置"输出"参数；如果在加工中心上加工，则需要设置"刀具号"。

（7）〖方法〗：包括 MILL-FINISH（精加工），MILL-ROUGH（粗加工）和 MILL-SEMI-FINISH（半精加工）。

编程工程师点评

　　平面加工前，其底面余量一般为 0.05~0.2mm，只需进行精加工，所以平面加工时多数设置为 MILL-FINISH。

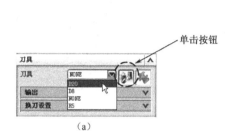

　　　　（a）　　　　　　　　　　　　　　　　　　（b）

图 2-18　选择或创建新的刀具

　　（8）〖切削模式〗：包括往复、单向、单向带轮廓铣、跟随周边、跟随部件、摆线、轮廓加工和混合 8 种模式，如图 2-19 所示。读者只需要重点掌握往复、跟随周边和跟随部件这三种模式即可。

　　①〖往复〗：刀具做双向加工，一般用于简单平面的加工，但这种切削模式加工效率比较高，如图 2-20 所示。

图 2-19　切削模式

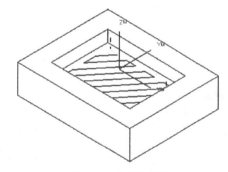

图 2-20　往复切削

　　②〖跟随周边〗：以加工区域的最外围边界为主，跟随边界轮廓生成一系列的同心轨迹，如图 2-21 所示。

　　③〖跟随部件〗：所有部件几何边界偏移同数量的步距形成轨迹，如图 2-22 所示。

 编程工程师点评

　　使用"跟随部件"的切削模式加工时最安全，但提刀也相对较多。

　　（9）〖步距〗：设置相邻两个刀轨之间的距离，如图 2-23 所示。表达"步距"的方式有恒定、残余高度、刀具直径和可变 4 种。

编程工程师点评

步距的大小一般设置为刀具直径的 50%～75%之间。

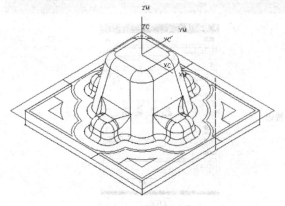

图 2-21　跟随周边

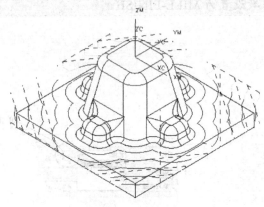

图 2-22　跟随部件

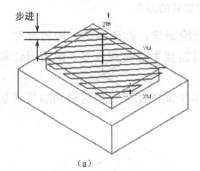

（a）

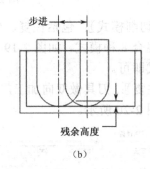

（b）

图 2-23　步距

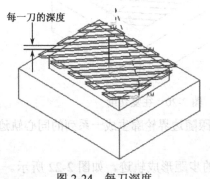

图 2-24　每刀深度

（10）〖毛坯距离〗：指定现毛坯深度与实际加工面的距离。毛坯距离必须要大于底面余量，否则刀具进刀时会撞坏刀具底部。但如果毛坯距离过大，则会增加进刀时间，影响加工效率。

（11）〖每刀深度〗：即吃刀量，当默认每一刀的深度为 0 时，吃刀量即是余量的厚度，如图 2-24 所示。

（12）〖最终底面余量〗：平面加工完成后，底面最终留下的余量。

 编程工程师点评

一般情况下，平面加工的最终余量都设置为 0，但模具中的一些特殊部位，如后模中的碰穿面或擦穿面等则不能设置为 0，而应该留下 0.05～0.15mm 的余量方便试模。

（13）〖切削参数〗 ：设置平面加工的切削参数。单击〖切削参数〗 按钮，弹出〖切削参数〗对话框，如图 2-25 所示。

①〖策略〗选项：主要是进行切削方向、切削角和壁清理等参数设置。

• 〖切削方向〗：包括顺铣和逆铣两种。因为数控机床的性能足够稳定，所以，一般情况下设置切削方向为顺铣。

• 〖切削角〗：设置刀具轨迹与加工坐标的角度，且角度值可以为负数。

• 〖壁清理〗：包括"无"、"在起点"和"在终点"三种方式，平面加工时多数设置壁清理为"在终点"。

②〖余量〗选项：主要是进行加工余量的设置。在〖切削参数〗对话框中选择 余量 选项，如图 2-26 所示。

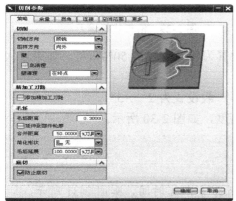

图 2-25 〖切削参数〗对话框

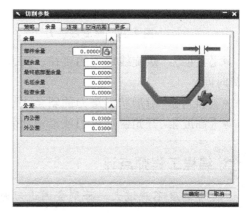

图 2-26 〖余量〗选项

• 〖部件余量〗：设置部件的余量。为了避免加工底面时造成侧壁过切，应设置一定的部件余量。

• 〖壁余量〗：设置加工平面时的侧壁余量。

• 〖最终底面余量〗：底面的最终余量，一般设置为 0。

（14）〖非切削移动〗 ：主要设置加工中非切削的参数。单击〖非切削移动〗 按钮，弹出〖非切削移动〗对话框，如图 2-27 所示。

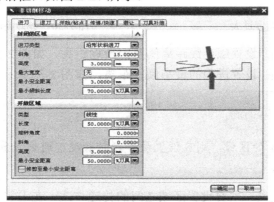

图 2-27 〖非切削移动〗对话框

①〖进刀〗选项：主要设置进刀类型、斜度、高度和最小倾斜长度等。

• 〖进刀类型〗：包括螺旋线、沿形状斜进刀和插铣，实际加工中多使用螺旋线或沿形状斜进刀，如图2-28和图2-29所示分别为螺旋线进刀和沿形状斜进刀。

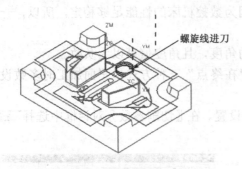

图2-28　螺旋线进刀

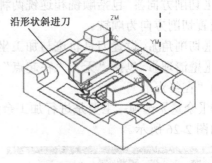

图2-29　沿形状斜进刀

• 〖直径〗：螺旋线进刀的直径，其大小一般设置为刀具直径的50%即可，如果过大会浪费时间。

• 〖斜角〗：沿形状斜进刀的斜角大小，其大小一般设置为2°～5°。

• 〖高度〗：开始螺旋进刀或沿形状斜进刀的高度，如图2-30所示。

 编程工程师点评

　　进刀高度不能过大，否则会因进刀时间过长而浪费加工时间，如图2-31所示。

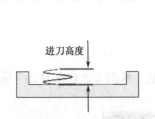

进刀高度

图2-31　进刀高度过大

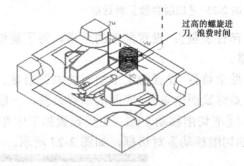

过高的螺旋进刀，浪费时间

图2-30　进刀高度

• 〖最小安全距离〗：设置螺旋线距离侧壁的最近距离，如图2-32所示。

• 〖最小倾斜长度〗：设置进刀的最小倾斜距离，如图2-33所示。

 编程工程师点评

　　当模型中存在狭窄的区域，则应设置最小倾斜长度，避免刀具从狭小的区域进刀或出现顶刀的现象。

②〖传递/快速〗选项：主要设置区域之间的传递方式。在〖非切削移动〗对话框中选择 传递/快速 选项，如图2-34所示。

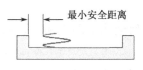

图 2-32　最小安全距离

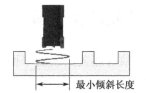

图 2-33　最小倾斜长度

● 〖传递类型〗：包括安全设置、前一平面和直接三种传递方式。设置传递方式时要根据模型的复杂程度和平面的结构特点来确定，复杂的可设置"安全设置"，结构简单的设置为"前一平面"或"直接"。

（15）〖进给和速度〗：主要设置刀具的主轴转速和切削。单击〖进给和速度〗![按钮]按钮，弹出〖进给和速度〗对话框，如图 2-35 所示。

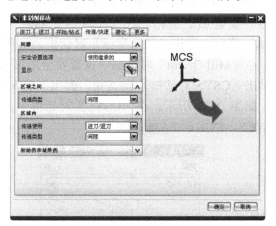

图 2-34　〖传递/快速〗选项

图 2-35　〖进给率和速度〗对话框

① 〖主轴速度〗：设置刀具的转速，单位为 r/min。刀具直径越大，则主轴转速越小。

② 〖切削〗：设置刀具的切削，单位为 mm/min。平面精加工时，为了保证底面加工质量，切削不能过大，一般在 1500mm/min 以下。

2.1.3　需要设置的参数

平面铣加工中，需要设置的参数比较多，下面以表格的形式列出面铣加工所需要设置的参数，如表 2-2 所示。

表 2-2　面铣加工需要设置的参数

序号	参数名称	是否一定需要设置	序号	参数名称	是否一定需要设置
1	几何体	否	6	步距	是
2	指定面边界	是	7	毛坯距离	否
3	刀具	是	8	切削参数	是
4	加工方法	否	9	非切削移动	是
5	切削模式	是	10	进给率和速度	是

2.1.4　基本功的操作演示

下面以电蚊香座盖后模的平面加工为示范，讲述如何创建平面铣加工、需要进行哪些参数设置和应该注意哪些问题。

（1）打开光盘中的〖Example\Ch02\dwxghm.prt〗文件，如图 2-36 所示。

（2）进入编程界面。在键盘上按 Ctrl+Alt+M 组合键，弹出〖加工环境〗对话框，接着设置会话配置为 cam-general，CAM 设置为 mill-planar，然后单击 确定 按钮进入编程主界面。

（3）在编程主界面的左侧单击〖工序导航器〗按钮，显示〖工序导航器〗。

（4）切换加工视图。在〖工序导航器〗中单击鼠标右键，然后在弹出的菜单中选择〖几何视图〗命令。

（5）设置加工坐标。在〖工序导航器〗中双击 MCS_MILL 图标，弹出〖机床坐标〗对话框，如图 2-37 所示。在〖Mill Orient〗对话框中设置安全距离为 80，接着单击〖CSYS 对话框〗按钮，弹出〖CSYS〗对话框，如图 2-38 所示。在〖CSYS〗对话框中设置参考为 WCS，然后单击 确定 按钮。

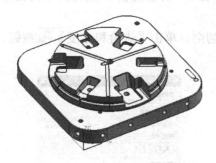

图 2-36　dwxghm.prt 文件

图 2-37　〖机床坐标〗对话框

图 2-38　〖CSYS〗对话框

编程工程师点评

安全高度应该大于装夹的最大高度，否则刀具在横越时有可能撞到夹具。

（6）创建刀具。在〖加工创建〗对话框中单击〖创建刀具〗按钮，弹出〖创建刀具〗对话框，如图 2-39 所示。在〖创建刀具〗对话框中设置刀具名称为 D20R0.8，然后单击 确定 按钮，弹出〖刀具参数〗对话框，如图 2-40 所示。接着设置直径为 20，底圆角半径为 0.8，然后单击 确定 按钮。

（7）继续创建刀具。参考前面的操作，创建刀具名称为 D8 的合金平底刀，直径为 8，底圆角半径为 0。

图 2-39 〖创建刀具〗对话框

图 2-40 〖刀具参数〗对话框

1．面铣加工一

（1）创建工序。在〖加工创建〗工具条中单击〖创建工序〗 按钮，弹出〖创建工序〗对话框，然后设置如图 2-41 所示的参数。

（2）选择加工平面。在〖创建工序〗对话框中单击 确定 按钮，弹出〖面铣〗对话框。在〖面铣〗对话框中单击〖指定面边界〗 按钮，弹出〖指定面几何体〗对话框，然后选择如图 2-42 所示的一个加工平面，选择完成后单击 确定 按钮。

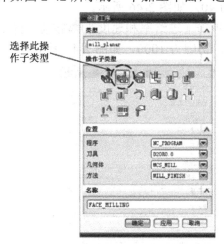

图 2-41 创建工序

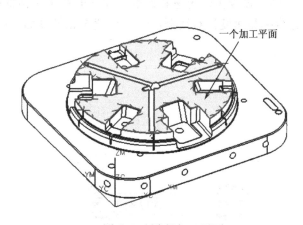

图 2-42 选择加工平面

（3）设置切削模式和步距百分比。设置切削模式为"跟随周边"，步距百分比为 60，毛坯距离为 0.5，其他参数按默认设置，如图 2-43 所示。

（4）设置切削参数。在〖平面铣〗对话框中单击〖切削参数〗 按钮，弹出〖切削参数〗对话框。选择"策略"选项，然后设置切削方向为"顺铣"，图样方向为"向内"，勾选"岛清理"选项，并设置壁清理为"自动"，如图2-44所示。

（5）设置余量和公差。在〖切削参数〗对话框中选择 余量 选项，然后设置部件余量为0，壁余量为0，最终底面余量为0，毛坯余量为-10，内公差和外公差为0.01，如图2-45所示。

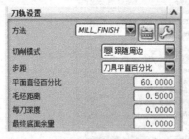

图2-43　设置切削模式和步距百分比　　　图2-44　设置切削参数　　　图2-45　设置余量和公差

编程工程师点评

①由于所选择的平面不存在侧壁，则不需要部件余量。

②为了避免刀具在工件的轮廓外多走一圈空刀，则应将毛坯余量设置为刀具直径的一半。

（6）设置非切削参数。在〖平面铣〗对话框中单击〖非切削移动〗 按钮，弹出〖非切削移动〗对话框。选择"进刀"选项，然后设置进刀类型为"沿形状斜进刀"，倾斜角度为2，高度为1，最小安全距离为1，最小倾斜长度为40，如图2-46所示。

（7）设置主轴转速和切削。在〖面铣〗对话框中单击〖进给率和速度〗 按钮，弹出〖进给率和速度〗对话框，然后设置主轴转速为2500，切削为1000，如图2-47所示。

图2-46　设置非切削参数　　　　　图2-47　设置主轴转速和切削

（8）生成刀路。在〖面铣〗对话框中单击〖生成〗按钮，系统开始生成刀路，如图 2-48 所示。

2．平面铣加工二

（1）复制刀具路径。在〖工序导航器〗中选择平面铣加工一产生的刀具路径并单击鼠标右键，接着在弹出的〖右键〗菜单中选择"复制"命令，然后选择刀具路径并单击鼠标右键，并在弹出的〖右键〗菜单中选择"粘贴"命令，如图 2-49 所示。

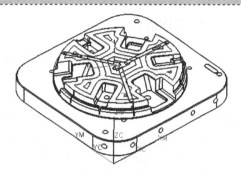

图 2-48　生成刀路

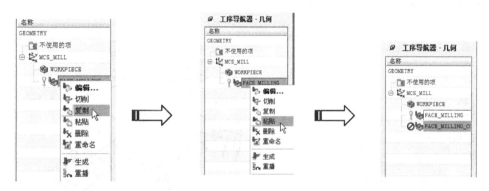

图 2-49　复制刀具路径

（2）重新选择加工平面。在〖工序导航器〗中双击 FACE_MILLING_COPY 图标，弹出〖平面铣〗对话框。在〖平面铣〗对话框中单击〖指定面边界〗按钮，弹出〖指定面几何体〗对话框，接着单击 移除 按钮移除已选的加工平面，然后单击 附加 按钮，并重新选择如图 2-50 所示的一个加工平面。

（3）修改余量。在〖面铣〗对话框中单击〖切削参数〗按钮，弹出〖切削参数〗对话框。选择 余量 选项，然后修改部件余量为 0.4，其他参数不变，如图 2-51 所示。

加工平面

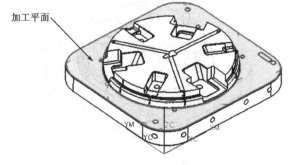

图 2-50　重新选择加工平面

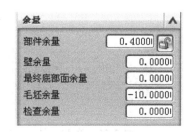

图 2-51　修改余量

（4）生成刀路。在〖面铣〗对话框中单击〖生成〗按钮，系统开始生成刀路，如图2-52所示。

3．平面铣加工三

（1）参考前面的操作，复制并粘贴面铣加工二的刀具路径，结果如图2-53所示。

（2）重新选择加工平面。在〖工序导航器〗中双击 FACE_MILLING_COPY 图标，弹出〖面铣〗对话框。在〖面铣〗对话框中单击〖指定面边界〗按钮，弹出〖指定面几何体〗对话框，接着单击 移除 按钮两次移除已选的加工平面，然后单击 附加 按钮，并重新选择如图2-54所示的12个加工平面。

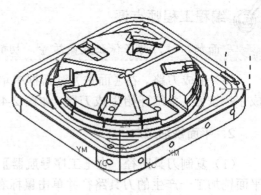

图2-52　生成刀路

图2-53　复制刀具路径

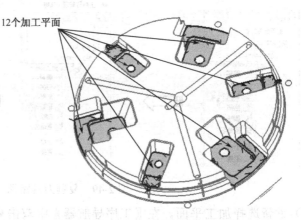

图2-54　重新选择加工平面

（3）修改刀具。在〖面铣〗对话框中修改刀具为0.4，其他参数不变，如图2-55所示。

（4）生成刀路。在〖面铣〗对话框中单击〖生成〗按钮，系统开始生成刀路，如图2-56所示。

图2-55　修改刀具

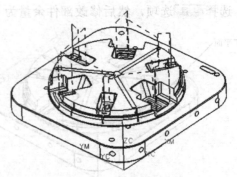

图2-56　生成刀路

2.1.5 活学活用

在实际编程中，多数情况下输入模型时的坐标并不能作为加工坐标，此时就需要创建加工坐标。下面以本节的模型为对象，简单介绍加工坐标的创建方法。

（1）打开光盘中的〖Example\Ch02\dwxghm2.prt〗文件，如图 2-57 所示。

（2）参考前面的操作方法进行编程界面。

（3）将当前坐标移到底面的中心位置。在〖实用〗工具条中单击〖WCS 方向〗![按钮]按钮，弹出〖坐标〗对话框。设置类型为"对象的 CSYS"，然后选择模型的底面，然后单击 确定 按钮，结果如图 2-58 所示。

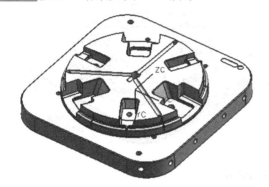
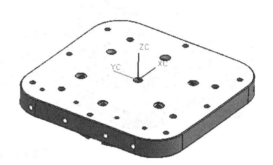

图 2-57　dwxghm.prt 文件　　　　　　图 2-58　将当前坐标移到底面的中心位置

（4）测量模型。通过〖分析〗/〖测量距离〗/〖投影距离〗命令测得模型在 X 方向上的长度为 330 ，Y 方向上的长度为 340，如图 2-59 所示。

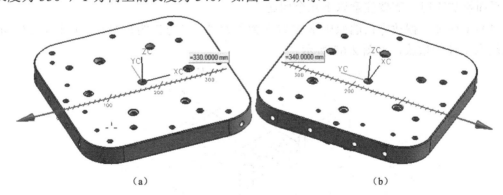

（a）　　　　　　　　　　　　　　　（b）

图 2-59　测量模型

（5）使 Z 轴正方向朝向加工方向。双击坐标使坐标激活，然后选择旋转球并输入角度为 180，如图 2-60 所示。

（6）移动距离。双击坐标使坐标激活，接着选择 X 轴箭头并输入距离为-165；选择 Y 轴箭头并输入距离为-170，如图 2-61 所示。

（7）以上创建的坐标即符合加工坐标的要求。

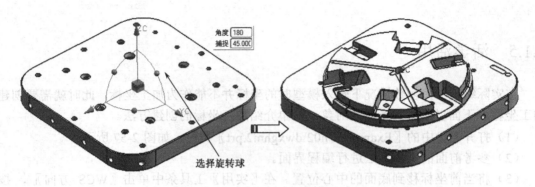

图 2-60　使 Z 轴正方向朝向加工方向

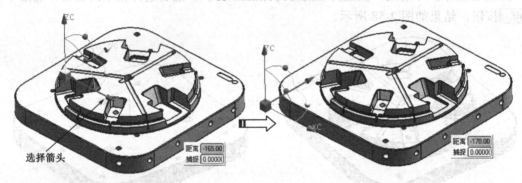

图 2-61　移动距离

2.1.6　实际加工应注意的问题

平面铣加工时，需要注意以下几个问题。

（1）工件加工摆放方向的原则是 X 方向为长尺寸，Y 方向为短尺寸，所以，加工前一定要注意工件的摆放，如图 2-62 所示。

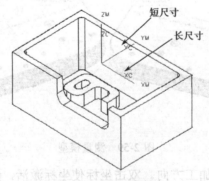

图 2-62　工件的摆放

（2）加工平面时，一定要注意侧壁的保护，避免侧壁过切。

（3）加工四周是圆弧曲面的平面时，容易造成曲面与平面交界的部位加工不到；另外，四周由直壁面组成的平面其角落也加工不到，如图 2-63 所示。

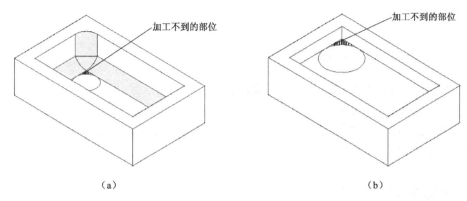

图 2-63　加工不到的部位

（4）平面精加工时，一定要考虑工件的装夹问题，避免刀具撞到夹具。

2.2　平面铣加工

平面铣加工主要应用于复杂工件中难以判断各平面之间关系的平面加工；另外，平面铣加工也应用于流道的加工。

2.2.1　学习目标与学习课时安排

　学习目标及学习内容

（1）掌握平面铣加工的参数设置。
（2）掌握平面铣加工主要使用哪些刀具。
（3）掌握工件哪些部件需要使用平面铣加工的加工方式。
（4）学会检查刀路，避免过切。
（5）实际加工中会遇到哪些问题，应注意哪些问题。

　学习方法及材料准备

（1）准备粉笔或棒状体一根，大吸管一根并剖开一半，教师上课时可用粉笔或棒状体在一些常见的实物上（如黑板、方盒和吸管等）作表面铣加工路径演示，增加学生的理解能力。

（2）教师讲课时，可先将本节中的"基本功的操作演示"演练一次，然后根据生成的刀路详细讲解加工中刀具从工件的哪个部位开始进刀，哪个部位退刀、提刀、横越、进刀和退刀方式如何等，最后通过修改相关的参数并重新生成刀路，看看刀路产生了怎样的变化。

学习课时安排（共 2 课时）

（1）实例操作演示及功能讲解——1 课时。

（2）活学活用、其他实例讲解及实际加工应该注意的问题——1 课时。

本节主要通过功能解释与应用、基本功的操作演示和活学活用的方式使读者真正地掌握表面铣加工的应用。

2.2.2　功能解释与应用

在类型为 mill-planar 的〖创建工序〗对话框中选择〖平面铣加工〗操作子类型，然后单击 确定 按钮，弹出〖平面铣〗对话框，如图 2-64 所示。

下面详细介绍〖平面铣〗对话框中重要参数的含义，其中前面介绍过的功能将不再介绍。

（1）〖指定部件边界〗：选择加工平面或加工边界。单击〖指定部件边界〗按钮，弹出〖边界几何体〗对话框，如图 2-65 所示。

图 2-64　〖平面铣〗对话框　　　　　　　图 2-65　〖边界几何体〗对话框

（2）〖指定毛坯边界〗：选择加工平面或加工边界，其用途和"指定部件边界"功能一样。

（3）〖指定底面〗：选择一个平面作为加工的底面，即确定加工的最底面。单击〖指定底面〗按钮，弹出〖指定底面〗对话框，如图 2-66 所示。

（4）【切削层】▤：主要用于控制加工的深度和范围。单击【切削层】▤按钮，弹出【切削层】对话框，如图 2-67 所示。

图 2-66　【指定底面】对话框　　　　图 2-67　【切削层】对话框

- 【用户定义】：通过输入最大值和最小值确定加工深度。
- 【仅底面】：仅在底面生成单个切削层。
- 【底部面及临界深度】：在底面和岛屿的顶面生成多个切削层。
- 【临界深度】：在岛屿的顶部生成单个切削层。
- 【恒定】：以设定的深度值生成单个固定的切削层。
- 【临界深度顶面切削】：勾选该选项，加工生成的刀路会自动切削岛屿的台阶平面。

（5）【附加刀路】▤：当选择"轮廓加工"的加工模式时，为减小切削量和提高侧面的加工质量，有时需要附加刀路，如图 2-68 所示。

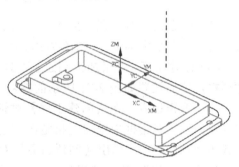

图 2-68　附加刀路

2.2.3　需要设置的参数

平面铣加工中，需要设置的参数比较多，下面以表格的形式列出平面加工所需要设置的参数，如表 2-3 所示。

表 2-3　平面铣加工需要设置的参数

序号	参数名称	是否一定需要设置	序号	参数名称	是否一定需要设置
1	几何体	否	6	步距	是
2	指定部件边界/指定毛坯边界	指定其中一个	7	切削层	否
3	刀具	是	8	切削参数	是
4	加工方法	否	9	非切削移动	是
5	切削模式	是	10	进给率和速度	是

2.2.4 基本功的操作演示

下面以工件的侧面精加工为示范，讲述如何创建平面铣加工及需要进行哪些参数设置。模型中已经包含了两个创建好的刀路，接着下面的工作就是对工件侧面进行精加工。

1．平面铣加工一

（1）打开光盘中的〖Example\Char02\bmx.prt〗文件，如图 2-69 所示。

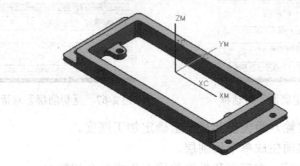

图 2-69　bmx.prt 文件

（2）创建程序组。在〖插入〗工具条中单击〖创建程序〗 按钮，弹出〖创建程序〗对话框，设置名称为 R3，如图 2-70 所示，然后单击 确定 按钮两次。

（3）创建工序。在〖加工创建〗工具条中单击〖创建工序〗 按钮，弹出〖创建工序〗对话框，然后设置如图 2-71 所示的参数。

（4）选择边界。在〖创建工序〗对话框中单击 确定 按钮，弹出〖平面铣〗对话框。在〖平面铣〗对话框中单击〖指定部件边界〗 按钮，弹出〖边界几何体〗对话框。设置模式为"曲线/边"，弹出〖创建边界〗对话框。设置类型为"封闭的"，平面为"自动"，材料侧为"内部"，然后选择如图 2-72 所示的封闭边界，选择完成后单击 确定 按钮两次。

（5）设置切削模式。设置切削模式为"轮廓加工"，如图 2-73 所示。

（6）指定底面。在〖平面铣〗对话框中单击〖指定底面〗 按钮，弹出〖平面〗对话框，然后选择如图 2-74 所示的平面为底面，最后单击 确定 按钮。

图 2-70　创建程序组

图 2-71　创建工序

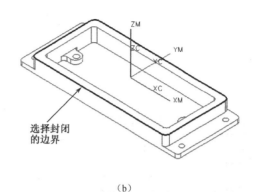

(a)　　　　　　　　　　　　　　　　　　　(b)

图 2-72　选择边界

图 2-73　设置切削模式

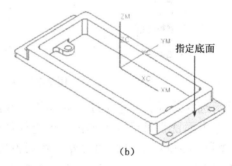

(a)　　　　　　　　　　　　　　　　　　　(b)

图 2-74　指定底面

（7）设置切削层。在〖平面铣〗对话框中单击〖切削层〗 按钮，弹出〖切削深度参数〗对话框，然后设置类型为"仅底面"，最后单击 确定 按钮。

（8）设置余量。在〖平面铣〗对话框中单击〖切削参数〗 按钮，弹出〖切削参数〗对话框。在〖切削参数〗对话框中选择 余量 选项，然后设置部件余量为 0，最终底面余量为 0。

（9）设置非切削移动。在〖平面铣〗对话框中单击〖非切削移动〗 按钮，弹出〖非切削移动〗对话框。在〖切削参数〗对话框中选择 进刀 选项，然后设置进刀类型为"沿形状斜进刀"，倾斜角度为 2，高度为 1，其他参数按默认设置，如图 2-75 所示。

（10）设置主轴转速和切削。在〖平面铣〗对话框中单击〖进给率和速度〗 按钮，弹出〖进给率和速度〗对话框，然后主轴转速为 2500，切削为 300。

（11）生成刀路。在〖平面铣〗对话框中单击〖生成〗 按钮，系统开始生成刀路，如图 2-76 所示。

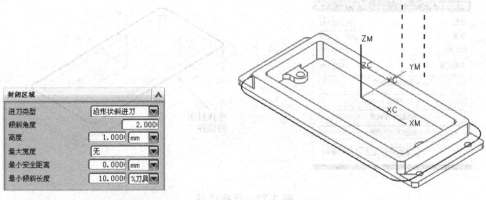

图 2-75　设置非切削移动　　　　　　　　图 2-76　生成刀路

2．平面铣加工二

（1）复制刀路。复制平面铣加工一的刀路，如图 2-77 所示。

图 2-77　复制刀路

（2）重新选择边界。在〖工序导航器〗中双击 PLANAR_MILL_CO 图标，弹出〖平面铣〗对话框。在〖平面铣〗对话框中单击〖指定部件边界〗按钮，弹出〖编辑边界〗对话框，接着单击 移除 按钮移除已有的边界，然后设置模式为"曲线/边"，弹出〖创建边界〗对话框。设置类型为"封闭的"，平面为"自动"，材料侧为"内部"，然后选择如图 2-78 所示的封闭边界，选择完成后单击 确定 按钮三次。

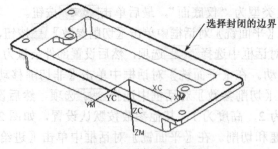

选择封闭的边界

图 2-78　重新选择边界

（3）指定底面。在〖平面铣〗对话框中单击〖指定底面〗按钮，弹出〖平面〗对话框，接着选择如图 2-79 所示的平面为底面，然后单击 确定 按钮。

（4）生成刀路。在〖平面铣〗对话框中单击〖生成〗 ![生成按钮] 按钮，系统开始生成刀路，如图 2-80 所示。

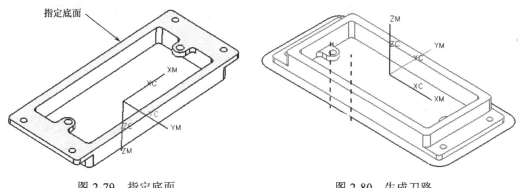

图 2-79　指定底面　　　　　　　　　　　图 2-80　生成刀路

3．平面铣加工三

（1）复制刀路。复制平面铣加工二的刀路，如图 2-81 所示。

图 2-81　复制刀路

（2）重新选择边界。在〖工序导航器〗中双击 ![图标] PLANAR_MILL_CO 图标，弹出〖平面铣〗对话框。在〖平面铣〗对话框中单击〖指定部件边界〗 ![按钮] 按钮，弹出〖编辑边界〗对话框，接着单击 移除 按钮移除已有的边界，然后设置模式为"曲线/边"，弹出〖创建边界〗对话框。设置类型为"封闭的"，平面为"自动"，材料侧为"外部"，然后选择如图 2-82 所示的封闭边界，选择完成后单击 确定 按钮三次。

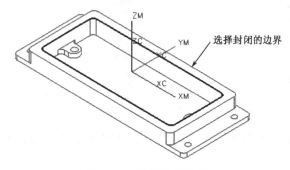

图 2-82　重新选择边界

（3）指定底面。在〖平面铣〗对话框中单击〖指定底面〗 按钮，弹出〖平面〗对话框，接着选择如图2-83所示的平面为底面，然后单击 确定 按钮。

（4）生成刀路。在〖平面铣〗对话框中单击〖生成〗 按钮，系统开始生成刀路，如图2-84所示。

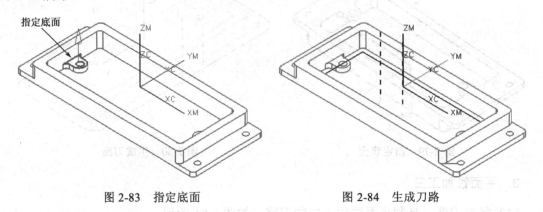

图 2-83　指定底面　　　　　　　　　　　图 2-84　生成刀路

4．平面铣加工四

（1）复制刀路。复制平面铣加工三的刀路，如图2-85所示。

（2）重新选择边界。在〖工序导航器〗中双击 PLANAR_MILL_CO图标，弹出〖平面铣〗对话框。在〖平面铣〗对话框中单击〖指定部件边界〗 按钮，弹出〖编辑边界〗对话框，接着单击 移除 按钮移除已有的边界，然后设置模式为"曲线/边"，弹出〖创建边界〗对话框。设置类型为"封闭的"，平面为"自动"，材料侧为"外部"，然后选择如图2-86所示的封闭边界，选择完成后单击 确定 按钮三次。

（3）指定底面。在〖平面铣〗对话框中单击〖指定底面〗 按钮，弹出〖平面〗对话框，接着选择如图2-87所示的平面为底面，然后单击 确定 按钮。

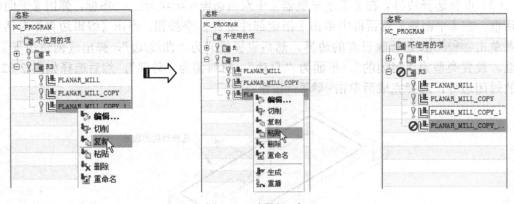

图 2-85　复制刀路

（4）生成刀路。在〖平面铣〗对话框中单击〖生成〗 按钮，系统开始生成刀路，如图2-88所示。

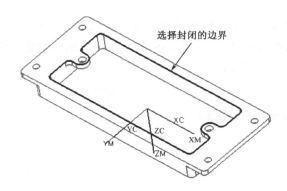

图 2-86　重新选择边界

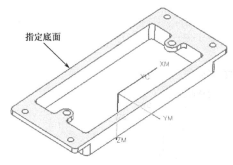

图 2-87　指定底面

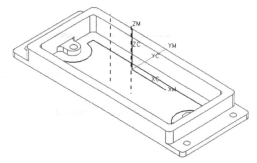

图 2-88　生成刀路

2.2.5　活学活用

平面铣加工还经常用于流道和类似于流道的管道加工，如图 2-89 所示。下面详细介绍如何使用平面铣加工的方法去加工流道。

1. 准备工作（创建曲线）

（1）打开光盘中的〖Example\Char02\liudao.prt〗文件，如图 2-90 所示。

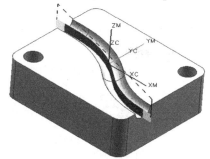

图 2-89　流道加工

图 2-90　liudao.prt 文件

（2）创建等参数曲线。在菜单栏中选择〖插入〗/〖来自体的曲线〗/〖等参数曲线〗命令，弹出〖抽取曲线〗对话框，接着设置如图 2-91（a）所示的参数，然后选择如图 2-91（b）所示的曲面，最后单击 应用 按钮。

（3）创建等参数曲线。在菜单栏中选择〖插入〗/〖来自体的曲线〗/〖等参数曲线〗命令，弹出〖抽取曲线〗对话框，接着设置如图 2-92（a）所示的参数，然后选择如图 2-92（b）所示的曲面，最后单击 应用 按钮。

（a）

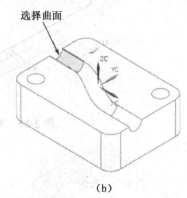
（b）

图 2-91　创建等参数曲线

（a）

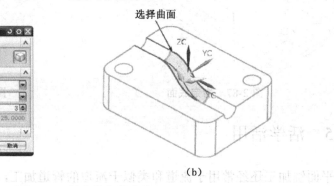
（b）

图 2-92　创建等参数曲线

（4）创建等参数曲线。在菜单栏中选择〖插入〗/〖来自体的曲线〗/〖等参数曲线〗命令，弹出〖抽取曲线〗对话框，接着设置如图 2-93（a）所示的参数，然后选择如图 2-93（b）所示的曲面，最后单击 应用 按钮。

（a）

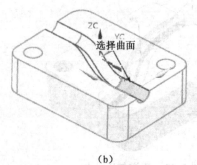
（b）

图 2-93　创建等参数曲线

（5）连接曲线。在〖曲线〗工具条中单击〖连结曲线〗 按钮，弹出〖连结曲线〗对话框，如图 2-94（a）所示，接着设置输入曲线为"隐藏"，然后选择如图 2-94（b）所示的曲线。

 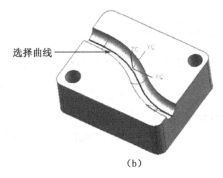

（a）　　　　　　　　　　　　　　　（b）

图 2-94　连结曲线

 编程工程师点评

连结曲线后，三段曲线将变为一条整体曲线，这样有利于编程时选择此整体曲线作为驱动边界。

（6）隐藏等参数曲线。在部件导航器中选择〖等参数曲线〗命令对应的图标并单击鼠标右键，接着在弹出的〖右键〗菜单中选择〖隐藏〗命令。

2．管道加工

（1）进入编程界面。在键盘上按 Ctrl+Alt+M 组合键进入编程界面。

（2）创建刀具。在〖加工创建〗对话框中单击〖创建刀具〗 按钮，弹出〖创建刀具〗对话框，如图 2-95 所示。在〖创建刀具〗对话框中设置刀具名称为 R5，然后单击 确定 按钮，弹出〖刀具参数〗对话框，如图 2-96 所示。接着设置直径为 10，底圆角半径为 5，然后单击 确定 按钮。

图 2-95　〖创建刀具〗对话框　　　　　图 2-96　〖刀具参数〗对话框

编程工程师点评

管道加工所使用的刀具应是和管道半径同样大小的球刀。

（3）创建工序。在〖加工创建〗工具条中单击〖创建工序〗 按钮，弹出〖创建工序〗对话框，然后设置如图 2-97 所示的参数。

图 2-97　创建工序

（4）指定部件边界。在〖创建工序〗对话框中单击 按钮，弹出〖平面铣〗对话框。在〖平面铣〗对话框单击〖指定部件边界〗 按钮，弹出〖边界几何体〗对话框，接着设置模式为"曲线/边"，弹出〖创建边界〗对话框，如图 2-98（b）所示。

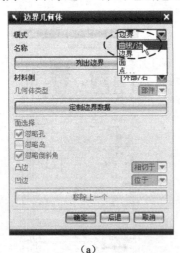

（a）

（b）

图 2-98　指定部件边界

（5）设置边界参数。在〖创建边界〗对话框中设置类型"开放的"，刀具位置为"对中"如图 2-99（a），然后选择如图 2-99（b）所示曲线为边界。

(a)

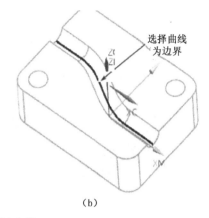

选择曲线
为边界

(b)

图 2-99　设置边界参数

 编程工程师点评

必须重新编辑刀具位置为"对中"，否则无法生成正确的刀路。

（6）设置顶平面。在〖创建边界〗对话框中设置平面为"用户定义"，弹出〖平面〗对话框，如图 2-100（a）所示，然后选择如图 2-100（b）所示的平面，最后单击 确定 按钮 4 次。

(a)

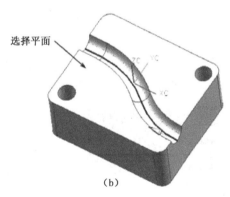

选择平面

(b)

图 2-100　设置平面

 编程工程师点评

通过选择的平面确定刀具从哪个平面开始进刀，一般情况下选择流道的最顶面最合适。

（7）指定底面。在〖平面铣〗对话框中单击〖指定底面〗 按钮，然后选择如图 2-101 所示的平面如图 2-101（a），并设置偏置距离为-5，如图 2-101（b）所示。

 编程工程师点评

由于流道的最大深度距选择的平面的高度为 5mm，所以应设置偏置值为"-5"。

（8）设置切削模式为"轮廓加工"，如图 2-102 所示。

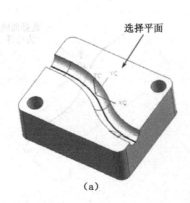

（a）

（b）

图 2-101　指定底面

 编程工程师点评

设置切削模式为"轮廓加工"，目的是只产生单层的刀轨。

（9）设置吃刀量。在〖平面铣〗对话框中单击〖切削层〗 按钮，弹出〖切削层〗对话框，然后设置类型为"恒定"，最大值为 0.1，如图 2-103 所示。

图 2-102　设置切削模式　　　　　　　　　图 2-103　设置吃刀量

 编程工程师点评

设置最大值为 0.1，即全局每刀深度为 0.1。

（10）设置余量。在〖平面铣〗对话框中单击〖切削参数〗 按钮，弹出〖切削参数〗对话框，接着选择 余量 选项，然后设置部件余量为 0。

（11）设置进刀和退刀。在〖平面铣〗对话框中单击〖非切削移动〗 按钮，弹出〖非切削移动〗对话框。选择 进刀 选项，然后设置如图 2-104（a）所示的参数；选择 进刀 选项，然后设置如图 2-104（b）所示的参数。

（12）设置主轴转速和切削。在〖固定轴区域轮廓铣〗对话框中单击〖进给率和速度〗 按钮，弹出〖进给率和速度〗对话框，然后设置主轴转速为 2800，切削为 1500。

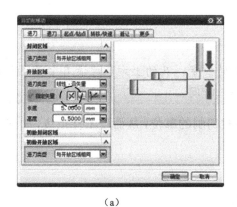   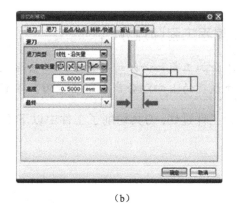

（a）   （b）

图 2-104   设置进刀和退刀

（13）生成刀路。在〖平面铣〗对话框中单击〖生成〗 按钮，系统开始生成刀路，如图 2-105 所示。

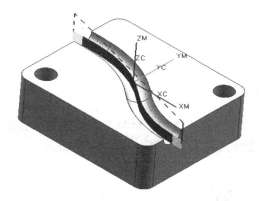

图 2-105   生成刀路

2.2.6   实际加工应注意的问题

平面铣加工时，需要注意以下两个问题。

（1）空刀过多：刀具没有切削材料，如图 2-106 所示。

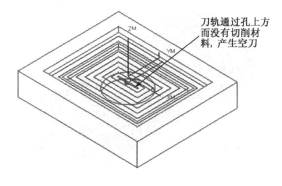

图 2-106   空刀过多

编程工程师点评

　　平面加工前，必须进行开粗加工去除大量的余量，孔的上方已经没有余量，如果刀轨还通过孔的上方则会产生过多空刀，浪费加工时间。

　　（2）工件过切：刀具切削了工件中以下不能被切削的部位，从而使工件报废，如图 2-107 所示。

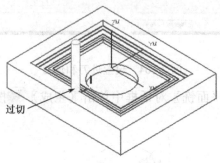

图 2-107　工件过切

 编程工程师点评

　　使用〖平面铣加工〗功能工件时，如加工参数设置不当就容易造成工件过切，所以，建议平面加工时尽量使用〖面铣〗功能加工平面。

2.3　综合提高特训

　　下面以铝盒子中的平面加工为例，综合运用本章所学到的知识，详细讲述平面加工的过程及实际加工时需要注意的问题。文件中加工坐标、工件和毛坯已经创建好了，所以，在下面的编程过程中将不再介绍如何创建坐标、工件和毛坯。

　　打开光盘中的〖Example\Ch02\lhz.prt〗文件，如图 2-108 所示。

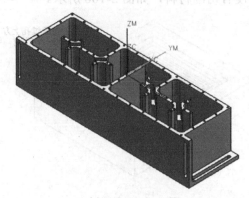

图 2-108　lhz.prt 文件

编程工程师点评

当读者能真正地掌握平面加工中的〖平面铣〗和〖表面铣〗，则完全可以使用这两个功能完整地加工出这个铝盒子。

1．顶平面加工

（1）在编程主界面的左侧单击〖工序导航器〗按钮，显示〖工序导航器〗。

（2）切换加工视图。在〖工序导航器〗中单击鼠标右键，然后在弹出的菜单中选择〖几何视图〗命令。

（3）创建刀具。在〖加工创建〗对话框中单击〖创建刀具〗按钮，弹出〖创建刀具〗对话框，如图 2-109 所示。在〖创建刀具〗对话框中设置刀具名称为 D12，然后单击 确定 按钮，弹出〖刀具参数〗对话框，如图 2-110 所示。接着设置直径为 12，底圆角半径为 0，然后单击 确定 按钮。

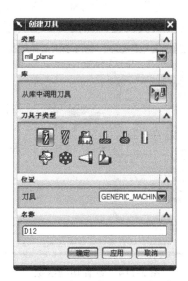

图 2-109　〖创建刀具〗对话框

图 2-110　〖刀具参数〗对话框

（4）创建刀具。参考上一步操作继续创建 D5 的平底刀。

（5）创建工序。在〖加工创建〗工具条中单击〖创建工序〗按钮，弹出〖创建工序〗对话框，然后设置如图 2-111 所示的参数。

（6）选择部件。在〖创建工序〗对话框中单击 确定 按钮，弹出〖面铣〗对话框。在〖面铣〗对话框中单击〖指定部件〗按钮，弹出〖部件几何体〗对话框，然后选择模型并单击 确定 按钮。

（7）选择加工平面。在〖面铣〗对话框中单击〖指定面边界〗按钮，弹出〖指定面几何体〗对话框，然后选择如图 2-112 所示的一个加工平面，选择完成后单击 确定 按钮。

图 2-111　创建工序

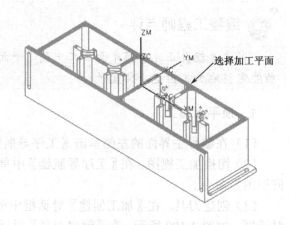

图 2-112　选择加工平面

（8）设置切削模式和平面直径百分比。设置切削模式为"往复"，平面直径百分比为75，毛坯距离为3，如图 2-113 所示。

（9）设置切削参数。在【面铣】对话框中单击【切削参数】 按钮，弹出【切削参数】对话框，然后设置切削方向为"顺铣"，切削角为"指定"，角度为180，设置壁清理为"在终点"，并勾选"延伸到部件轮廓"选项，其他参数按默认设置，如图 2-114 所示。

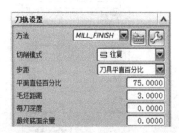

图 2-113　设置切削模式和平面直径百分比

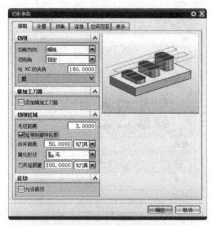

图 2-114　设置切削参数

编程工程师点评

　　由于第一道工序是平面精加工，而毛坯的一表面是个完成的平面，所以，刀具需加工到模型的最大轮廓处，否则会留下不该有的余量，所以要勾选"延伸到部件轮廓"选项。

（10）设置余量。在【切削参数】对话框中选择 余量 选项，然后设置部件余量为 0，壁余量为0，最终底面余量为0。

（11）设置主轴转速和切削。在【面铣】对话框中单击【进给率和速度】 按钮，弹出【进给率和速度】对话框，然后设置主轴转速为2000，切削为500，如图 2-115 所示。

编程工程师点评

由于是使用白钢刀进行精加工，所以进给率应设置得小些。

（12）生成刀路。在〖面铣〗对话框中单击〖生成〗按钮，系统开始生成刀路，如图 2-116 所示。

图 2-115　设置主轴转速和切削

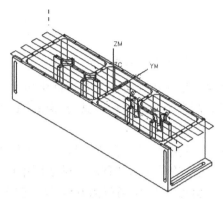

图 2-116　生成刀路

2．开粗加工

（1）复制刀路。复制第一个刀路，如图 2-117 所示。

（a）

（b）

图 2-117　复制刀路

（2）指定面边界。在〖面铣〗对话框中单击〖指定面边界〗按钮，弹出〖边界几何体〗对话框，接着单击　移除　按钮移除已有的边界，然后选择如图 2-118 所示的两个平面为边界，选择完成后单击　确定　按钮两次。

（3）设置切削模式和平面直径百分比。设置切削模式为"跟随部件"，平面直径百分比为 50，毛坯距离为 56，每刀深度为 0.8，最终底面余量为 0.15，如图 2-119 所示。

编程工程师点评

在该处设置毛坯距离为 56（工件腔体的深度），这样即能生成多层的平面加工刀路。

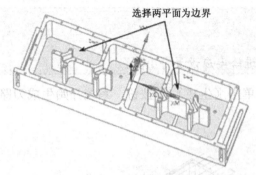

选择两平面为边界

图 2-118 选择边界   图 2-119 设置切削模式和平面直径百分比

（5）设置余量。在〖面铣〗对话框中单击〖切削参数〗按钮，弹出〖切削参数〗对话框。在〖切削参数〗对话框中选择 余量 选项，然后设置部件余量为 0.3，最终底面余量为 0.15。

（6）设置非切削移动。在〖面铣〗对话框中单击〖非切削移动〗按钮，弹出〖非切削移动〗对话框。在〖非切削移动〗对话框中选择 进刀 选项，然后设置进刀类型为"螺旋"，直径为 90，倾斜角度为 2，高度为 0.5，最小安全距离为 3，其他参数按默认设置，如图 2-120 所示。

（7）设置主轴转速和切削。在〖面铣〗对话框中单击〖进给率和速度〗按钮，弹出〖进给率和速度〗对话框，然后主轴转速为 2500，切削为 500。

（8）生成刀路。在〖面铣〗对话框中单击〖生成〗按钮，系统开始生成刀路，如图 2-121 所示。

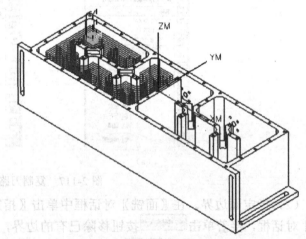

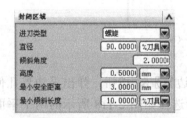

图 2-120 设置非切削移动   图 2-121 生成刀路

3．内直壁半精加工

（1）创建工序。在〖加工创建〗工具条中单击〖创建工序〗按钮，弹出〖创建工序〗对话框，然后设置如图 2-122 所示的参数。

（2）选择边界。在〖创建工序〗对话框中单击 确定 按钮，弹出〖平面铣〗对话框。

在〖平面铣〗对话框中单击〖指定部件边界〗 按钮，弹出〖边界几何体〗对话框。默认模式为"面"，设置材料侧为"外部"，并勾选"忽略孔"选项，然后选择如图 2-123 所示的底面为边界。

图 2-122　创建工序

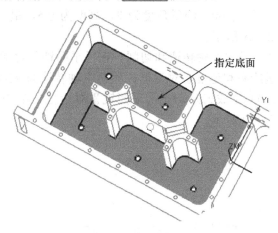

图 2-123　选择边界

（3）指定顶面。在〖边界几何体〗对话框中单击 确定 按钮，弹出〖编辑边界〗对话框，接着设置平面为"用户定义"，弹出〖平面〗对话框，然后选择如图 2-124 所示的顶平面，最后单击 确定 按钮两次。

（4）指定底面。在〖平面铣〗对话框中单击〖指定底面〗 按钮，弹出〖平面构造器〗对话框，然后选择如图 2-125 所示的平面为底面，最后单击 确定 按钮。

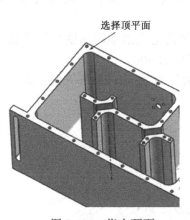

图 2-124　指定顶面

图 2-125　指定底面

（5）设置切削模式和平面直径百分比。设置切削模式为"轮廓加工"，平面直径百分比为 50，附加刀路为 0，如图 2-126 所示。

（6）设置切削层。在〖平面铣〗对话框中单击〖切削层〗 按钮，弹出〖切削层〗对话框，然后设置类型为"恒定"，最大值为 45，如图 2-127 所示，最后单击 确定 按钮。

编程工程师点评

　　由于该处是使用刀具的侧刃进行加工，而腔体的最大深度为56，为了避免刀具因吃刀量过大而弹刀造成过切，应分两层进行加工，即第一层加工深度为45，余下的深度作为第二层的加工。

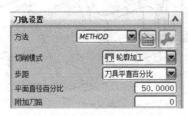

图 2-126　设置切削模式和平面直径百分比

图 2-127　设置切削层

　　（7）设置余量。在〖平面铣〗对话框中单击〖切削参数〗按钮，弹出〖切削参数〗对话框。在〖切削参数〗对话框中选择 余量 选项，然后设置部件余量为 0.1，最终底面余量为 0.15。

　　（8）设置非切削移动。在〖平面铣〗对话框中单击〖非切削移动〗按钮，弹出〖非切削移动〗对话框。在〖非切削移动〗对话框中选择 进刀 选项，然后设置进刀类型为"螺旋"，直径为 90，倾斜角度为 2，高度为 0.5，最小安全距离为 3，其他参数按默认设置，如图 2-128 所示。

　　（9）设置主轴转速和切削。在〖平面铣〗对话框中单击〖进给率和速度〗按钮，弹出〖进给率和速度〗对话框，然后主轴转速为 2500，切削为 500。

　　（10）生成刀路。在〖平面铣〗对话框中单击〖生成〗按钮，系统开始生成刀路，如图 2-129 所示。

图 2-128　设置非切削移动

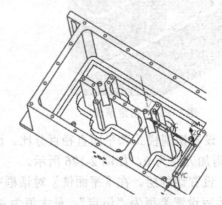

图 2-129　生成刀路

（11）镜像刀具路径。在〖工序导航器〗中选择上一步创建的工序并单击鼠标右键，接着在弹出的〖右键〗菜单中选择〖对象〗/〖变换〗命令，弹出〖变换〗对话框，如图 2-130（a）所示。设置类型为"通过一平面镜像"，勾选"复制"选项并选择 *YC-ZC* 平面作为为镜像平面，如图 2-130（b）所示。

（a）

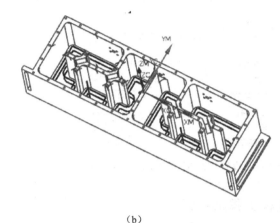

（b）

图 2-130　镜像刀具路径

4．底平面精加工

（1）创建工序。在〖加工创建〗工具条中单击〖创建工序〗按钮，弹出〖创建工序〗对话框，然后设置如图 2-131 所示的参数。

（2）选择部件。在〖创建工序〗对话框中单击 确定 按钮，弹出〖平面铣〗对话框。在〖平面铣〗对话框中单击〖指定部件〗按钮，弹出〖部件几何体〗对话框，然后选择模型并单击 确定 按钮。

（3）选择加工平面。在〖面铣〗对话框中单击〖指定面边界〗按钮，弹出〖指定面几何体〗对话框，然后选择如图 2-132 所示的两个加工平面，选择完成后单击 确定 按钮。

图 2-131　创建工序

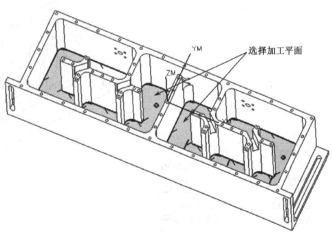

图 2-132　选择加工平面

（4）设置切削模式和平面直径百分比。设置切削模式为"跟随部件"，平面直径百分比为60，毛坯距离为0.3，每刀深度为0.25，如图2-133所示。

（5）设置切削参数。在〖面铣〗对话框中单击〖切削参数〗 按钮，弹出〖切削参数〗对话框。选择 余量 选项，然后设置部件余量为0.4，如图2-134所示。

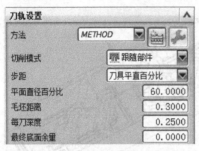

图2-133　设置切削模式和平面直径百分比

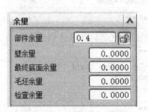

图2-134　设置余量

编程工程师点评

　　设置毛坯距离为0.3，而每刀深度为0.25的目的就是使平面加工时分两次进行，第一层刀轨去除0.1的余量，第二层去除0.05的余量，可以放大生成后的刀轨仔细观察。

（6）设置非切削移动。在〖平面铣〗对话框中单击〖非切削移动〗 按钮，弹出〖非切削移动〗对话框。选择 进刀 选项，然后设置进刀类型为"螺旋"，直径为90，倾斜角度为2，高度为3，最小安全距离为0，最小倾斜长度为30，如图2-135所示。

（7）设置主轴转速和切削。在〖平面铣〗对话框中单击〖进给率和速度〗 按钮，弹出〖进给率和速度〗对话框，然后设置主轴转速为2000，切削为500。

（8）生成刀路。在〖面铣〗对话框中单击〖生成〗 按钮，系统开始生成刀路，如图2-136所示。

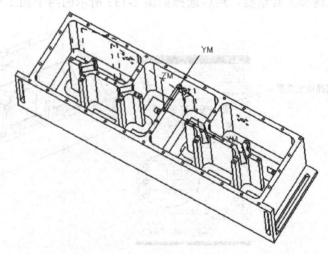

图2-135　设置非切削移动

图2-136　生成刀路

5．内直壁精加工

（1）复制刀路，并将复制的刀路拖到最下面，如图 2-137 所示。

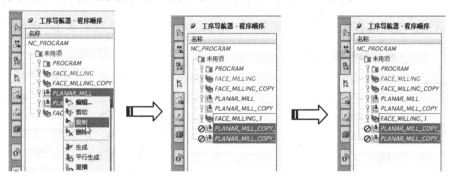

图 2-137　复制刀路

（2）修改余量。在〖工序导航器〗中双击第一个 PLANAR_MILL_COPY_1 图标，弹出〖平面铣〗对话框。单击〖切削参数〗按钮，弹出〖切削参数〗对话框。选择 余量 选项，然后修改部件余量为 0，底面余量为 0.05。

（3）生成刀路。在〖平面铣〗对话框中单击〖生成〗按钮，系统开始生成刀路，如图 2-138 所示。

（4）修改余量。在〖工序导航器〗中双击第二个 PLANAR_MILL_COPY_1 图标，弹出〖平面铣〗对话框。单击〖切削参数〗按钮，弹出〖切削参数〗对话框。选择 余量 选项，然后修改部件余量为 0，底面余量为 0.05。

（5）生成刀路。在〖平面铣〗对话框中单击〖生成〗按钮，系统开始生成刀路，如图 2-139 所示。

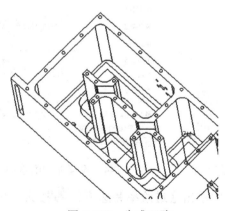

图 2-138　生成刀路

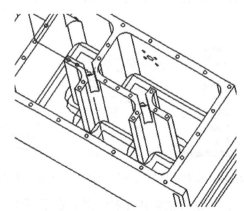

图 2-139　生成刀路

6．缺槽一的加工

（1）创建工序。在〖加工创建〗工具条中单击〖创建工序〗按钮，弹出〖创建工序〗对话框，然后设置如图 2-140 所示的参数。

（2）选择部件。在〖创建工序〗对话框中单击 确定 按钮，弹出〖面铣〗对话框。在

〖面铣〗对话框中单击〖指定部件〗 按钮，弹出〖部件几何体〗对话框，然后选择模型并单击 确定 按钮。

（3）选择加工平面。在〖面铣〗对话框中单击〖指定面边界〗 按钮，弹出〖指定面几何体〗对话框，然后选择如图 2-141 所示的一个加工平面，选择完成后单击 确定 按钮。

图 2-140　创建工序

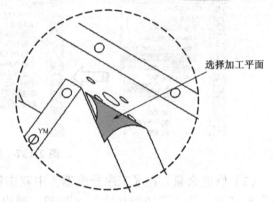

图 2-141　选择加工平面

（4）设置切削模式和平面直径百分比。设置切削模式为"轮廓加工"，平面直径百分比为 50，毛坯距离为 26.5，每刀深度为 0.2，最终底面余量为 0，如图 2-142 所示。

（5）设置切削参数。在〖面铣〗对话框中单击〖切削参数〗 按钮，弹出〖切削参数〗对话框。选择 余量 选项，然后设置部件余量为 0，如图 2-143 所示。

（6）设置非切削移动。在〖面铣〗对话框中单击〖非切削移动〗 按钮，弹出〖非切削移动〗对话框。选择 进刀 选项，然后设置封闭区域的进刀类型为"与开放区域相同"，开放区域的进刀类型为"圆弧"，半径为 50，高度为 1，如图 2-144 所示。

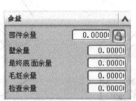

图 2-142　设置切削模式和平面直径百分比　　图 2-143　设置余量　　图 2-144　设置非切削移动

（7）设置主轴转速和切削。在〖面铣〗对话框中单击〖进给率和速度〗 按钮，弹出〖进给率和速度〗对话框，然后设置主轴转速为 2000，切削为 500。

（8）生成刀路。在〖面铣〗对话框中单击〖生成〗 按钮，系统开始生成刀路，如图 2-145 所示。

7．缺槽二的加工

（1）复制刀路，如图 2-146 所示。

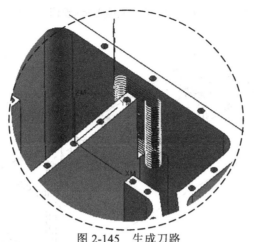

图 2-145　生成刀路

（2）重新选择加工平面。在〖工序导航器〗中双击 ⊘ 🐛 FACE_MILLING_2_COPY 图标，弹出〖面铣〗对话框。单击〖指定面边界〗 🔷 按钮，弹出〖指定面几何体〗对话框。单击 移除 按钮移除已选的平面，接着单击 附加 按钮，并选择如图 2-147 所示的四个平面。

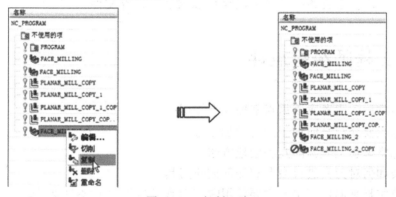

图 2-146　复制刀路

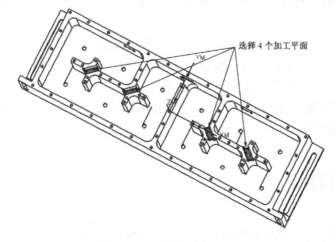

图 2-147　重新选择加工平面

（3）生成刀路。在〖面铣〗对话框中单击〖生成〗 按钮，系统开始生成刀路，如图 2-148 所示。

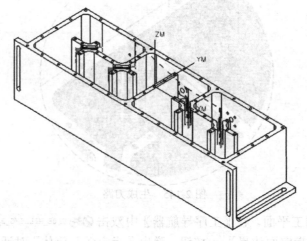

图 2-148　生成刀路

（4）在〖标准〗工具条中单击〖保存〗 按钮，保存文件。

2.4　工程师经验点评

学习完本章后，读者应该重点掌握以下知识：

（1）本章主要介绍平面加工的两种加工方法。

（2）熟练掌握加工坐标的几种创建方法。

（3）学会如何对刀具进行命名和如何创建刀具。

（4）重点掌握平面加工中最主要使用哪些刀具（多使用平底刀或圆鼻刀）。

（5）掌握平面加工的编程流程及参数设置（设置加工参数时应从上到下进行设置，否则容易漏设参数）。

（6）重点掌握如何创建修剪边界（如何设置保留或修剪刀路）。

（7）重点掌握如何设置保护面或保护体。

（8）*学会使用平面加工的刀路来加工流道。

（9）*如果模型的每个深度的形状和大小都相同，则还可以使用平面铣的加工方法来开粗，希望读者灵活运用。

2.5　练习题

2-1　打开光盘中的〖LianXi\Ch02\dhgf.prt〗文件，如图 2-149 所示。使用〖平面铣〗功能加工模具中的平面区域，加工时应注意保护面的选择，避免过切现象。

2-2 打开光盘中的〖LianXi\Ch02\pmjg.prt〗文件,如图 2-150 所示。使用〖平面铣〗功能加工模具中的平面区域,加工时应注意保护面的选择,避免过切现象。

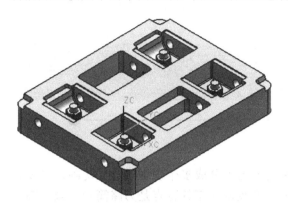

图 2-149 dhgf.prt 文件

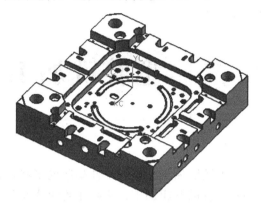

图 2-150 pmjg.prt 文件

型腔铣加工

型腔铣加工是根据工件型腔的形状，在深度方向上分成多个切削层进行切削，主要是用于工件的开粗加工，去除工件上大量的余量。型腔铣加工的特点是刀路简洁，效率高。

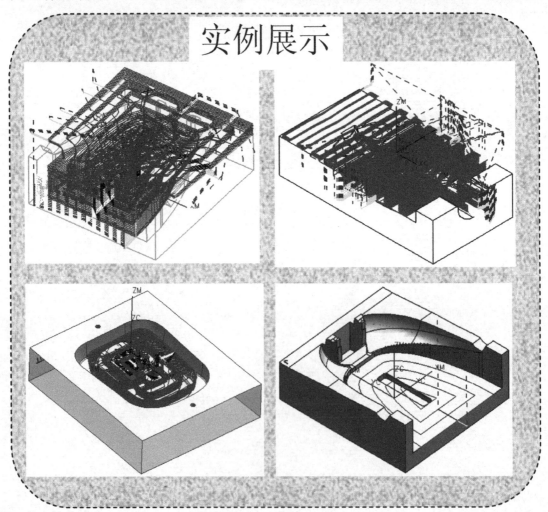

实例展示

在〖加工创建〗工具条中单击〖创建工序〗 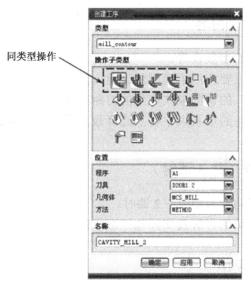 按钮，弹出〖创建工序〗对话框，接着在〖类型〗选项中选择 mill-contour，如图 3-1 所示。

图 3-1　〖创建工序〗对话框

下面以表格的形式对型腔铣加工组中各功能按钮的特点进行说明，如表 3-1 所示。

表 3-1　平面加工组的说明

序号	图 标	操作子类型		说　明
		英文名称	中文名称	
1		CAVITY-MILL	型腔铣	主要用于工件的开粗，模具加工主要使用该功能
2		PLUNGE-MILLING	插铣	用于高效率插铣与低进给面铣加工
3		CORNER-ROUGH	角落粗铣	主要用于毛坯的二次开粗
4		REST-MILLING	高速铣削	机床路径针对高速设备控制器进行了精细调优

在实际加工中多使用〖型腔铣〗功能按钮进行操作加工，其他的功能按钮只是〖型腔铣〗功能按钮的一个部分，故本章只详细讲述〖型腔铣〗功能的相关命令及操作。

3.1　跟随周边

跟随周边就是工件在开粗时产生一系列同心封闭的环行刀轨。在开粗加工中，由于跟随周边产生的刀路简洁，所以使用得也比较多。

3.1.1 学习目标与课时安排

学习目标及学习内容

（1）掌握型腔铣加工的参数设置。
（2）掌握型腔铣加工主要应用于模型的开粗。
（3）了解"跟随周边"的切削模式产生的刀路有哪些优缺点。
（4）掌握如何根据工件的形状大小特点选择最合适的刀具进行开粗。

学习课时安排（共 3 课时）

（1）实例操作演示及功能讲解——2 课时。
（2）活学活用、其他实例讲解及实际加工应该注意的问题——1 课时。

3.1.2 功能解释与应用

在弹出的〖创建工序〗对话框中单击〖型腔铣〗 按钮，然后单击 确定 按钮，弹出〖型腔铣〗对话框，然后在切削模式中选择"跟随周边"，如图 3-2 所示。

图 3-2 〖型腔铣〗对话框

下面详细讲述〖型腔铣〗对话框中一些重要的功能命令，其中在前面已经介绍过的功能将不再介绍。

（1）〖指定检查〗：通过指定工件中的面或体使刀具在切削过程中避开检查的区域。单击〖指定检查〗按钮，弹出〖检查几何体〗对话框，如图3-3所示，然后通过设置选择方式选择体或特征曲面。

（2）〖指定切削区域〗：通过指定加工面确定切削区域。单击〖指定切削区域〗按钮，弹出〖切削区域〗对话框，如图3-4所示。

图3-3 〖检查几何体〗对话框

图3-4 〖切削区域〗对话框

编程工程师点评

粗加工工件时，可以选择加工面或不选择加工面。但加工后模时，强烈要求选择加工面，否则有时生成的刀轨会不合理，如刀具会在工件的外侧多绕几圈，如图3-5所示，这样有可能会造成撞刀或过切。

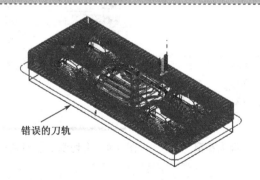

错误的刀轨

（a）不选择加工面的效果

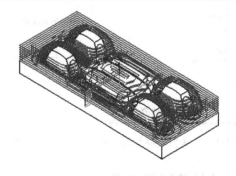

（b）选择加工面的效果

图3-5 选择加工面与不选择加工面的效果

编程工程师点评

选择加工面时，首先在〖视图〗工具条中单击〖前视图〗按钮将视图切换到前视图，然后框选加工面，如图3-6所示。

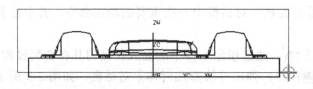

图3-6　选择加工面

（3）〖指定修剪边界〗：通过指定或创建边界约束刀具的切削区域，保留或去掉边界内的刀轨。单击〖指定修剪边界〗 按钮，弹出〖修剪边界〗对话框，如图3-7所示。〖修剪边界〗对话框中的参数已在第2章作了详细的解释，故在此不再解释。

（4）〖最大距离〗：刀具在每一层的切削深度，即吃刀量，如图3-8所示。

> **编程工程师点评**
>
> 　　设置最大距离时，应该综合考虑使用刀具的性能、加工材料的硬度和加工要求等因素。一般情况下，粗加工高硬度的模具材料时，最大距离都不会大于0.5mm。

（5）〖切削层〗 ：约束刀具的切削深度。单击〖切削层〗 按钮，弹出〖切削层〗对话框，如图3-9所示。

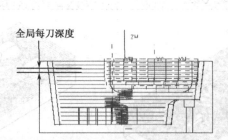

图3-7　〖修剪边界〗对话框　　　　图3-8　最大距离　　　　图3-9　〖切削层〗对话框

> **编程工程师点评**
>
> 　　合理的切削层设置是非常重要的，可以大大提高加工效率和减少出错。如图3-10所示的工件，开粗加工时应该分开两次，模型中的数字9顶面以上的余量应使用直径大的飞刀进行开粗，数字9顶面以下的余量应该使用直径小的飞刀或合金平底刀进行二次开粗。

①〖自动〗：系统根据已选择加工面的结构特点自动将加工区域分割成若干切削层。

②〖用户定义〗：通过选择点确定新的切削层。当需要在不同的切削层中设置不同的每刀深度，则需要使用"用户定义"的方式来创建新切削层。

③〖单个〗：只生成一个切削层，即工件的最高切削深度到最低切削深度。

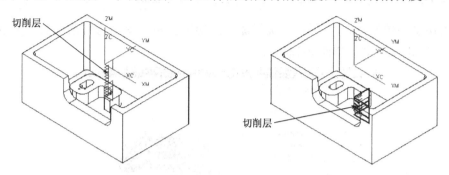

图 3-10　切削层设置

④〖切削层〗：包括"恒定"和"仅在范围底部"两种形式，当选择"仅在范围底部"的形式时，刀具只在切削层的底部进行切削。

⑤〖测量开始位置〗：包括"顶层"、"当前范围顶部"、"当前范围底部"和"WCS 原点"四种形式，如需要设置如图 3-11 所指的点为最高切削层，则首先需要选择切削层中的"顶层"，当保证当前选择的是切削层 1，然后选择点作为最高切削层。

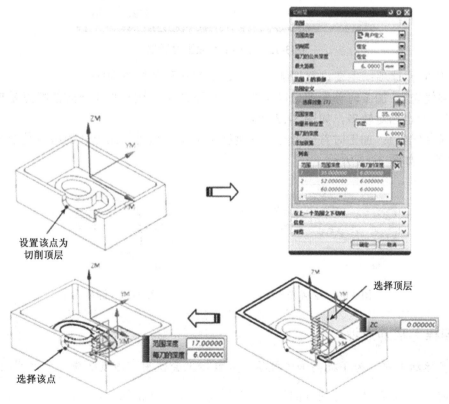

图 3-11　设置切削顶层

编程工程师点评

　　加工前只有设置好工件和毛坯，〖切削层〗选项才能进行编辑。

　　（6）〖切削参数〗：设置型腔铣粗加工的切削参数。单击〖切削参数〗按钮，弹出〖切削参数〗对话框，如图3-12所示。

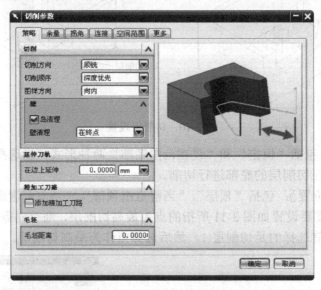

图3-12　〖切削参数〗对话框

　　①〖策略〗选项：主要设置切削方向、切削顺序和图样方向等。

　　●〖层优先〗：加工时首先考虑以层的方式往下加工，这种加工方式的特点是加工比较安全，但空刀也相对较多，如图3-13所示。

　　●〖深度优先〗：加工时首先考虑以深度往下加工，这种加工方式的特点是空刀较少，加工效率高，如图3-14所示。

　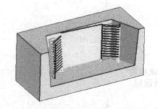

图3-13　层优先　　　　　　　　图3-14　深度优先

 编程工程师点评

　　在实际加工中，为了提高加工效率，多数情况会使用"深度优先"的切削顺序。

　　●〖向内〗：刀具从工件的外面进刀，多用于后模的开粗加工，如图3-15所示。
　　●〖向外〗：刀具从工件的内部向外进刀，多用于前模型腔的加工，如图3-16所示。

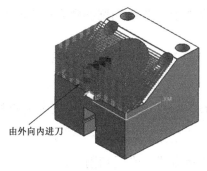

图 3-15　向内

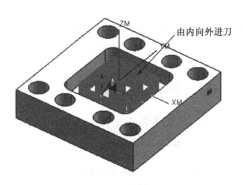

图 3-16　向外

● 〖在边上延伸〗：刀轨从开放轮廓处往外延伸一定的距离，一般情况下不需要设置该参数。

② 〖余量〗选项：主要设置部件的侧面余量和底部面余量。在〖切削参数〗对话框中选择 余量 选项，如图 3-17 所示。

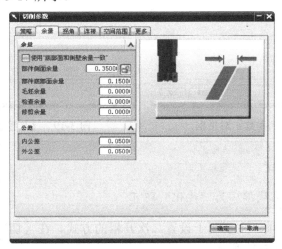

图 3-17　〖余量〗选项

③〖拐角〗选项：主要用于设置刀具在转角处的参数。在〖切削参数〗对话框中选择 拐角 选项，结果如图3-18所示。

 编程工程师点评

开粗时，必须要设置圆角半径，否则刀具运动改变方向时就会受力变大并发出较大的声音，严重时会损坏刀具。

④〖连接〗选项：主要用于设置区域间刀轨的连接方式。在〖切削参数〗对话框中选择 连接 选项，结果如图3-19所示。

图3-18　〖切削参数〗对话框　　　　图3-19　〖切削参数〗对话框

 编程工程师点评

一般情况下默认区域排序为"优化"即可。

⑤〖空间范围〗选项：主要用于设置二次开粗的方式。在〖切削参数〗对话框中选择 空间范围 选项，结果如图3-20所示。

• 〖使用3D〗：二次开粗的其中一种方式，系统会根据前面型腔铣加工所剩余的残料进行加工。

• 〖使用基于层的〗：二次开粗的其中一种方式，系统会根据前面型腔铣加工所剩余的残料进行加工，而且产生的刀路会比较简洁和安全。

• 〖参考刀具〗：二次开粗的其中一种方式，对上一把刀具不能加工到的部位进行二次开粗。

（7）〖非切削移动〗 ：主要设置刀具进刀和退刀等参数。单击〖非切削移动〗 按钮，弹出〖非切削移动〗对话框，如图3-21所示。

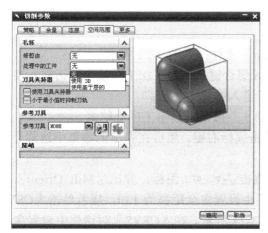

图 3-20 〖切削参数〗对话框

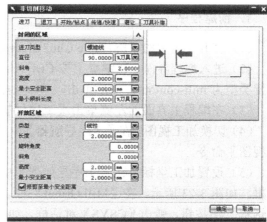

图 3-21 〖非切削移动〗对话框

 编程工程师点评

　　如果是从工件内向外进刀时，则需要设置进刀类型为"螺旋线"。另外，斜角不需要设置得太大，一般为 2°~5°即可。

3.1.3 需要设置的参数

　　下面以表格的形式列出选择"跟随周边"的切削模式时需要设置的参数，如表 3-2 所示。

表 3-2 选择"跟随周边"时需要设置的参数

序号	参数名称	是否一定需要设置	序号	参数名称	是否一定需要设置
1	几何体	是	7	步进	是
2	指定检查	否	8	最大距离	是
3	指定切削区域	否	9	切削参数	是
4	指定修剪边界	否	10	非切削移动	是
5	方法	是	11	角控制	是
6	切削模式	是	12	进给率和速度	是

 编程工程师点评

　　设置加工参数时，应该根据工厂提供的数控设备和加工工件的材质进行设置。

3.1.4 基本功的操作演示

　　下面以塑料盖外壳前模的加工为示范，讲述如何创建型腔铣加工，以及需要进行哪些参数设置。

1．创建程序

（1）打开光盘中的〖Example\Ch03\slgqm.prt〗文件，如图 3-22 所示。

（2）进入编程界面。在键盘上按 Ctrl+Alt+M 组合键，弹出〖加工环境〗对话框，接着设置类型为 mill-contour，然后单击 确定 按钮进入编程主界面。

（3）在编程主界面的左侧单击〖工序导航器〗 按钮，显示工序导航器。

（4）切换加工视图。在〖工序导航器〗中单击鼠标右键，然后在弹出的菜单中选择〖几何视图〗命令。

（5）设置加工坐标。在〖工序导航器〗中双击 MCS_MILL 图标，弹出〖Mill Orient〗对话框，如图 3-23 所示。在〖Mill Orient〗对话框中设置安全距离为 130，接着单击〖CSYS 对话框〗 按钮，弹出〖CSYS〗对话框，如图 3-24 所示。在〖CSYS〗对话框中设置参考为 CSYS，然后单击 确定 按钮。

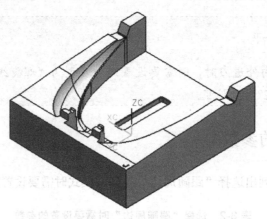

图 3-22　slgqm.prt 文件

图 3-23　〖Mill Orient〗对话框

图 3-24　〖CSYS〗对话框

 编程工程师点评

　　由于加工坐标设在工件的最底面，所以安全高度高于毛坯的最顶面，且高出 15mm 以上。

（6）设置部件。在〖工序导航器〗中双击 WORKPIECE 图标，弹出〖铣削几何体〗对话框。在〖铣削几何体〗对话框中单击〖指定部件〗按钮，弹出〖部件几何体〗对话框，如图 3-25 所示，接着选择实体作为加工的部件，然后单击 确定 按钮。

（7）设置毛坯。在〖铣削几何体〗对话框中单击〖指定毛坯〗按钮，弹出〖毛坯几何体〗对话框，接着设置类型为"包容块"，如图 3-26 所示，然后单击 确定 按钮两次。

（8）创建刀具。在〖加工创建〗对话框中单击〖创建刀具〗按钮，弹出〖创建刀具〗对话框，如图 3-27 所示。在〖创建刀具〗对话框中设置刀具名称为 D50R5，然后单击 确定 按钮，弹出〖刀具参数〗对话框，如图 3-28 所示。接着设置直径为 50，底圆角半径为 5，然后单击 确定 按钮。

图 3-25　设置部件

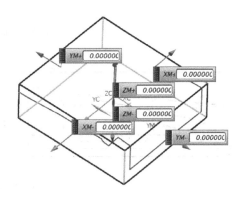

图 3-26　设置毛坯

（9）创建工序。在〖加工创建〗工具条中单击〖创建工序〗按钮，弹出〖创建工序〗对话框，然后设置如图 3-29 所示的参数。

（10）选择加工面。在〖创建工序〗对话框中单击 确定 按钮，弹出〖型腔铣〗对话框。在〖型腔铣〗对话框中单击〖指切削区域〗按钮，弹出〖切削区域〗对话框，然后选择如图 3-30 所示的加工面，选择完成后单击 确定 按钮。

（11）设置切削模式、步进和最大距离。设置切削模式为"跟随周边"，步进为"刀具直径"，平面直径百分比为65，最大距离为0.5，如图3-31所示。

（12）设置切削参数。在〖型腔铣〗对话框中单击〖切削参数〗 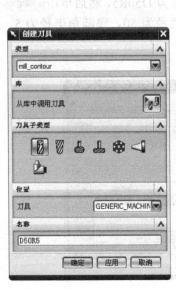 按钮，弹出〖切削参数〗对话框，然后选择 策略 选项，并设置切削方向为"顺铣"，切削顺序为"深度优先"，图样方向为"向内"，勾选"岛清理"选项，设置岛清理为"在终点"，如图3-32所示。

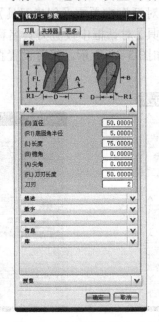

选择此子类型

图 3-27　〖创建刀具〗对话框　　图 3-28　〖刀具参数〗对话框　　图 3-29　创建工序

框选加工面

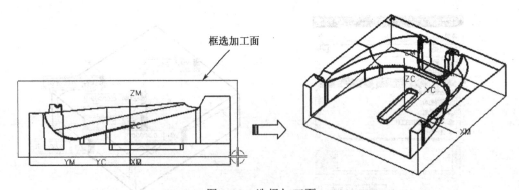

图 3-30　选择加工面

图 3-31　设置切削模式、步进和最大距离

图 3-32　设置切削参数

编程工程师点评

①由于加工的是型腔为开放区域，所以图样方向设置为"向外"，刀具从型腔外向内进行切削会比较轻松。

②勾选"岛清理"选项可以避免加工时在侧壁留下小凸台。

（13）设置余量。在〖切削参数〗对话框中选择 余量 选项，然后去除"底部面和侧壁余量一致"选项的勾选，并设置部件侧面余量为 0.35，部件底部面余量为 0.15，内公差为 0.05，外公差为 0.05，如图 3-33 所示。

（14）设置拐角。在〖切削参数〗对话框中选择 拐角 选项，然后设置光顺为"所有刀路"，半径为 0.5，步距限制为 150，如图 2-34 所示。

（15）设置非切削移动参数。在〖型腔铣〗对话框中单击〖非切削移动〗 按钮，弹出〖非切削移动〗对话框，然后设置进刀类型为"螺旋线"，直径为 50，斜角为 2，高度为 1，最小安全距离为 1，最小倾斜长度为 40，如图 3-35 所示。

图 3-33 设置余量　　　　图 3-34 设置拐角　　　　图 3-35 设置非切削移动参数

（16）设置传递方式。在〖非切削移动〗对话框中选择 传递/快速 选项，然后设置区域之间和区域内的传递类型为"前一平面"，如图 3-36 所示。

（17）设置主轴转速和切削。在〖型腔铣〗对话框中单击〖进给率和速度〗 按钮，弹出〖进给率和速度〗对话框，然后勾选"主轴速度"选项，并设置主轴速度为 1820，切削为 2500，如图 3-37 所示。

图 3-36 设置传递方式　　　　　图 3-37 设置主轴转速和切削

编程工程师点评

　　在〖进给率和速度〗对话框中只需要设置主轴速度和切削速度即可，而表面速度、每齿进给等其他参数会自动生成。

　　（18）生成刀路。在型腔铣对话框中单击〖生成〗 按钮生成刀路，如图3-38所示。

2. 实体模拟验证

　　（1）选择开粗程序，如图3-39所示。

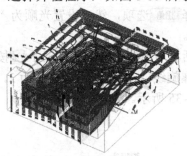

图3-38　生成刀路

图3-39　选择开粗程序

　　（2）在〖加工操作〗工具条中单击〖检验刀轨〗 按钮，弹出〖刀轨可视化〗对话框，接着选择 2D 动态 选项，然后单击〖播放〗 按钮开始进行实体验证，如图3-40所示。

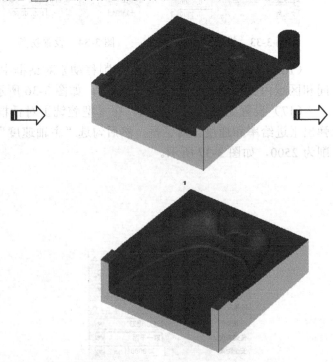

图3-40　实体模拟验证

3.1.5 活学活用

型腔铣加工除了用于工件的开粗和二次开粗外，还可以用于平面的精加工。下面详细介绍型腔铣用于平面加工的操作过程和技巧（以本节中操作示范的工件为例）。

（1）创建工序。在〖加工创建〗工具条中单击〖创建工序〗 按钮，弹出〖创建工序〗对话框，然后设置如图 3-41 所示的参数。

（2）选择加工面。在〖创建工序〗对话框中单击 确定 按钮，弹出〖型腔铣〗对话框。在〖型腔铣〗对话框中单击〖指切削区域〗 按钮，弹出〖切削区域〗对话框，然后选择如图 3-42 所示的加工面，选择完成后单击 确定 按钮。

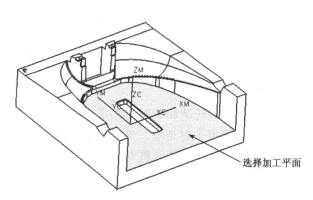

图 3-41 创建工序　　　　　　　　　　　图 3-42 选择加工面

（3）设置切削模式、步进和最大距离。设置切削模式为"跟随周边"，步进为"刀具直径"，平面直径百分比为 65。

（4）设置切削层。在〖型腔铣〗对话框中单击〖切削层〗 按钮，弹出〖切削层〗对话框，接着选择如图 3-43 所示的点作为最底层，然后设置切削层为"仅在范围底部"，最后单击 确定 按钮。

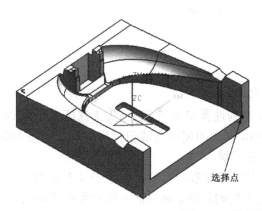

图 3-43 设置切削层

（5）设置切削参数。在〖型腔铣〗对话框中单击〖切削参数〗 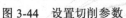 按钮，弹出〖切削参数〗对话框，然后选择 策略 选项，并设置切削方向为"顺铣"，切削顺序为"深度优先"，图样方向为"向内"，勾选"岛清理"选项，设置岛清理为"自动"，如图3-44所示。

（6）设置余量。在〖切削参数〗对话框中选择 余量 选项，然后去除"底部面和侧壁余量一致"选项的勾选，并设置部件侧面余量为0.4，部件底部面余量为0，如图3-45所示。

（7）设置非切削移动参数。在〖型腔铣〗对话框中单击〖非切削移动〗 按钮，弹出〖非切削移动〗对话框，然后设置进刀类型为"插铣"，高度为3，最小安全距离为1，如图3-46所示。

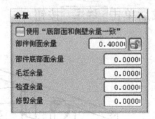

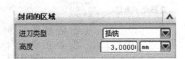

图3-44　设置切削参数　　　　图3-45　设置余量　　　　图3-46　设置非切削移动参数

（8）设置主轴转速和切削。在〖型腔铣〗对话框中单击〖进给率和速度〗 按钮，弹出〖进给率和速度〗对话框，然后设置主轴速度为2500，切削为1000。

（9）生成刀路。在型腔铣对话框中单击〖生成〗 按钮生成刀路，如图3-47所示。

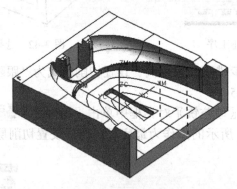

图3-47　生成刀路

3.1.6　实际加工中应注意的问题

型腔铣开粗加工时，应重点注意以下几个问题。

（1）由于工件开粗时吃刀量较大，刀具的刚性要求比较高，当加工深度大于120mm时，可考虑分开两次或多次进行装刀，即100mm以上的使用普通刀杆进行加工，而100mm以下的使用加长刀杆进行加工，并适当减少吃刀量。

（2）对于较复杂工件的开粗，容易产生顶刀现象，即刀具在小于1.5倍刀半径的区域内进刀。为了避免这种情况的发生，应在〖非切削移动〗对话框中设置最小倾斜长度为40%或以上。

（3）开粗加工时，一定要设置拐角半径，否则刀具运动改变方向时就会受力变大，并发出较大的声音，严重时会损坏刀具。

3.2　跟随部件

跟随部件就是工件在开粗时产生一系列跟随工件零件所有指定轮廓的刀轨，既跟随切削区域的外周壁面，也跟随切削区域中的岛屿。

> **编程工程师点评**
>
> 开粗加工使用"跟随部件"的切削模式产生的刀轨会比较安全，但提刀相比"跟随周边"的切削模式要多，效率相对较慢，所以优先考虑使用"跟随周边"的切削模式。

3.2.1　学习目标与学习课时安排

 学习目标及学习内容

（1）掌握型腔铣加工的参数设置。

（2）了解"跟随部件"的切削模式产生的刀路有哪些优缺点。

 学习方法及材料准备

（1）用同一个模型进行开粗，然后比较"跟随周边"和"跟随部件"两种切削模式产生的刀路的效果，还可以通过生成 NC 后处理的方法比较两种切削模式的加工时间。

（2）教师讲课时，可先将本节中的"基本功的操作演示"演练一次，然后根据生成的刀路详细讲解加工中刀具从工件的哪个部位开始进刀，哪个部退刀、提刀、横越、进、退刀方式如何等，最后通过修改相关的参数并重新生成刀路，看看刀路产生了怎样的变化。

 学习课时安排（共 2 课时）

（1）实例操作演示及功能讲解——1 课时。

（2）活学活用、其他实例讲解及实际加工应该注意的问题——1 课时。

3.2.2　功能解释与应用

在弹出的〖创建工序〗对话框中单击〖型腔铣〗 按钮，然后单击 确定 按钮，弹出〖型腔铣〗对话框，然后在切削模式中选择"跟随部件"，如图 3-48 所示。

选择"跟随部件"的切削模式时，其功能基本和"跟随周边"的切削模式一样，只有切削参数中的一些功能不同，如图 3-49 所示。

图 3-48 〖型腔铣〗对话框

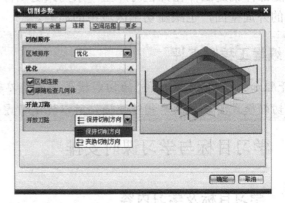

图 3-49 切削参数

〖开放刀路〗包括"保持切削方向"和"变换切削方向"两种。

（1）〖保持切削方向〗：刀具加工时只以一个方向进行切削，这种切削方式的明显缺点就是提刀太多。

（2）〖变换切削方向〗：刀具加工时可以变换切削方向，大大减少提刀。

 编程工程师点评

　　"跟随部件"的切削模式产生的刀轨会比较安全，但提刀相比"跟随周边"的切削模式要多，效率相对较慢，所以，加工时优先考虑使用"跟随周边"的切削模式。

3.2.3　需要设置的参数

　　下面以表格的形式列出选择"跟随部件"的切削模式时需要设置的参数，如表 3-3 所示。

表 3-3　选择"跟随部件"时需要设置的参数

序号	参数名称	是否一定需要设置	序号	参数名称	是否一定需要设置
1	几何体	是	7	步进	是
2	指定检查	否	8	最大距离	是
3	指定切削区域	否	9	切削参数	是
4	指定修剪边界	否	10	非切削移动	是
5	方法	是	11	角控制	是
6	切削模式	是	12	进给率和速度	是

3.2.4 基本功的操作演示

下面以某塑料工具钳前模的开粗为示例，详细讲述型腔铣开粗需要设置哪些参数。

（1）打开光盘中的〖Example\Ch03\gjqm.prt〗文件，如图 3-50 所示。

（2）进入编程界面。在键盘上按 Ctrl+Alt+M 组合键，弹出〖加工环境〗对话框，接着设置类型为 mill-contour，然后单击 确定 按钮进入编程主界面。

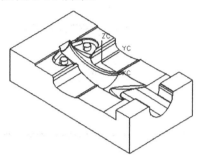

（3）在编程主界面的左侧单击〖工序导航器〗 按钮，显示工序导航器。

（4）切换加工视图。在〖工序导航器〗中单击鼠标右键，然后在弹出的菜单中选择〖几何视图〗命令。

（5）设置加工坐标。在〖工序导航器〗中单击 MCS_MILL 图标，弹出〖Mill Orient〗对话框，如图 3-51 所示。在〖Mill Orient〗对话框中设置安全距离为 20，接着单击〖CSYS〗对话框 按钮，弹出〖CSYS〗对话框，如图 3-52 所示。在〖CSYS〗对话框中设置参考为 WCS，然后单击 确定 按钮。

图 3-50　gjqm.prt 文件

（6）设置部件。在工序导航器中双击 WORKPIECE 图标，弹出〖铣削几何体〗对话框。在〖铣削几何体〗对话框中单击〖指定部件〗 按钮，弹出〖部件几何体〗对话框，接着选择实体作为加工部件，如图 3-53 所示，然后单击 确定 按钮。

图 3-51　〖Mill Orient〗对话框

图 3-52　〖CSYS〗对话框

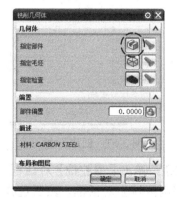

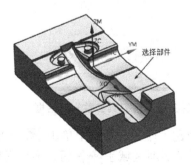

图 3-53　设置部件

（7）设置毛坯。在〖铣削几何体〗对话框中单击〖指定毛坯〗按钮，弹出〖毛坯几何体〗对话框，如图3-54所示，接着设置类型为"包容块"选项，然后单击 确定 按钮。

　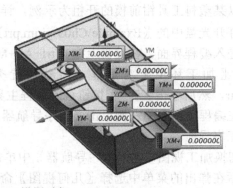

图 3-54　设置毛坯

（8）创建刀具。在〖加工创建〗对话框中单击〖创建刀具〗按钮，弹出〖创建刀具〗对话框，如图3-55所示。在〖创建刀具〗对话框中设置刀具名称为 **D25R5**，然后单击 确定 按钮，弹出〖刀具参数〗对话框，如图3-56所示。接着设置直径为25，底圆角半径为5，然后单击 确定 按钮。

（9）创建工序。在〖加工创建〗工具条中单击〖创建工序〗按钮，弹出〖创建工序〗对话框，然后设置如图3-57所示的参数。

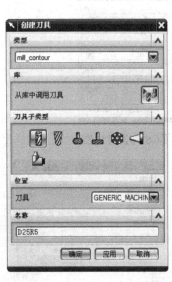　　

图 3-55　〖创建刀具〗对话框　　图 3-56　〖刀具参数〗对话框　　图 3-57　创建工序

（10）选择加工面。在〖创建工序〗对话框中单击 确定 按钮，弹出〖型腔铣〗对话框。在〖型腔铣〗对话框中单击〖指切削区域〗按钮，弹出〖切削区域〗对话框，然后选择如图3-58所示的加工面，选择完成后单击 确定 按钮。

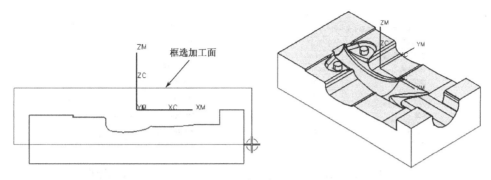

图 3-58 选择加工面

（11）设置切削模式、步进和最大距离。设置切削模式为"跟随部件"，平面直径百分比为 65，最大距离为 0.5，如图 3-59 所示。

（12）设置切削参数。在〖型腔铣〗对话框中单击〖切削参数〗 按钮，弹出〖切削参数〗对话框，接着选择 策略 选项，然后设置切削方向为"顺铣"，切削顺序为"深度优先"，如图 3-60 所示。

图 3-59 设置切削模式、步进和最大距离

图 3-60 设置切削参数

编程工程师点评

选择"跟随部件"的切削模式时，则〖切削参数〗对话框中不会出现"图样方向"和"岛清理"选项。

（13）设置余量。在〖切削参数〗对话框中选择 余量 选项，然后去除"底部面和侧壁余量一致"选项的勾选，并设置部件侧面余量为 0.5，部件底部面余量为 0.15，内公差为 0.05，外公差为 0.05，如图 3-61 所示。

（14）设置连接。在〖切削参数〗对话框中选择 连接 选项，然后设置开放刀路为"变换切削方向"，如图 3-62 所示。

编程工程师点评

设置连接的方式为"变换切削方向"可减少提刀。

（15）设置非切削移动参数。在〖型腔铣〗对话框中单击〖非切削移动〗 按钮，弹出〖非切削移动〗对话框，然后设置进刀类型为"螺旋线"，直径为 50，斜角为 2，高度为 3，最小安全距离为 1，最小倾斜长度为 40，如图 3-63 所示。

图 3-61　设置余量

图 3-62　设置连接

（16）设置传递方式。在〖非切削移动〗对话框中选择 传递/快速 选项，然后设置区域内和区域之间的传递类型为"前一平面"，如图 3-64 所示。

（17）设置主轴转速和切削。在〖型腔铣〗对话框中单击〖进给率和速度〗 按钮，弹出〖进给率和速度〗对话框，然后设置主轴速度为 1820，切削为 2500。

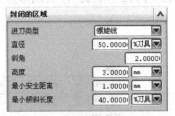

图 3-63　设置非切削移动参数

图 3-64　设置传递方式

（18）生成刀路。在〖型腔铣〗对话框中单击〖生成〗 按钮生成刀路，如图 3-65 所示。

编程工程师点评

可以看到，使用"跟随部件"的切削模式进行加工时，提刀和横越非常多，浪费大量加工时间。如使用"跟随周边"的切削模式，则生成的刀轨如图 3-66 所示，提刀明显减少。

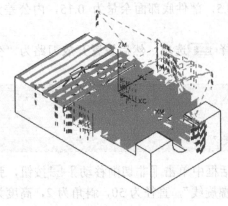

图 3-65　生成刀路

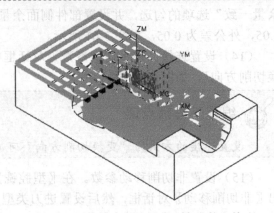

图 3-66　使用"跟随周边"生成的刀轨

3.2.5　活学活用

（1）跟随部件的切削模式产生的刀轨比较安全，不会在工件的侧边上留下小凸台。

（2）跟随部件的切削模式主要还是用在某些特殊工件的二次开粗上，如图 3-67 所示工件中所指的部位，如果使用跟随周边的切削模式进行二次开粗时，会在 U 形槽的外侧留下一个小凸台而造成撞刀。

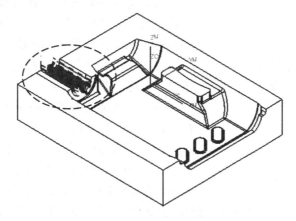

图 3-67　使用跟随部件进行二次开粗

3.2.6　实际加工中遇到的问题

型腔铣开粗加工时，应注意以下几个问题。

编程前，首先需要确定加工坐标，如图 3-68 所示的工件，开粗后工件的顶面不再存有平面，若以顶面作为加工坐标原点，则不利于后面的对刀，此时可以工件的底部中心为加工原点坐标。

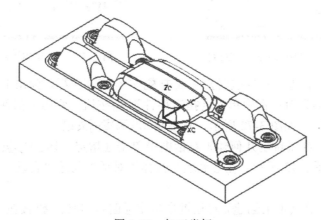

图 3-68　加工坐标

如果提刀太多则需要修改加工参数，如修改切削模式或设置进刀点等。

3.3 综合提高特训

下面以某电子产品外壳的前模开粗加工为实例，综合运用本章所学到的知识，详细讲述型腔铣加工的过程及实际加工时需要注意的问题。

（1）打开光盘中的〖Example\Ch03\dzwkhm.prt〗文件，如图3-69所示。

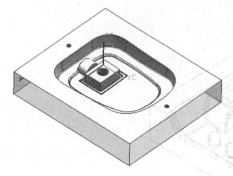

（2）进入编程界面。在键盘上按 Ctrl+Alt+M 组合键，弹出〖加工环境〗对话框，接着设置类型为 mill-counter，然后单击 确定 按钮进入编程主界面。

（3）在编程主界面的左侧单击〖工序导航器〗 按钮，显示工序导航器。

（4）切换加工视图。在〖工序导航器〗中单击鼠标右键，然后在弹出的菜单中选择〖几何视图〗命令。

（5）设置加工坐标。在〖工序导航器〗中单击 MCS_MILL 图标，弹出〖Mill Orient〗对话框，如图3-70所示。在〖Mill Orient〗对话框中设置安全距离为20，

图 3-69 dzwkhm.prt 文件

接着单击〖CSYS〗对话框 按钮，弹出〖CSYS〗对话框，如图3-71所示。在〖CSYS〗对话框中设置参考为 WCS，然后单击 确定 按钮。

图 3-70 〖Mill Orient〗对话框

图 3-71 〖CSYS〗对话框

（6）设置部件。在〖工序导航器〗中双击 WORKPIECE 图标，弹出〖铣削几何体〗对话框。在〖铣削几何体〗对话框中单击〖指定部件〗 按钮，弹出〖部件几何体〗对话框，接着选择实体为部件，如图3-72所示，然后单击 确定 按钮。

（7）设置毛坯。在〖铣削几何体〗对话框中单击〖指定毛坯〗 按钮，弹出〖毛坯几何体〗对话框，如图3-73所示。在〖毛坯几何体〗对话框勾选"自动块"选项，然后单击 确定 按钮两次。

（8）创建刀具。在〖加工创建〗对话框中单击〖创建刀具〗 按钮，弹出〖创建刀具〗对话框，如图3-74所示。在〖创建刀具〗对话框中设置刀具名称为 D50R5，然后单击 确定 按钮，弹出〖刀具参数〗对话框，如图3-75所示。接着设置直径为50，底圆角半径为5，然后单击 确定 按钮。

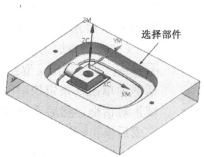

图 3-72　设置部件

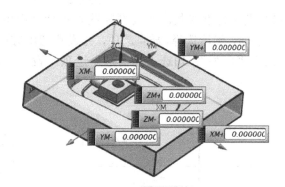

图 3-73　设置毛坯

图 3-74　〖创建刀具〗对话框

图 3-75　〖刀具参数〗对话框

选择该子类型

图 3-76　创建工序

（9）创建工序。在〖加工创建〗工具条中单击〖创建工序〗 按钮，弹出〖创建工序〗对话框，然后设置如图 3-76 所示的参数。

（10）选择加工面。在〖创建工序〗对话框中单击 确定 按钮，弹出〖型腔铣〗对话框。在〖型腔铣〗对话框中单击〖指定切削区域〗 按钮，弹出〖切削区域〗对话框，然后选择如图 3-77 所示的加工面，选择完成后单击 确定 按钮。

（11）设置切削模式、步进和最大距离。设置切削模式为"跟随周边"，平面直径百分比为 65，最大距离为 0.5，如图 3-78 所示。

（12）设置切削参数。在〖型腔铣〗对话框中单击〖切削参数〗 按钮，弹出〖切削参数〗对话框，然后选择 策略 选项，并设置切削方向为"顺铣"，切削顺序为"深度优先"，图样方向为"向外"，勾选"岛清理"选项，设置岛清理为"自动"，如图 3-79 所示。

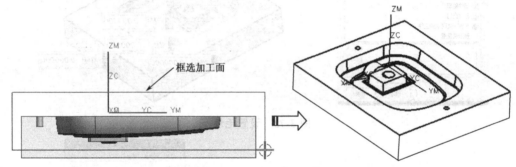

框选加工面

图 3-77　选择加工面

图 3-78　设置切削模式、步进和最大距离

图 3-79　设置切削参数

编程工程师点评

①由于加工的是型腔状工件，所以图样方向设置为"向外"，刀具从型腔的中心往四周进行切削。

②勾选"岛清理"选项可以避免加工时在侧壁留下小凸台。

（13）设置余量。在〖切削参数〗对话框中选择 余量 选项，然后去除"底部面和侧壁余量一致"选项的勾选，并设置部件侧面余量为 0.3，部件底面余量为 0.15，内公差为 0.05，外公差为 0.05，如图 3-80 所示。

（14）设置拐角。在〖切削参数〗对话框中选择 拐角 选项，然后设置光顺为"所有刀路"，半径为 0.5，如图 3-81 所示。

图 3-80　设置余量　　　　　　　　　　　图 3-81　设置拐角

（15）设置非切削参数。在〖型腔铣〗对话框中单击〖非切削移动〗 按钮，弹出〖非切削移动〗对话框，然后设置进刀类型为"螺旋线"，直径为 50，斜角为 2，高度为 3，最小安全距离为 1，最小倾斜长度为 40，如图 3-82 所示。

（16）设置传递方式。在〖非切削移动〗对话框中选择 传递/快速 选项，然后设置区域内和区域之间的传递类型为"前一平面"，如图 3-83 所示。

图 3-82　设置非切削参数　　　　　　　　图 3-83　设置传递方式

（17）设置主轴转速和切削。在〖型腔铣〗对话框中单击〖进给率和速度〗 按钮，弹出〖进给率和速度〗对话框，然后勾选"主轴速度"选项，并设置主轴速度为 1820，切削为 2500，如图 3-84 所示。

（18）生成刀路。在型腔铣对话框中单击〖生成〗 按钮，系统开始生成刀路，如图 3-85 所示。

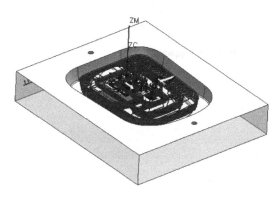

图 3-84　设置主轴转速和切削　　　　　　图 3-85　生成刀路

3.4 工程师经验点评

学习完本章后，读者应该重点掌握以下的知识：

（1）熟练掌握型腔铣的创建方法。

（2）学会分析工件的形状结构，懂得如何设置进刀方式。

（3）*重点掌握使用哪种切削模式（开粗加工时多用"跟随周边"的方式，二次开粗多使用"跟随部件"的方式）。

（4）*重点掌握切削层的设置，利用切削层来控制加工的深度。

（5）*当模型的结构比较复杂，或存在公差上的问题，有些平面用〖平面铣〗的方法来加工时，会造成过切，这时可考虑使用〖型腔铣〗的方法来加工平面。

3.5 练习题

3-1 打开光盘中的〖LianXi\Ch04\qqwr.prt〗文件，如图 3-86 所示。使用〖型腔铣〗功能对模型进行开粗，加工前需详细分析模型的结构特点，确定使用刀具的大小。

3-2 打开光盘中的〖LianXi\Ch04\zdfr.prt〗文件，如图 3-87 所示。使用〖型腔铣〗功能对模型进行开粗，加工前需详细分析模型的结构特点，确定使用刀具的大小。

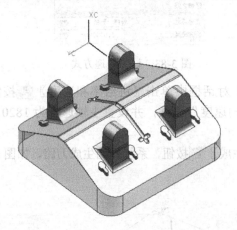

图 3-86　qqwr.prt 文件

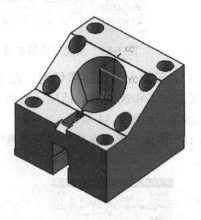

图 3-87　zdfr.prt 文件

型腔铣二次开粗

型腔铣二次开粗就是使用小的刀具将上一步没有加工到的部位重新进行加工，包括参考刀具、使用 3D 和使用基于层的，这三种方式各具优缺点，但最常使用的二次开粗方式是使用基于层的 IPW。

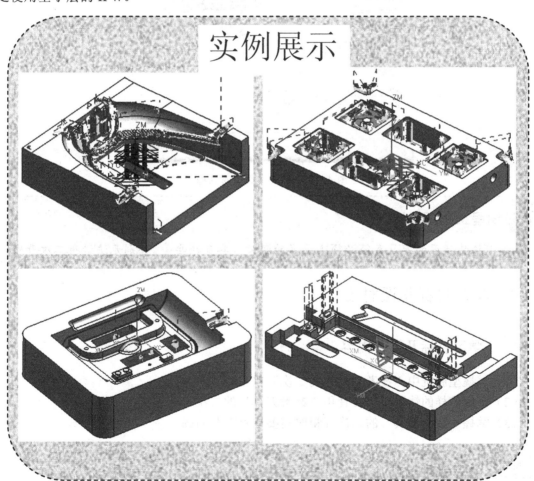

实例展示

在〖加工创建〗工具条中单击〖创建工序〗 按钮，弹出〖创建工序〗对话框，接着在〖类型〗选项中选择 mill-contour。

4.1　参考刀具

在〖型腔铣〗对话框中单击〖切削参数〗 按钮，弹出〖切削参数〗对话框。在〖切削参数〗对话框中选择 空间范围 选项，如图 4-1 所示。在〖参考刀具〗下拉列表框中选择参考刀具或单击〖新建〗 按钮创建新的刀具。

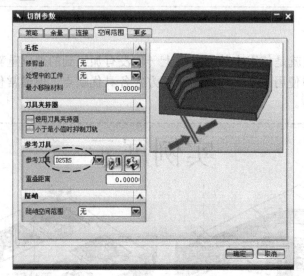

图 4-1　〖切削参数〗对话框

 编程工程师点评

　　当前操作使用的刀具直径必须比设置的参考刀具直径要小，否则无法进行二次开粗。

4.1.1　学习目标与课时安排

 学习目标及学习内容

（1）掌握型腔铣中"参考刀具"的二次开粗方式。
（2）了解怎样的情况下需要使用"参考刀具"的二次开粗方式。
（3）掌握"参考刀具"的二次开粗时需要注意哪些问题。

 学习课时安排（共 2 课时）

（1）实例操作演示及功能讲解——1 课时。
（2）活学活用、其他实例讲解及实际加工应该注意的问题——1 课时。

4.1.2　基本功的操作演示

下面以 3.1 节中"基本功的操作示范"的结果为例，对工件中未被加工的余量进行二次开粗。

（1）打开光盘中的〖Example\Ch04\slgqm.prt〗文件，如图 4-2 所示。

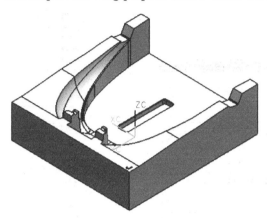

图 4-2　slgqm.prt 文件

（2）复制刀路，如图 4-3 所示。

图 4-3　复制刀路

（3）创建新的刀具。在〖工序导航器〗中双击 CAVITY_MILL_COPY 图标，弹出〖型腔铣〗对话框，接着单击〖新建〗 按钮，弹出〖新的刀具〗对话框，然后创建 D17R0.8 的合金平底刀具，如图 4-4 所示，最后单击 确定 按钮。

（4）修改最大距离为 0.35，如图 4-5 所示。

（5）设置余量。在〖型腔铣〗对话框中单击〖切削参数〗 按钮，弹出〖切削参数〗对话框，接着选择 余量 选项，然后设置部件侧面余量为 0.4，部件底面余量为 0.15，如图 4-6 所示。

 编程工程师点评

　　二次开粗时部件侧面余量应该要比第一次开粗时要大，否则刀杆容易碰到侧壁。

图 4-4　创建新的刀具

（6）设置参考刀具。在『切削参数』对话框中选择 空间范围 选项，然后在参考刀具下拉列表框中选择 D50R5，如图 4-7 所示。

图 4-5　修改最大距离

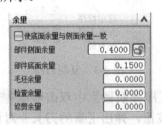

图 4-6　设置余量

图 4-7　设置参考刀具

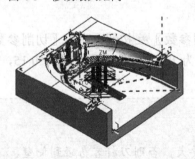

图 4-8　生成刀路

（7）设置主轴转速和切削。在『型腔铣』对话框中单击『进给率和速度』 按钮，弹出『进给』对话框，然后修改主轴转速为 2500，切削为 1500。

（8）生成刀路。在『型腔铣』对话框中单击『生成』 按钮，系统开始生成刀路，如图 4-8 所示。

4.1.3　活学活用

当模型的结构比较复杂时，如果同时对所有的部位进行二次开粗，则产生的刀具路径会有很多空刀工，或使用该刀具进行二次开粗对某些部位根本起不到明显的效果，此时，就需要创建加工边界将这些不该产生刀路的位置删除掉。下面将简单介绍如何删除这些不该出现的刀具路径。

（1）在〖型腔铣〗对话框中单击〖指定修剪边界〗  按钮，弹出〖修剪边界〗对话框。设置修剪侧为"外部"，并选择如图 4-9 所示的设置修剪边界，然后单击 确定 按钮。

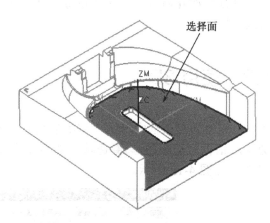

图 4-9　设置修剪边界

（2）在〖型腔铣〗对话框中单击〖切削层〗 按钮，弹出〖切削层〗对话框。首先选择顶层，然后选择如图 4-10 所示的点，然后单击 确定 按钮。

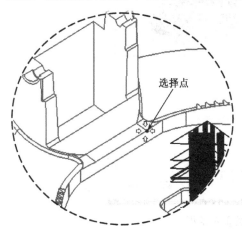

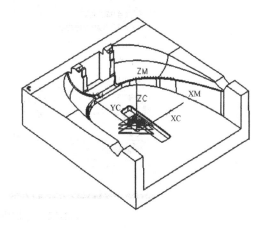

图 4-10　设置修剪边界

（3）生成的刀具路径如图 4-11 所示。

4.1.4 实际加工中应注意的问题

使用参考刀具进行二次开粗时，应该注意以下问题。

（1）二次开粗时使用的刀具是否最合适，刀具是否能加工到最多的区域，如果是太小的区域可以考虑使用电火花进行加工。

（2）使用参考刀具进行二次开粗时，要认真检查生成的刀路或通过实体模拟验证确定刀路的正确性，避免产生撞刀现象。

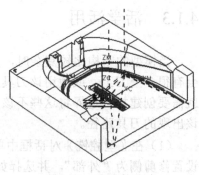

图 4-11 生成的刀路

（3）进行二次开粗时，一定要设置二次开粗余量稍大于第一次开粗的余量，否则刀杆容易碰到侧壁。

4.2 使用 3D

在〖型腔铣〗对话框中单击〖切削参数〗 按钮，弹出〖切削参数〗对话框。在〖切削参数〗对话框中选择 空间范围 选项，然后在〖处理中的工件〗下拉列表框中选择"使用 3D"选项，如图 4-12 所示。

图 4-12 〖切削参数〗对话框

 编程工程师点评

当设置处理中的工件为"使用 3D"选项时，则不再需要设置"参考刀具"的参数了。

4.2.1　学习目标与学习课时安排

学习目标及学习内容

（1）掌握型腔铣中"使用 3D"的二次开粗方式。
（2）了解怎样的情况下需要使用"使用 3D"的二次开粗方式。

学习方法及材料准备

（1）准备的材料：已经进行了开粗加工，且需要进行二次开粗的模型。
（2）通过实体模拟的方法验证开粗加工后，模型中还有哪些部位存在较多的余量。

学习课时安排（共 2 课时）

（1）实例操作演示及功能讲解——1 课时。
（2）活学活用、其他实例讲解及实际加工应该注意的问题——1 课时。

4.2.2　基本功的操作演示

下面以盖板前模为示范，详细介绍"使用 3D"的二次开粗方式需要设置哪些参数。
（1）打开光盘中的〖Example\Ch04\gbqm.prt〗文件，如图 4-13 所示。

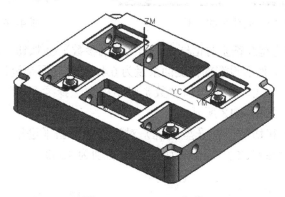

图 4-13　gbqm.prt 文件

（2）复制刀路，如图 4-14 所示。
（3）创建新的刀具。在〖工序导航器〗中双击 CAVITY_MILL_COPY 图标，弹出〖型腔铣〗对话框。单击〖新建〗按钮，弹出〖新的刀具〗对话框，然后创建 D8 的合金刀具，如图 4-15 所示，最后单击 确定 按钮。
（4）修改最大距离为 0.25，如图 4-16 所示。

图 4-14　复制刀路

图 4-15　创建新的刀具

图 4-16　修改最大距离

（5）设置余量。在〖型腔铣〗对话框中单击〖切削参数〗按钮，弹出〖切削参数〗对话框，接着选择 余量 选项，然后设置部件侧面余量为 0.4，部件底面余量为 0.15，如图 4-17 所示。

（6）设置二次开粗方式。在〖切削参数〗对话框中选择 空间范围 选项，然后设置处理中的工件为"使用 3D"，如图 4-18 所示。

（7）设置主轴转速和切削。在〖型腔铣〗对话框中单击〖进给率和速度〗按钮，弹出〖进给〗对话框，然后修改主轴转速为 2500，切削为 1500。

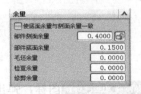

图 4-17　设置余量

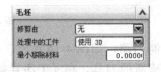

图 4-18　设置二次开粗方式

（8）生成刀路。在〖型腔铣〗对话框中单击〖生成〗按钮，系统开始生成刀路，如图 4-19 所示。

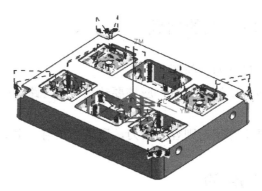

图 4-19　生成刀路

4.2.3　活学活用

　　进行二次开粗之前，应该详细分析工件中哪些部位需要进行二次开粗，然后在需要进行二次开粗的区域中创建修剪边界，如图 4-20 所示。

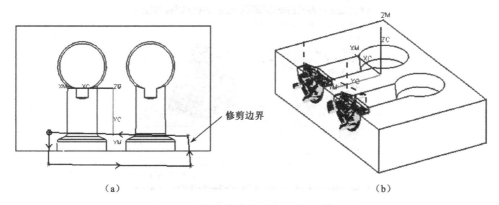

（a）　　　　　　　　　　　　　　　（b）

图 4-20　以修剪边界定义二次开粗区域

　　如工件中存在多处需要进行二次开粗的区域时，则可以创建多个修剪边界或不创建边界，具体情况视工件的结构特点而定，如图 4-21 所示。

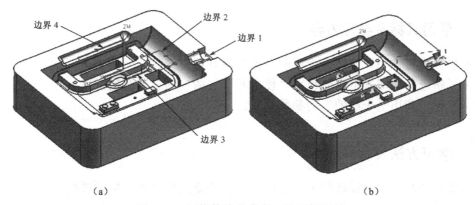

（a）　　　　　　　　　　　　　　　（b）

图 4-21　以修剪边界定义二次开粗区域

4.2.4　实际加工中应注意的问题

实际加工中，应注意以下两个问题。

（1）使用修剪边界进行二次开粗时，应该要认真检查刀路，因为修剪过的刀路容易造成撞刀。

（2）如果刀路从下往上加工，则容易断刀，所以加工前一定要认真检查刀路。

4.3　使用基于层的

使用基于层的就是系统自动对上一步开粗加工所剩的余量的进行二次开粗，继续去除更多的余量。使用基于层的二次开粗的最大特点是安全可靠，提刀也不多。

在〖型腔铣〗对话框中单击〖切削参数〗 按钮，弹出〖切削参数〗对话框。在〖切削参数〗对话框中选择 空间范围 选项，然后在〖处理中的工件〗下拉列表框中选择"使用基于层的"选项，如图 4-22 所示。

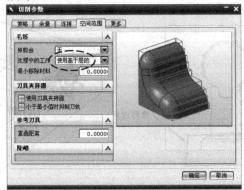

图 4-22　〖切削参数〗对话框

4.3.1　学习目标与学习课时计划

 学习目标及学习内容

（1）掌握型腔铣中"使用基于层的"的二次开粗方式。

（2）了解怎样的情况下需要使用"使用基于层的"的二次开粗方式。

（3）掌握"使用基于层的"的参数设置。

 学习方法及材料准备

（1）准备的材料。已经进行了开粗加工，且需要进行二次开粗的模型。

（2）通过实体模拟的方法验证开粗加工后，模型中还有哪些部位存在较多的余量。

学习课时安排（共 2 课时）

（1）实例操作演示及功能讲解——1 课时。

（2）活学活用、其他实例讲解及实际加工应该注意的问题——1 课时。

4.3.2　基本功的操作演示

使用基于层的二次开粗的操作涉及到第一次开粗的参数设置，下面以第 3 章中"综合提高特训"的编程为示范讲述使用基于层的二次开粗的过程及注意问题。

1．二次开粗一

（1）开粗打开光盘中的〖Example\Ch04\jxgqm.prt〗文件，如图 4-23 所示。

（2）创建刀具。在〖加工创建〗对话框中单击〖创建刀具〗按钮，弹出〖创建刀具〗对话框，如图 4-24 所示。在〖创建刀具〗对话框中设置刀具名称为 D17R0.8，然后单击 确定 按钮，弹出〖刀具参数〗对话框，如图 4-25 所示。接着设置直径为 17，底圆角半径为 0.8，然后单击 确定 按钮。

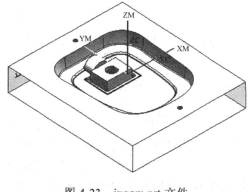

图 4-23　jxgqm.prt 文件

图 4-24　〖创建刀具〗对话框

图 4-25　〖刀具参数〗对话框

（3）继续创建 D8 的合金平底刀。

（4）复制刀路，如图 4-26 所示。

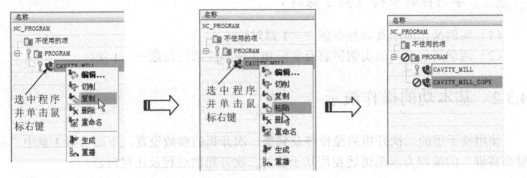

图 4-26　复制刀路

（5）修改刀具。在〖工序导航器〗中双击 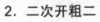 图标，弹出〖型腔铣〗对话框，然后修改刀具为 D17R0.8，如图 4-27 所示。

图 4-27　修改刀具

（6）修改最大距离为 0.35，如图 4-28 所示。

（7）设置余量。在〖型腔铣〗对话框中单击〖切削参数〗按钮，弹出〖切削参数〗对话框，接着选择 余量 选项，然后设置部件侧面余量为 0.4，部件底部余量为 0.15，如图 4-29 所示。

（8）设置二次开粗方式。在〖切削参数〗对话框中选择 空间范围 选项，然后设置处理中的工件为"使用基于层的"，如图 4-30 所示。

图 4-28　修改最大距离

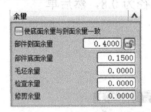

图 4-29　设置余量

图 4-30　设置二次开粗方式

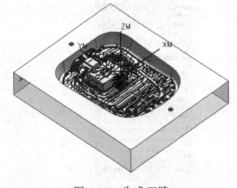

图 4-31　生成刀路

（9）设置主轴转速和切削。在〖型腔铣〗对话框中单击〖进给率和速度〗按钮，弹出〖进给〗对话框，然后修改主轴转速为 2500，切削为 1500。

（10）生成刀路。在〖型腔铣〗对话框中单击〖生成〗按钮，系统开始生成刀路，如图 4-31 所示。

2. 二次开粗二

（1）复制刀路，如图 4-32 所示。

（2）修改刀具。在〖工序导航器〗中双击 CAVITY_MILL_COPY 图标，弹出〖型腔铣〗对话框，然后修改刀具为 D8，如图 4-33 所示。

（3）指定修剪边界。在〖型腔铣〗对话框中单击〖指定修剪边界〗按钮，弹出〖修剪边界〗对话框。单击〖点边界〗按钮，并设置点方法为"光标位置"，修剪侧为"外部"，然后创建如图 4-34 所示的边界，最后单击 确定 按钮。

（4）修改最大距离为 0.2，如图 4-35 所示。

（5）设置主轴转速和切削。在〖型腔铣〗对话框中单击〖进给率和速度〗按钮，弹出〖进给〗对话框，然后修改主轴转速为 3000，切削为 1200。

图 4-32　复制刀路

图 4-33　修改刀具

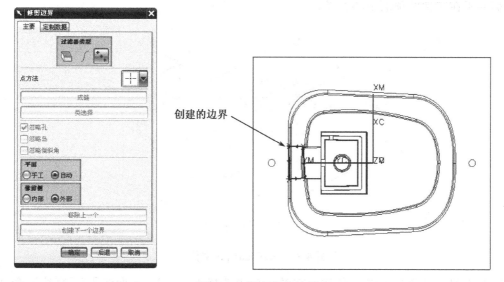

图 4-34　指定修剪边界

（6）生成刀路。在〖型腔铣〗对话框中单击〖生成〗按钮，系统开始生成刀路，如图 4-36 所示。

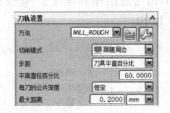

图 4-35　修改最大距离

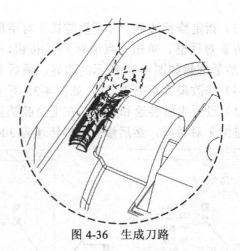

图 4-36　生成刀路

4.3.3　活学活用

当需要以工件的顶面中心作为加工坐标，而当前坐标又不在顶面中心时，则需要将当前坐标移动到工件的顶面，然后设置当前坐标为加工坐标。

下面详细介绍移动当前坐标到工件顶面中心的方法。

1. 较规则的模型

（1）打开光盘中的〖Example\Ch04\zuobiao1.prt〗文件，如图 4-37 所示，可以看到当前坐标并不在工件的顶面中心位置。

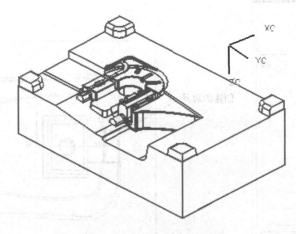

图 4-37　zuobiao1.prt 文件

（2）创建工件顶面上的对角线。在菜单条中选择〖插入〗/〖曲线〗/〖直线〗命令，然后依次选择"边锁"上的两个角点，如图 4-38 所示。

（3）创建新的原点坐标。在菜单条中选择〖格式〗/〖WCS〗/〖原点〗命令，然后选择直线的中点作为新的原点坐标，如图 4-39 所示。

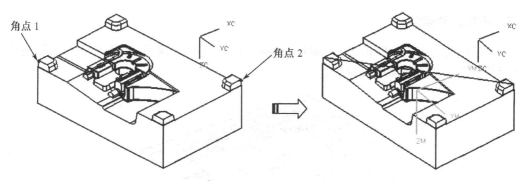

图 4-38　创建对角线

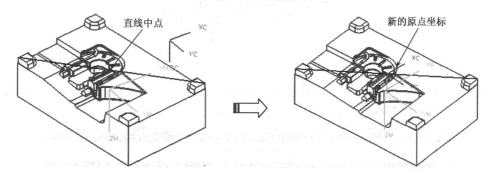

图 4-39　创建新的原点坐标

编程工程师点评

　　捕捉直线中点时，在捕捉器中仅保留〖中心〗![按钮]按钮的打开，而关闭其他按钮，如图 4-40 所示，这样可以大大地方便选中直线的中点。

图 4-40　设置捕捉器

　　（4）旋转坐标。双击新的原点坐标，然后拖动如图 4-41 所示中的三个旋转小球从而旋转坐标，使 Z 方向向上，X 方向向工件的长边，Y 方向向工件的短边，结果如图 4-41 所示。

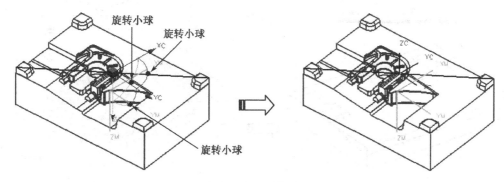

图 4-41　旋转坐标

2．不规则的模型

（1）打开光盘中的〖Example\Ch04\zuobiao2.prt〗文件，如图 4-42 所示，可以看到当前坐标并不在工件的顶面中心位置。

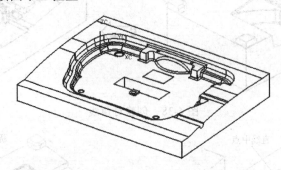

图 4-42　zuobiao2.prt 文件

（2）进入注塑模向导模块。在菜单条中选择〖开始〗/〖所有应用模块〗/〖注塑模向导〗命令，弹出〖注塑模向导〗工具条，如图 4-43 所示。

图 4-43　〖注塑模向导〗工具条

（3）创建方块。在〖注塑模向导〗工具条中单击〖注塑模工具〗 按钮，弹出〖注塑模工具〗工具条，接着单击〖创建方块〗 按钮，弹出〖创建方块〗对话框。在〖创建方块〗对话框中设置 Default Clearance 为 0，然后框选实体中所有的曲面，如图 4-44 所示。

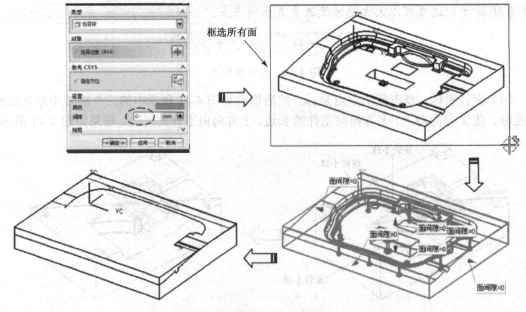

图 4-44　创建新的原点坐标（一）

（4）创建新的原点坐标。在菜单条中选择〖格式〗/〖WCS〗/〖定向〗命令，弹出〖CSYS〗对话框，接着设置类型为"对象的 CSYS"，然后选择工件的顶面，如图 4-45 所示。

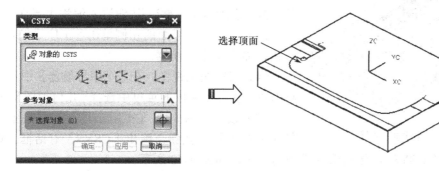

图 4-45　创建新的原点坐标（二）

（5）隐藏箱体。在键盘上按 Ctrl+B 组合键，弹出〖类选择〗对话框，然后选择箱体，最后单击 确定 按钮，结果如图 4-46 所示。

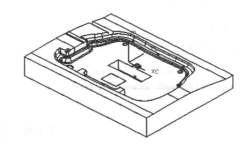

图 4-46　隐藏箱体

4.3.4　实际加工中应注意的问题

二次开粗在实际加工中，应注意以下几点问题。

（1）实际加工时，应考虑工件的装夹问题，避免刀具碰到夹具。

（2）二次开粗避免从余量最多的部位下刀，否则容易损坏刀具的底部。

（3）二次开粗时应设置侧壁余量比第一次开粗的余量稍大，否则刀杆容易碰到侧。

（4）二次开粗多使用旧的刀具，因为开粗时精度要求不是很高。

4.4　综合提高特训

下面以测量仪器外壳前模的编程为应用实例，详细讲述开粗及二次开粗过程及需要注意的问题，达到真正掌握工件开粗的各种方法和技巧的目的。

（1）打开光盘中的〖Example\Ch04\yqwk.prt〗文件，如图 4-47 所示。

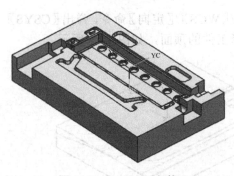

图 4-47　yqwk.prt 文件

（2）进入编程界面。在键盘上按 Ctrl+Alt+M 组合键，弹出〖加工环境〗对话框，接着选择 mill-contour 的方式，然后单击 确定 按钮进入编程主界面。

（3）在编程主界面的左侧单击〖工序导航器〗 按钮，显示工序导航器。

（4）切换加工视图。在〖工序导航器〗中单击鼠标右键，然后在弹出的菜单中选择〖几何视图〗命令。

（5）设置坐标。在〖实用工具〗工具条中单击〖WCS 方向〗 按钮，弹出〖CSYS〗对话框。设置类型为"对象的 CSYS"，然后选择模型的底面，如图 4-48 所示。

（a）

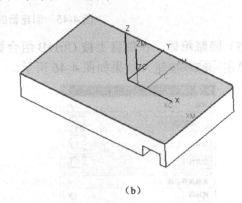

（b）

图 4-48　设置坐标

（6）旋转坐标。双击当前坐标，然后旋转坐标使 Z 轴朝上，如图 4-49 所示。

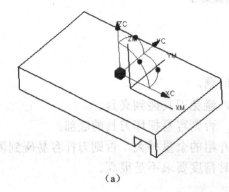

（a）

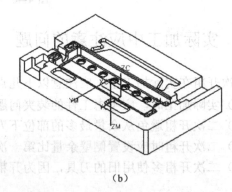

（b）

图 4-49　旋转坐标

（7）设置加工坐标。在〖工序导航器〗中单击 MCS_MILL 图标，弹出〖Mill Orient〗对话框，如图 4-50 所示。在〖Mill Orient〗对话框中设置安全距离为 60，接着单击〖CSYS 对话框〗 按钮，弹出〖CSYS〗对话框，如图 4-51 所示。在〖CSYS〗对话框中设置参考为 WCS，然后单击 确定 按钮。

（8）设置部件。在〖工序导航器〗中双击 WORKPIECE 图标，弹出〖铣削几何体〗对话框。在〖铣削几何体〗对话框中单击〖指定部件〗 按钮，弹出〖部件几何体〗对话框，接着选择实体作为部件，如图 4-52 所示，然后单击 确定 按钮。

图 4-50　〖Mill Orient〗对话框

图 4-51　〖CSYS〗对话框

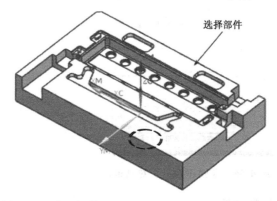

图 4-52　设置部件

（9）设置毛坯。在〖铣削几何体〗对话框中单击〖指定毛坯〗 按钮，弹出〖毛坯几何体〗对话框，接着设置类型为"包容块"，如图 4-53 所示，然后单击 确定 按钮两次。

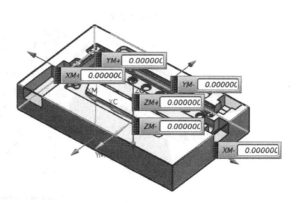

图 4-53　设置毛坯

（10）创建刀具。在〖加工创建〗对话框中单击〖创建刀具〗 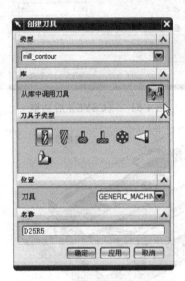 按钮，弹出〖创建刀具〗对话框，如图4-54所示。在〖创建刀具〗对话框中设置刀具名称为D25R5，然后单击 确定 按钮，弹出〖刀具参数〗对话框，如图4-55所示。接着设置直径为25，底圆角半径为5，然后单击 确定 按钮。

（11）继续创建开粗用的刀具。参考上一步骤继续创建 D17R0.8 的飞刀、D8 和 D2 的合金平底刀。

图 4-54 〖创建刀具〗对话框

图 4-55 〖刀具参数〗对话框

1. 开粗加工一

（1）创建工序。在〖加工创建〗工具条中单击〖创建工序〗 按钮，弹出〖创建工序〗对话框，然后设置如图4-56所示的参数。

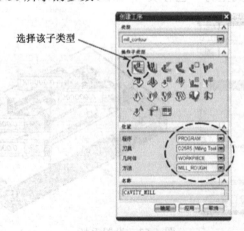

图 4-57 创建工序

（2）选择加工面。在〖创建工序〗对话框中单击 确定 按钮，弹出〖面铣削〗对话框。在〖面铣削〗对话框中单击〖指定切削区域〗 按钮，弹出〖指定面几何体〗对话框，然后选择如图 4-58 所示的加工面，选择完成后单击 确定 按钮。

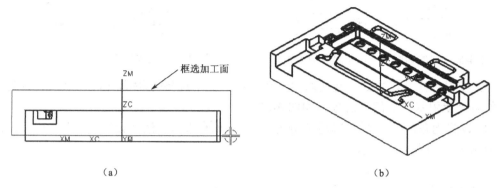

图 4-58　选择加工面

（3）指定修剪边界。在〖型腔铣〗对话框中单击〖指定修剪边界〗 按钮，弹出〖修剪边界〗对话框。单击〖点边界〗 按钮，并设置点方法为"光标位置"，修剪侧为"外部"，然后创建如图 4-59 所示的边界。

（4）设置切削模式、步进和最大距离。设置切削模式为"跟随周边"，步进为"刀具平直百分比"，平面直径百分比为 60，最大距离为 0.4，如图 4-60 所示。

（5）设置切削参数。在〖型腔铣〗对话框中单击〖切削参数〗 按钮，弹出〖切削参数〗对话框，接着选择 策略 选项，然后设置切削方向为"顺铣"，切削顺序为"深度优先"，图样方向为"向外"，勾选"岛清理"选项，设置岛清理为"自动"，如图 4-61 所示。

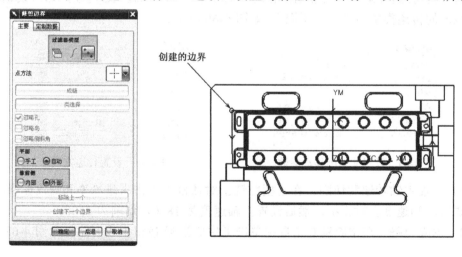

图 4-59　指定修剪边界

（6）设置余量。在〖切削参数〗对话框中选择 余量 选项，然后去除"底部面和侧壁余量一致"选项的勾选，并设置部件侧面余量为 0.3，部件底面余量为 0.15，内公差为 0.05，外公差为 0.05，如图 4-62 所示。

图 4-60 设置切削模式、步进和最大距离　　　　图 4-61 设置切削参数

（7）设置二次开粗方式。在〖切削参数〗对话框中选择 空间范围 选项，然后设置处理中的工件为"使用基于层的"选项，如图 4-63 所示。

（8）设置拐角。在〖切削参数〗对话框中选择 拐角 选项，然后设置光顺为"所有刀路"，半径为 0.5，如图 4-64 所示。

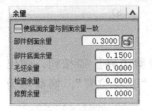

图 4-62 设置余量　　　　　　图 4-63 设置二次开粗方式　　　　　图 4-64 设置拐角

（9）设置非切削移动参数。在〖型腔铣〗对话框中单击〖非切削移动〗按钮，弹出〖非切削移动〗对话框，然后设置进刀类型为"螺旋线"，直径为 50，斜角为 2，高度为 3，最小安全距离为 1，最小倾斜长度为 40，如图 4-65 所示。

（10）设置传递方式。在〖非切削移动〗对话框中选择 传递/快速 选项，然后设置区域之间和区域内的传递类型为"前一平面"，如图 4-66 所示。

图 4-65 设置非切削移动参数　　　　　　图 4-66 设置传递方式

（11）设置主轴转速和切削。在〖型腔铣〗对话框中单击〖进给率和速度〗按钮，弹出〖进给率和速度〗对话框，然后设置主轴速度为 1820，切削为 2500。

（12）生成刀路。在型腔铣对话框中单击〖生成〗按钮生成刀路，如图 4-67 所示。

2．开粗加工二

（1）复制刀路，如图 4-68 所示。

（2）修改刀具。在〖工序导航器〗中双击 CAVITY_MILL_COPY 图标，弹出〖型腔铣〗对话框，然后修改刀具为 D17R0.8，如图 4-69 所示。

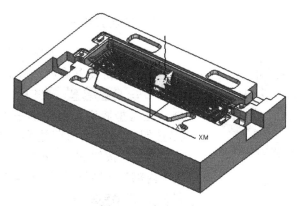

图 4-67　生成刀路

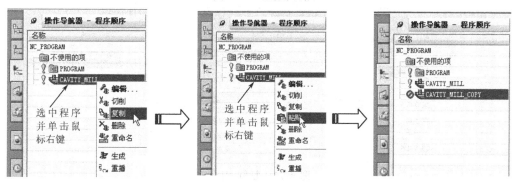

图 4-68　复制刀路

（3）修改边界。在〖型腔铣〗对话框中单击〖指定修剪边界〗 按钮，弹出〖修剪边界〗对话框。修剪修剪侧为"内部"，如图 4-70 所示。

（4）修改最大距离为 0.35，如图 4-71 所示。

图 4-69　修改刀具　　　　　图 4-70　修改边界　　　　　图 4-71　修改最大距离

（5）设置主轴转速和切削。在〖型腔铣〗对话框中单击〖进给率和速度〗 按钮，弹出〖进给率和速度〗对话框，然后修改主轴转速为 2500，切削为 1500。

（6）生成刀路。在〖型腔铣〗对话框中单击〖生成〗 按钮，系统开始生成刀路，如图 4-72 所示。

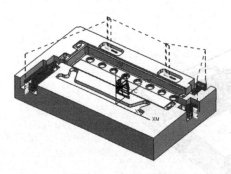

图 4-72　生成刀路

3．二次开粗一

（1）复制刀路，如图 4-73 所示。

（2）重新设置修剪边界。在〖工序导航器〗中双击 CAVITY_MILL_COPY 图标，弹出〖型腔铣〗对话框。在〖型腔铣〗对话框中单击〖指定修剪边界〗 按钮，弹出〖修剪边界〗对话框，接着依次单击 移除 按钮和 附加 按钮，并设置修剪侧为"内部"，然后选择如图 4-74 所示的面作为边界，最后单击 确定(O) 按钮。

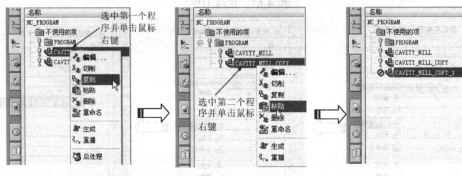

图 4-73　复制刀路

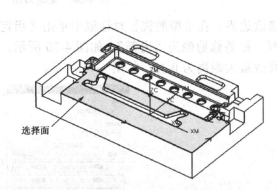

选择面

图 4-74　重新设置修剪边界

（3）修改刀具为 D8，如图 4-75 所示。

（4）修改最大距离为 0.25，如图 4-76 所示。

图 4-75　修改刀具

图 4-76　修改最大距离

（5）设置主轴转速和切削。在〖型腔铣〗对话框中单击〖进给率和速度〗按钮，弹出〖进给率和速度〗对话框，然后修改主轴转速为 3000，切削为 1500。

（6）生成刀路。在〖型腔铣〗对话框中单击〖生成〗按钮，系统开始生成刀路，如图 4-77 所示。

4．开粗加工三

下面使用 D8 的合金平底刀单独对如图 4-78 所示的凹槽部位进行开粗加工。

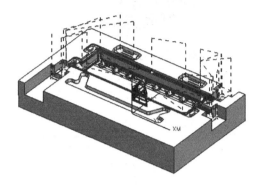

图 4-77　生成刀路　　　　　　　　　图 4-78　开粗的部位

（1）复制刀路，如图 4-79 所示。

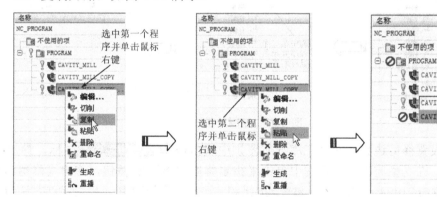

图 4-79　复制刀路

（2）重新设置修剪边界。在〖工序导航器〗中双击 CAVITY_MILL_COPY 图标，弹出〖型腔铣〗对话框。在〖型腔铣〗对话框中单击〖指定修剪边界〗按钮，弹出〖修剪边界〗对话框，然后设置修剪侧为"外部"，最后单击 确定(0) 按钮，如图 4-80 所示。

（3）设置切削参数。在〖型腔铣〗对话框中单击〖切削参数〗按钮，弹出〖切削参数〗对话框，接着选择 空间范围 选项，然后设置处理中的工件为"无"。

（4）设置主轴转速和切削。在〖型腔铣〗对话框中单击〖进给率和速度〗按钮，弹出〖进给率和速度〗对话框，然后修改主轴转速为 3000，切削为 1500。

（5）生成刀路。在〖型腔铣〗对话框中单击〖生成〗按钮，系统开始生成刀路，如图 4-81 所示。

图 4-80　重新设置修剪边界

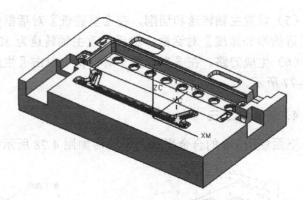

图 4-81　生成刀路

5．二次开粗二

（1）复制刀路，如图 4-82 所示。

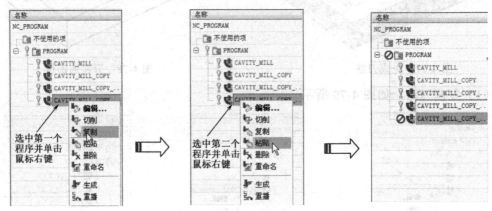

图 4-82　复制刀路

（2）重新设置修剪边界。在〖工序导航器〗中双击 CAVITY_MILL_COPY 图标，弹出〖型腔铣〗对话框。在〖型腔铣〗对话框中单击〖指定修剪边界〗按钮，弹出〖修剪边界〗对话框。依次单击 移除 按钮、 附加 按钮和〖点边界〗按钮，并设置点方法为"光标位置"，修剪侧为"外部"，然后创建如图 4-83 所示的 3 个边界，最后单击 确定（O）按钮。

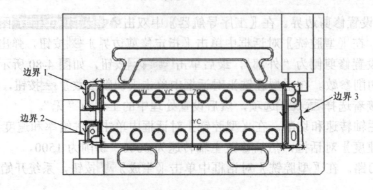

图 4-83　重新设置修剪边界

（3）修改刀具为 D2，如图 4-84 所示。

（4）修改最大距离为 0.08，如图 4-85 所示。

（5）设置二次开粗方式。在〖型腔铣〗对话框中单击〖切削参数〗按钮，弹出〖切削参数〗对话框，接着选择 空间范围 选项，然后设置处理中的工件为"无"，参考刀具为 D8，如图 4-86 所示。

图 4-84　修改刀具

图 4-85　修改最大距离

图 4-86　设置二次开粗方式

（6）设置主轴转速和切削。在〖型腔铣〗对话框中单击〖进给率和速度〗按钮，弹出〖进给〗对话框，然后修改主轴转速为 5000，切削为 1200。

（7）生成刀路。在〖型腔铣〗对话框中单击〖生成〗按钮，系统开始生成刀路，如图 4-87 所示。

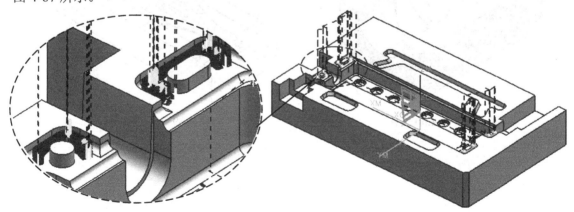

图 4-87　生成刀路

4.5　工程师经验点评

学习完本章后，读者应该重点掌握以下的知识。

（1）*重点掌握工件中哪些部位需要进行二次开粗加工。

（2）掌握参考刀具和使用 3D 的二次开粗方法。

（3）*重点掌握使用基于层的二次开粗方法。

（4）熟悉和掌握二次开粗最常使用哪些数控刀具。

（5）*二次开粗时，一定要保证刀杆不能碰到已加工的侧壁。

（6）*使用"参考刀具"的方式进行二次开粗时，设置的参考刀具直径应稍微比实际刀具大一点。

4.6 练习题

4-1 打开光盘中的〖LianXi\Ch04\thyk.prt〗文件，如图 4-88 所示。使用〖型腔铣〗功能对模型进行开粗和二次开粗，加工前需详细分析模型的结构特点，确定哪些部位需要进行二次开粗和使用刀具的大小。

4-2 打开光盘中的〖LianXi\Ch04\pytr.prt〗文件，如图 4-89 所示。使用〖型腔铣〗功能对模型进行开粗和二次开粗，加工前需详细分析模型的结构特点，确定哪些部位需要进行二次开粗和使用刀具的大小。

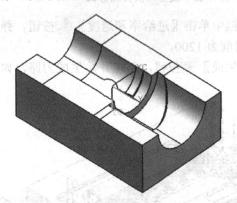

图 4-88 thyk.prt 文件

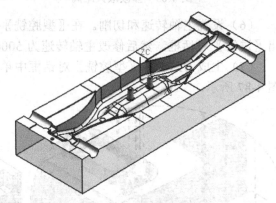

图 4-89 pytr.prt 文件

第5章

等高轮廓铣加工

等高轮廓铣加工分为一般的等高加工和等高清角加工，两者区别是等高加工多用于清除大面积上的陡峭区域上的余量，而等高清角主要用于局部陡峭圆角上的加工，加工效率比较高。

实例展示

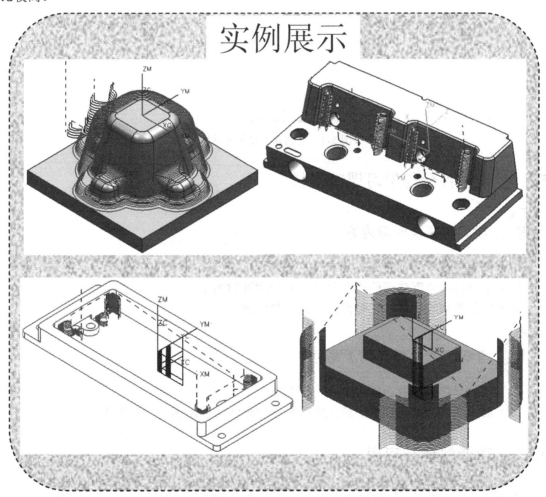

5.1 等高轮廓加工

等高轮廓加工主要用于陡峭区域的半精加工和精加工，加工时刀具逐层从上往下加工，其特点是效率高。

在〖加工创建〗工具条中单击〖创建工序〗 按钮，弹出〖创建工序〗对话框，接着在〖类型〗选项中选择 mill-contour，如图 5-1 所示。

图 5-1 〖创建工序〗对话框

5.1.1 学习目标与学习课时安排

 学习目标及学习内容

（1）掌握等高轮廓铣的加工方式及其参数设置。

（2）了解模型中哪些部件需要使用等高轮廓铣的加工方式。

（3）掌握等高轮廓铣加工时需要注意哪些问题。

 学习课时安排（共 2 课时）

（1）实例操作演示及功能讲解——1 课时。

（2）活学活用、其他实例讲解及实际加工应该注意的问题——1 课时。

5.1.2 功能解释与应用

在弹出的〖创建工序〗对话框中单击〖深度加工轮廓〗 按钮，然后单击 确定 按钮，弹出〖深度加工轮廓〗对话框，如图 5-2 所示。

下面详细讲述〖深度加工轮廓〗对话框中一些重要的功能命令，其中在前面已经介绍过的功能将不再介绍。

（1）〖陡峭空间范围〗：主要设置刀具加工的区域角度，包括〖无〗和〖仅陡峭的〗两种。

① 〖无〗：不设置加工的区域角度，如图 5-3 所示。

② 〖仅陡峭的〗：仅在设置的角度值以上的区域进行等高加工，如图 5-4 所示。

图 5-2　〖深度加工轮廓〗对话框

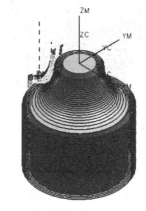

图 5-3　无

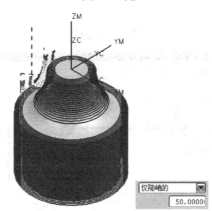

图 5-4　仅陡峭的

 编程工程师点评

由图 5-3 所示可以看出，越平缓的区域刀轨距离就越大，其加工效果也就越差，所以，当需要进行等高轮廓加工的面中存在陡峭区域和平缓区域时，则应该设置一定的陡峭角度，这样刀具只加工陡峭的区域，而平缓的区域应使用固定轴区域轮廓铣进行半精加工和精加工。

（2）〖合并距离〗：该参数主要控制刀具经过工件上的缝隙时是否提刀。当设置的合并距离值大于缝隙间距时，刀具经过缝隙不提刀，反之，则提刀。如图 5-5 所示的工件，缝隙的间距为 32，若默认合并距离为 2，则刀具经过缝隙时会提刀；若设置合并距离为大于32，则刀具经过缝隙不会产生提刀，如图 5-6 所示。

图 5-5　刀具经过缝隙产生提刀

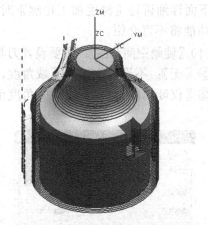

图 5-6　刀具经过缝隙不产生提刀

（3）〖切削参数〗：用于设置加工的切削参数。单击〖切削参数〗按钮，弹出〖切削参数〗对话框。在〖切削参数〗对话框中选择 策略 选项，如图 5-7 所示。

①〖切削方向〗：在等高轮廓铣加工中，切削方向包括了顺铣、逆铣和混合 3 种，其中混合的切削方向为等高轮廓加工中特有的，即刀具在加工过程中会产生顺铣加工和逆铣加工两种情况。

〖连接〗：设置层到层的连接方式，在〖切削参数〗对话框中选择 连接 选项，如图 5-8 所示。

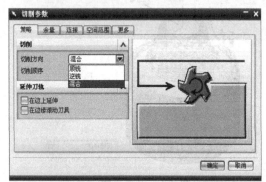

图 5-7　〖切削参数〗对话框

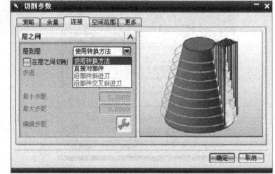

图 5-8　〖切削参数〗对话框

②〖使用转换方法〗：刀具在进入下一切削层前，首先提刀到安全平面，这样的方式会产生较多的提刀，如图 5-9 所示。

③〖直接对部件〗：刀具不提刀直接进入下一切削层，如图 5-10 所示。

 编程工程师点评

① 设置方式为"直接对部件"时，则应相应地设置切削方向为"混合"。

② 加工硬度较高的模具钢时，一般不能使用"直接对部件"的进刀方式，这样容易损坏刀具；如加工硬度较软的材料或侧面的加工余量非常小时，则可使用"直接对部件"的进刀方式，这样大大减少进刀时间，提高加工效率。

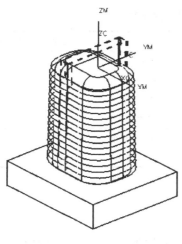

图 5-9　使用转换方法

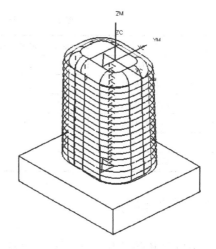

图 5-10　直接对部件

④〖沿部件斜进刀〗：刀具沿着斜线进入下一切削层，如图 5-11 所示。

⑤〖沿部件交叉进刀〗：刀具沿着部件交叉地进入下一切削层，如图 5-12 所示。

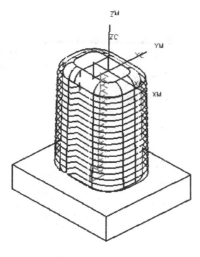

图 5-11　沿部件斜进刀

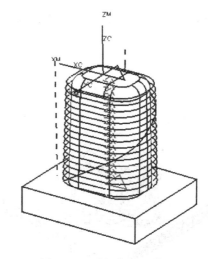

图 5-12　沿部件交叉进刀

 编程工程师点评

　　"沿部件斜进刀"和"沿部件交叉进刀"这两种进刀方式主要是用于轮廓封闭的工件的等高加工。

5.1.3　需要设置的参数

　　等高轮廓铣加工过程中，需要设置的参数比较多，下面以表格的形式列出等高轮廓铣加工所需要设置的参数，如表 5-1 所示。

表 5-1　等高轮廓铣加工需要设置的参数

序号	参数名称	是否一定需要设置	序号	参数名称	是否一定需要设置
1	几何体	是	7	合并距离	否
2	指定检查	否	8	最大距离	是
3	指定切削区域	否	9	切削参数	是
4	指定修剪边界	否	10	非切削移动	是
5	方法	是	11	最小切削深度	否
6	陡峭空间范围	否	12	进给和速度	是

5.1.4　操作演示

下面以某轮毂的加工为示范，讲述如何创建等高轮廓铣加工，以及需要进行哪些参数设置（主要是进行陡峭区域精加工）。

（1）打开光盘中的〖Example\Ch05\dengzao.prt〗文件，如图 5-13 所示。

（2）创建工序。在〖加工创建〗工具条中单击〖创建工序〗 按钮，弹出〖创建工序〗对话框，然后设置如图 5-14 所示的参数。

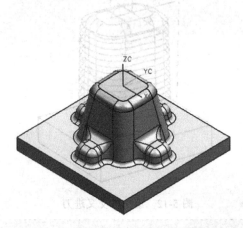

图 5-13　dengzao.prt 文件

图 5-14　创建工序

（3）选择加工面。在〖创建工序〗对话框中单击 确定 按钮，弹出〖深度加工轮廓〗对话框。在〖深度加工轮廓〗对话框中单击〖指定区域区域〗 按钮，弹出〖切削区域〗对话框，然后选择如图 5-15 所示的曲面，最后单击 确定 按钮。

（4）设置加工区域角度和最大距离。设置陡峭空间范围为"无"，最大距离为 0.25，如图 5-16 所示。

（5）设置切削方向和顺序。在〖深度加工轮廓〗对话框中单击〖切削参数〗 按钮，弹出〖切削参数〗对话框，然后设置切削方向为"混合"，切削顺序为"深度优先"，如图 5-17 所示。

设置切削方向为"混合"即可实现双向走刀，大大提高加工效率。

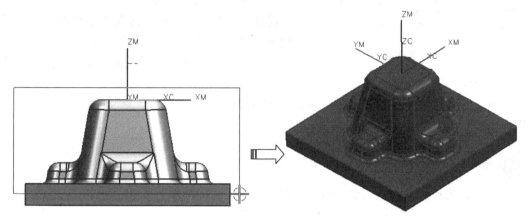

图 5-15　选择加工面

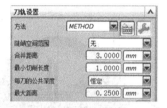

图 5-16　设置加工区域角度

图 5-17　设置切削方向和顺序

（6）设置余量。在〖切削参数〗对话框中选择 余量 选项，接着去除"使底面余量与侧壁余量一致"选项的勾选，并设置部件侧面余量为 0.15，部件底面余量为 0.2，如图 5-18 所示。

（7）设置层到层的连接方式。在〖切削参数〗对话框中选择 连接 选项，然后设置层到层为"使用传递方法"，如图 5-19 所示。

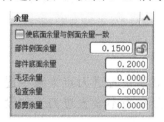

图 5-18　设置余量

图 5-19　设置层到层的连接方式

由于前面已经设置切削方向为"混合"，所以，这里的层到层走刀方式只能设置为"使用传递方法"了。

图 5-20　设置非切削移动

（8）设置非切削移动。在〖深度加工轮廓〗对话框中单击按钮，弹出〖非切削移动〗对话框。选择 传递/快速 选项，然后设置区域之间的传递类型为"前一平面"，区域内的传递类型为"前一平面"，如图 5-20 所示。

（9）设置进给率和速度。在〖深度加工轮廓〗对话框中单击〖进给率和速度〗按钮，弹出〖进给率和速度〗对话框。勾选"主轴速度"选项，并设置主轴速度为 2500，切削为 1500。

（10）生成刀路。在〖深度加工轮廓〗对话框中单击〖生成〗按钮，系统开始生成刀路，如图 5-21 所示。

 编程工程师点评

如果陡峭区域范围为"仅陡峭的"时，则产生的刀路会产生多一些提刀，如图 5-22 所示。

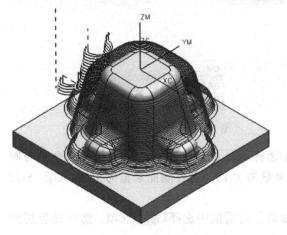

图 5-21　生成刀路

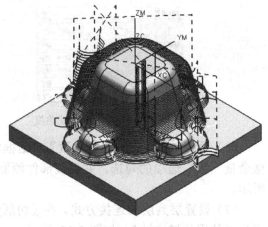

图 5-22　提刀多

5.1.5　活学活用

使用等高轮廓进行加工一些特殊的工件时，则需要设置进刀点来减少提刀或者避免刀具在余量多的区域进刀，图 5-23 和图 5-24 所示分别为不设置进刀点和设置进刀点的效果。

下面详细介绍进刀点的设置方法。

（1）在〖深度加工轮廓〗对话框中单击〖非切削移动〗按钮，弹出〖非切削移动〗对话框，接着选择 开始/钻点 选项，然后〖点构造器〗按钮，弹出〖点〗对话框。

（2）在〖点〗对话框中单击〖面上的点〗按钮，接着选择如图 5-25 所示的面，然后设置点的 U、V 值为 0.5，最后单击 确定 按钮，如图 5-26 所示。

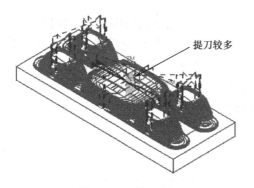

图 5-23　不设置进刀点

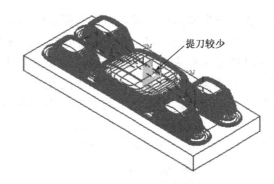

图 5-24　设置进刀点

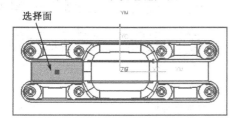

图 5-25　选择面

图 5-26　设置点位置

（3）参考上一步操作，选择如图 5-27 所示的面，并设置点的 U、V 值为 0.5，最后单击 确定 按钮。

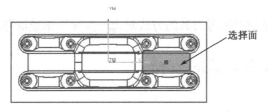

图 5-27　创建进刀点

 编程工程师点评

设置进刀点的位置时，不必很准确，只需要选择一个大概的位置即可。

5.1.6　实际加工中应注意的问题

使用等高轮廓进行加工时，应注意以下的几点问题。

（1）等高轮廓加工主要用于工件的半精加工和精加工，所以，要避免刀具在余量多的区域进刀。

（2）使用大的飞刀进行等高加工时，底部会留下高度为飞刀圆角半径的余量，最后不要忘记使用小圆角半径的飞刀或平底刀清除底部的余量。

（3）由于等高轮廓时刀具只绕陡峭的区域轮廓进行加工，当余量的宽度大于两倍刀直径，就会产生撞刀现象或者刀具两面切削材料，这种情况是绝不允许出现的。如图 5-29 所示的工件，等高加工前，首先需要分析如图 5-28 所示的着色区域的宽度大小。分析可得着色区域的最大距离约为 45.8 mm，则不能使用直径小于 25mm 的刀具进行等高加工。若使用大的刀具进行等高加工，则很多区域进不去，而使用 D17R0.8 的刀具进行等高半精加工比较合适，所以，等高加工前需要使用小的刀具进行二次开粗。

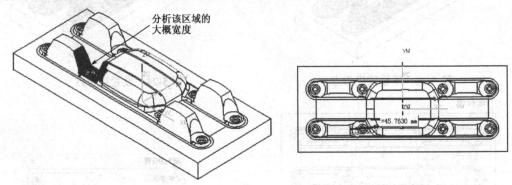

图 5-28　等高加工前的区域宽度分析

5.2　等高清角加工

等高清角加工主要是根据参考刀具的方式对上一步加工未能清除的余量继续进行加工。

5.2.1　学习目标与学习课时安排

 学习目标及学习内容

（1）掌握等高清角加工方式及其参数设置。
（2）了解模型中哪些部件需要使用等高清角的加工方式。
（3）掌握等高清角加工时需要注意哪些问题。

 学习方法及材料准备

教师讲课时，可先将本节中的"基本功的操作演示"演练一次，然后修改参考刀具直径，看看刀路产生了怎样的变化。

 学习课时安排（共 2 课时）

（1）实例操作演示及功能讲解——1 课时。
（2）活学活用、其他实例讲解及实际加工应该注意的问题——1 课时。

5.2.2　操作演示

下面以模具行位的清角加工为示范，讲述如何创建等高清角加工，以及需要进行哪些参数设置。文件中的模具行位已经完成了部分的加工，接下来需要进行等高清角加工。

（1）打开光盘中的〖Example\Ch05\mojuhw.prt〗文件，如图 5-29 所示。

（2）显示〖工序导航器〗。在编程界面的左侧单击〖工序导航器〗 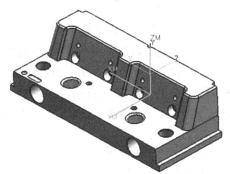 按钮，显示〖工序导航器〗。

（3）创建程序组名称。在〖插入〗工具条中单击〖创建程序〗 按钮，弹出〖创建程序〗对话框。设置程序为 K1，名称为 06，如图 5-30 所示，然后单击 确定 按钮两次。

图 5-29　mojuhw.prt 文件

（4）创建工序。在〖加工创建〗工具条中单击〖创建工序〗 按钮，弹出〖创建工序〗对话框，然后设置如图 5-31 所示的参数。

图 5-30　创建程序组名称

图 5-31　创建工序

（5）选择加工面。在〖创建工序〗对话框中单击 确定 按钮，弹出〖型腔铣〗对话框。在〖型腔铣〗对话框中单击〖指切削区域〗 按钮，弹出〖切削区域〗对话框，然后选择如图 5-32 所示的加工面，选择完成后单击 确定 按钮。

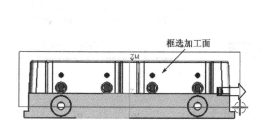

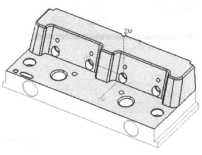

图 5-32　选择加工面

（6）设置最大距离为 0.15，如图 5-33 所示。

（7）设置切削方向。在〖深度加工轮廓〗对话框单击〖切削参数〗 按钮，弹出〖切削参数〗对话框，接着选择 策略 选项，然后设置切削方向为"混合"，切削顺序为"深度优先"，如图 5-34 所示。

（8）设置余量。在〖切削参数〗对话框中选择 余量 选项，然后去除"底部面和侧壁余量一致"选项的勾选，并设置部件侧面余量为 0.02，底面余量为 0.05，如图 5-35 所示。

（9）设置参考刀具。在〖切削参数〗对话框中选择 空间范围 选项，接着单击〖刀具新建〗 按钮，弹出〖新参考刀具〗对话框。在〖名称〗输入框中输入 D60R5，然后单击 确定 按钮，弹出〖刀具参数〗对话框，然后设置直径为 60，底圆角半径为 5，如图 5-36 所示。

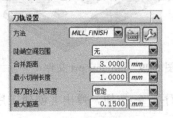

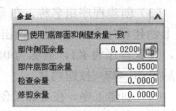

图 5-33　设置最大距离　　　　图 5-34　设置切削方向　　　　图 5-35　设置余量

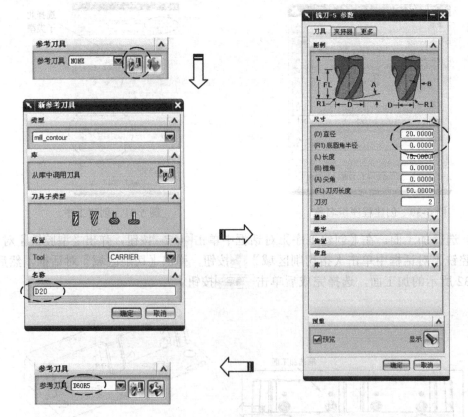

图 5-36　设置参考刀具

编程工程师点评

　　由于上一道工序所使用的刀具为 D17R0.8 的飞刀，为了保证能完全清除角上的余量，设置的参考刀具应比上一把刀具要大。

　　（10）设置非切削移动参数。在〖深度加工轮廓〗对话框中单击〖非切削移动〗按钮，弹出〖非切削移动〗对话框，然后设置进刀类型为"螺旋线"，直径为 50，斜角为 2，高度为 3，最小安全距离为 1，最小倾斜长度为 0，如图 5-37 所示。

　　（11）设置传递方式。在〖非切削移动〗对话框中选择 传递/快速 选项，然后设置区域内和区域之间的传递类型为"前一平面"，如图 5-38 所示。

　　（12）设置转速和切削。在〖深度加工轮廓〗对话框中单击〖进给率和速度〗按钮，弹出〖进给率和速度〗对话框，然后设置主轴转速为 2500，切削为 1800。

图 5-37　设置非切削移动参数

图 5-38　设置传递方式

　　（13）生成刀路。在〖深度加工轮廓〗对话框中单击〖生成〗按钮，系统开始生成刀路，如图 5-39 所示。

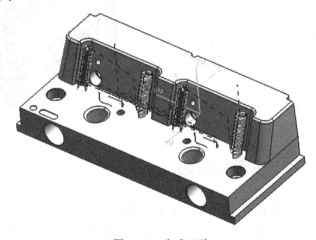
图 5-39　生成刀路

5.2.3　活学活用

　　在实际的模具加工中，多数情况下在模具未开粗前要先将毛坯上的四个角加工成圆角，如图 5-40 所示。下面简单介绍如何等高精加工这些圆角。

（1）在键盘上按 Ctrl+M 组合键进入建模界面。

（2）使用〖拉伸〗命令拉伸圆弧面到毛坯的顶面，如图 5-41 所示。

（3）设置几何体。选择实体和四个曲面作为部件。

（4）选择加工面。选择如图 5-42 所示的 8 个曲面作为加工面。

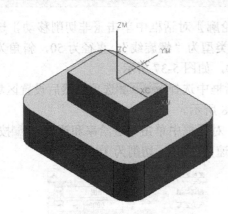

图 5-40　等高加工

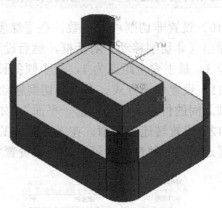

图 5-41　拉伸曲面

（5）生成的刀路如图 5-43 所示。

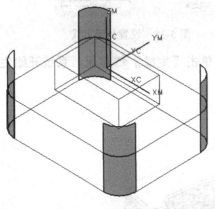

图 5-42　选择加工面

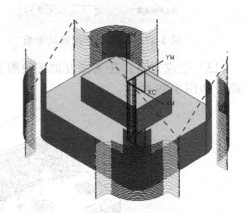

图 5-43　生成刀路

5.2.4　实际加工中应注意的问题

实际加工中使用等高清角时，应注意以下几点问题。

（1）等高清角前，一定要准确估算好圆角上所剩的残料，如果残料过多则不能直接进行等角精加工，避免产生过切现象。

（2）设置参考刀具时，可适当比上一把刀具稍大，如上一把刀具为 D12，则可以设置参考刀具为 D13。

（3）加工较复杂的工件时，为避免产生过刀的空刀，可结合修剪边界功能确定清角的范围。

（4）等高轮廓加工时不要加工到底面，应根据实际情况留一定的余量，多数为
0.02～0.05mm。

5.3　功能综合应用实例

下面以工件的加工为实例，综合运用本章所学到的知识内容，详细讲述等高轮廓加工
的过程，以及与其他加工方法的工序安排。

1．等高轮廓铣半精加工

（1）打开光盘中的〖Example\Ch05\gjwe.prt〗文件，如图 5-44 所示。

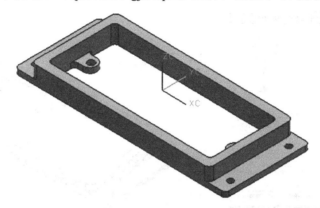

图 5-44　gjwe.prt 文件

（2）进入编程界面。在键盘上按 Ctrl+Alt+M 组合键，弹出〖加工环境〗对话框，接着
设置类型为 mill-contour，然后单击 确定 按钮进入编程主界面。

（3）在编程主界面的左侧单击〖工序导航器〗 按钮，显示〖工序导航器〗。

（4）切换加工视图。在〖工序导航器〗中单击鼠标右键，然后在弹出的菜单中选择〖几
何视图〗命令。

（5）设置加工坐标。在〖工序导航器〗中双击 MCS_MILL 图标，弹出〖Mill Orient〗对
话框，如图 5-45 所示。在〖Mill Orient〗对话框中设置安全距离为 15，接着单击〖CSYS〗
对话框 按钮，弹出〖CSYS〗对话框，如图 5-46 所示。在〖CSYS〗对话框中设置参考为
WCS，然后单击 确定 按钮。

（6）设置部件。在〖工序导航器〗中双击 WORKPIECE 图标，弹出〖铣削几何体〗对话
框。在〖铣削几何体〗对话框中单击〖指定部件〗 按钮，弹出〖部件几何体〗对话框，
接着选择实体作为部件，如图 5-47 所示，然后单击 确定 按钮。

（7）设置毛坯。在〖铣削几何体〗对话框中单击〖指定毛坯〗 按钮，弹出〖毛坯几
何体〗对话框，如图 5-48 所示。在〖毛坯几何体〗对话框勾选"自动块"选项，然后单击
确定 按钮两次。

图 5-45 〖Mill Orient〗对话框

图 5-46 〖CSYS〗对话框

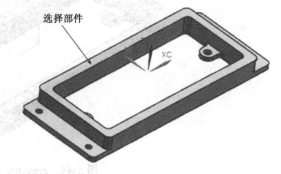

图 5-47 设置部件

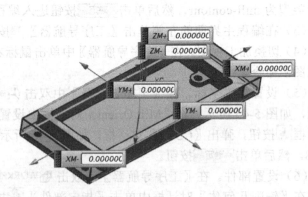

图 5-48 设置毛坯

（8）创建刀具。在〖加工创建〗对话框中单击〖创建刀具〗 [按钮]按钮，弹出〖创建刀具〗对话框，如图 5-49 所示。在〖创建刀具〗对话框中设置刀具名称为 D10，然后单击[确定]按钮，弹出〖刀具参数〗对话框，如图 5-50 所示。接着设置直径为 10，底圆角半径为 0，然后单击[确定]按钮。

图 5-49　〖创建刀具〗对话框

图 5-50　〖刀具参数〗对话框

（9）继续创建刀具。参考上一步操作，创建 D4 的平底刀。

2．顶平面精加工

（1）创建工序。在〖加工创建〗工具条中单击〖创建工序〗 按钮，弹出〖创建工序〗
对话框，然后设置如图 5-51 所示的参数。

（2）选择加工平面。在〖创建工序〗对话框中单击 确定 按钮，弹出〖面铣〗对话框。
在〖平面铣〗对话框中单击〖指定面边界〗 按钮，弹出〖指定面几何体〗对话框，然后
选择如图 5-52 所示的一个平面，最后单击 确定 按钮。

图 5-51　创建工序

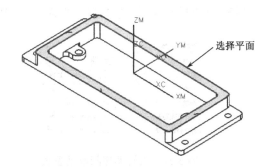

图 5-52　选择加工平面

（3）设置切削模式、步进和毛坯距离。设置切削模式为"往复"，平面直径百分比为
60，毛坯距离为 0.5，最终底面余量为 0，如图 5-53 所示。

（4）设置切削参数。在〖面铣〗对话框中单击〖切削参数〗 按钮，弹出〖切削参数〗

对话框，接着选择 策略 选项，然后设置切削方向为"顺铣"，壁清理为"在终点"，并勾选"延伸到部件轮廓"选项，如图5-54所示。

（5）设置余量。在〖切削参数〗对话框中选择 余量 选项，然后设置壁余量为0，最终底面余量为0，毛坯余量为5，如图5-55所示。

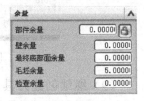

图5-53　设置切削模式、步进和毛坯距离　　图5-54　设置切削参数　　图5-55　设置余量

 编程工程师点评：

由于毛坯的表面尺寸大于工件的表面尺寸，所以，在此设置毛坯余量为5是保证平面加工时能完全地清除顶平面上的余量。

（6）设置非切削移动参数。在〖面铣〗对话框中单击〖非切削移动〗按钮，弹出〖非切削移动〗对话框，接着选择 进刀 选项，然后设置进刀类型为"螺旋线"，直径为50，斜角为2，高度为3，最小安全高度为1，最小倾斜长度为40，如图5-56所示。

（7）设置传递方式。在〖非切削移动〗对话框中选择 传递/快速 选项，然后设置区域内和区域之间的传递类型为"前一平面"，如图5-57所示。

图5-56　设置非切削移动参数　　　　图5-57　设置传递方式

（8）设置主轴转速和切削。在〖深度加工轮廓〗对话框中单击〖进给率和速度〗按钮，弹出〖进给率和速度〗对话框，然后设置主轴速度为2000，切削为1000。

（9）生成刀路。在〖面铣〗对话框中单击〖生成〗按钮，系统开始生成刀路，如图5-58所示。

3. 工件开粗

（1）创建工序。在〖插入〗工具条中单击〖创建工序〗 按钮，弹出〖创建工序〗对话框，然后设置如图 5-59 所示的参数。

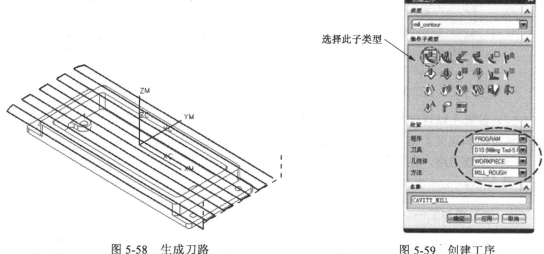

选择此子类型

图 5-58　生成刀路　　　　　　　　　　图 5-59　创建工序

（2）设置切削模式、步距和最大距离。在〖创建工序〗对话框中单击 确定 按钮，弹出〖型腔铣〗对话框。设置切削模式为"跟随周边"，平面直径百分比为 60，最大距离为 0.3，如图 5-60 所示。

（3）设置切削参数。在〖型腔铣〗对话框中单击〖切削参数〗 按钮，弹出〖切削参数〗对话框。选择 策略 选项，然后设置切削方向为"顺铣"，切削顺序为"深度优先"，图样方向为"向内"；勾选"岛清理"选项，并设置壁清理为"自动"，如图 5-61 所示。

（4）设置余量。在〖切削参数〗对话框中选择 余量 选项，然后去除"底部面和侧壁余量一致"选项的勾选，并设置部件侧面余量为 0.2，部件底面余量为 0.15，毛坯余量为 5，如图 5-62 所示。

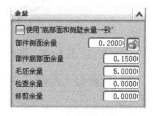

图 5-60　设置切削模式、步距　　　图 5-61　设置切削参数　　　图 5-62　设置余量
　　　　　和最大距离

（5）设置非切削移动参数。在〖型腔铣〗对话框中单击〖非切削移动〗 按钮，弹出〖非切削移动〗对话框，然后设置进刀类型为"螺旋线"，直径为 50，斜角为 2，高度为 3，最小安全距离为 1，最小倾斜长度为 40，如图 5-63 所示。

（6）设置传递方式。在〖非切削移动〗对话框中选择 传递/快速 选项，然后设置区域内和区域之间的传递类型为"前一平面"，如图5-64所示。

图5-63　设置非切削移动参数

图5-64　设置传递方式

（7）设置主轴转速和切削。在〖型腔铣〗对话框中单击〖进给率和速度〗按钮，弹出〖进给率和速度〗对话框，然后设置主轴速度为2500，切削为1500。

（8）生成刀路。在〖型腔铣〗对话框中单击〖生成〗按钮，系统开始生成刀路，如图5-65所示。

4．侧面精加工一

（1）创建工序。在〖插入〗工具条中单击〖创建工序〗按钮，弹出〖创建工序〗对话框，然后设置如图5-66所示的参数。

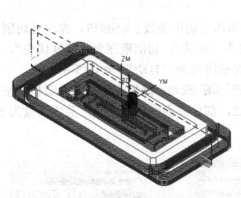

图5-65　生成刀路

图5-66　创建工序

（2）设置最大距离。在〖创建工序〗对话框中单击 确定 按钮，弹出〖型腔铣〗对话框。设置最大距离为10，如图5-67所示。

（3）设置切削层。在〖深度加工轮廓〗对话框中单击〖切削层〗按钮，弹出〖切削层〗对话框。首先选择最底层，然后选择如图5-68所示的点，最后单击 确定(0) 按钮。

（4）设置余量。在〖切削参数〗对话框中选择 余量 选项，然后去除"底部面和侧壁余量一致"选项的勾选，并设置部件侧面余量为0，部件底面余量为0，如图5-69所示。

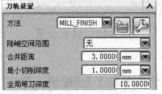

图5-67　设置最大距离

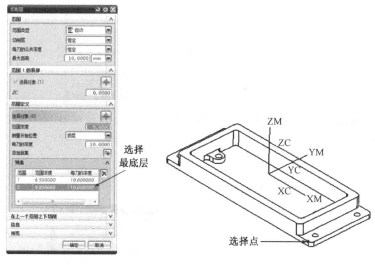

图 5-68　设置切削层

（5）设置传递方式。在〖深度加工轮廓〗对话框中单击〖非切削移动〗 按钮，弹出〖非切削移动〗对话框。选择 传递/快速 选项，然后设置区域内和区域之间的传递类型为"前一平面"，如图 5-70 所示。

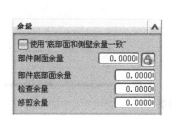

图 5-69　设置余量

图 5-70　设置传递方式

（6）设置主轴转速和切削。在〖深度加工轮廓〗对话框中单击〖进给率和速度〗 按钮，弹出〖进给率和速度〗对话框，然后设置主轴速度为 2500，切削为 700。

（7）生成刀路。在〖深度加工轮廓〗对话框中单击〖生成〗 按钮，系统开始生成刀路，如图 5-71 所示。

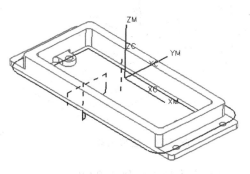

图 5-71　生成刀路

5．侧面精加工二

（1）复制刀路，如图 5-72 所示。

（2）重新设置切削层。在〖工序导航器〗中单击 ZLEVEL_PROFILE 图标，弹出〖深度加工轮廓〗对话框。在〖深度加工轮廓〗对话框中单击〖切削层〗 按钮，弹出〖切削层〗对话框，然后选择如图 5-73 所示的点，最后单击 确定 按钮。

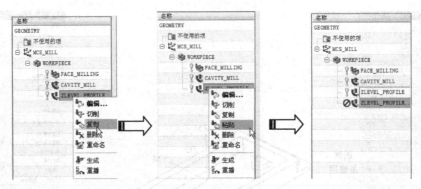

图 5-72　复制刀路

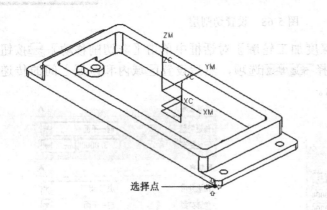

图 5-73　重新设置切削层

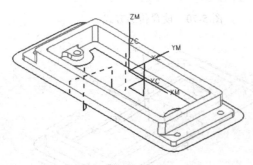

图 5-74　生成刀路

（3）修改最大距离为 0.08。

（3）生成刀路。在《深度加工轮廓》对话框中单击《生成》按钮，系统开始生成刀路，如图 5-74 所示。

6. 等高清角加工

（1）复制刀路，如图 5-75 所示。

（2）修改刀具。在《工序导航器》中单击 ZLEVEL_PROFILE_CO 图标，弹出《深度加工轮廓》对话框，然后修改刀具为 D4，如图 5-76 所示。

（4）重新设置切削层。在《深度加工轮廓》对话框中单击《切削层》按钮，弹出《切削层》对话框。单击《自动生成》按钮，弹出《警告》对话框并单击 确定 按钮两次。

（5）设置切削参数。在《深度加工轮廓》对话框中单击《切削参数》按钮，弹出《切削参数》对话框。选择 策略 选项，然后设置切削方向为"混合"，切削顺序为"深度优先"。

（6）设置余量。在〖切削参数对话〗框中选择 余量 选项，然后设置部件侧面余量为 0.02，部件底面余量为 0。

图 5-75　复制刀路

（7）设置参考刀具。在〖切削参数〗对话框中选择 空间范围 选项，然后通过单击〖新建〗按钮创建刀具名称为 D12 的刀具直径为 12，底圆角半径为 0，如图 5-77 所示。

图 5-76　修改刀具

图 5-77　设置参数刀具

（8）设置传递方式。在〖深度加工轮廓〗对话框中单击〖非切削移动〗按钮，弹出〖非切削移动〗对话框。选择 传递/快速 选项，然后设置区域内和区域之间的传递类型为"前一平面"，如图 5-78 所示。

（9）设置主轴转速和切削。在〖深度加工轮廓〗对话框中单击〖进给率和速度〗按钮，弹出〖进给率和速度〗对话框，然后设置主轴速度为 4000，切削为 500。

（10）生成刀路。在〖深度加工轮廓〗对话框中单击〖生成〗按钮，系统开始生成刀路，如图 5-79 所示。

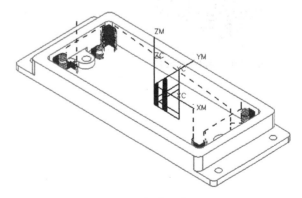

图 5-78　设置传递方式

图 5-79　生成刀路

5.4 工程师经验点评

学习完本章后，读者应重点掌握以下的知识。

（1）本章主要介绍等高轮廓铣的操作方法及应用。

（2）学会运用等高轮廓铣加工的加工工件和模具。

（3）*根据不同的形状特点，设置合理高效的参数。

（4）学会划分陡峭区域与非陡峭区域，合理设置陡峭加工角度。

（5）*学会等高清角加工的方法和技巧。

（6）*等高清角加工时，避免产生过切现象。

5.5 练习题

5-1 打开光盘中的〖Lianxi\Ch05\banb.prt〗文件，如图 5-80 所示，使用〖深度加工轮廓〗功能对工件中的陡峭区域进行半精加工和精加工，加工前需详细分析工件的结构，确定使用哪些刀具加工最合理。

5-2 打开光盘中的〖Lianxi\Ch05\dtd.prt〗文件，如图 5-81 所示，使用〖深度加工轮廓〗功能对工件中的陡峭区域进行半精加工和精加工，加工前应该考虑使用哪些刀具加工最合理。

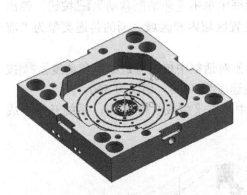

图 5-80　banb.prt 文件

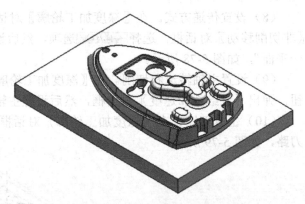

图 5-81　dtd.prt 文件

轮廓区域铣加工

轮廓区域铣主要应用于平缓区域的半精加工和精加工，包括区域铣削驱动、边界驱动、清根驱动和文本驱动四种驱动方法，其加工的特点是沿着曲面的轮廓进行加工，即非层加工。

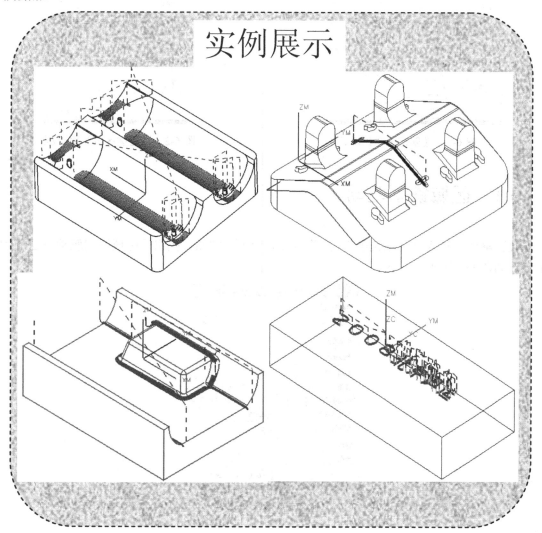

实例展示

在〖加工创建〗工具条中单击〖创建工序〗 按钮，弹出〖创建工序〗对话框，然后选择类型为 mill-contour，操作子类型为"轮廓区域（CONTOUR-AREA）"，如图 6-1 所示。在〖创建工序〗对话框中单击 确定 按钮，弹出〖轮廓区域〗对话框，如图 6-2 所示。

图 6-1 〖创建工序〗对话框

图 6-2 〖轮廓区域〗对话框

6.1 区域铣削驱动

设置驱动方法为"区域铣削"，并单击〖编辑〗 按钮，弹出〖区域铣削驱动方法〗对话框，如图 6-3 所示。

图 6-3 〖区域铣削驱动方法〗对话框

6.1.1 学习目标与课时安排

 学习目标及学习内容

（1）掌握区域铣削的参数设置。
（2）掌握区域铣削加工主要使用哪些刀具。
（3）掌握工件哪些部件需要使用区域铣削的加工方式。
（4）学会设置检查体，避免过切现象。
（5）实际加工中会遇到哪些问题，应注意哪些问题。

 学习课时安排（共 2 课时）

（1）实例操作演示及功能讲解——1 课时。
（2）活学活用、其他实例讲解及实际加工应该注意的问题——1 课时。

6.1.2 功能解释与应用

下面详细讲述〖区域铣削驱动方法〗对话框和切削参数中一些重要的功能命令，其中在前面已经介绍过的功能将不再作介绍。

（1）〖方法〗：主要用于设置加工的区域角度，包括无、非陡峭和定向陡峭三种方式。

①〖无〗：不设置加工区域的角度，对选中的所有非直壁曲面进行区域铣削，如图 6-4 所示。

②〖非陡峭〗：只对非陡峭角度以内的区域进行区域铣削，如图 6-5 所示。

③〖定向陡峭〗：只对陡峭角度以内的区域进行区域铣削，如图 6-6 所示。

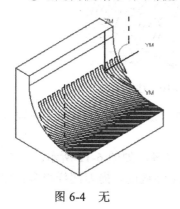

图 6-4　无

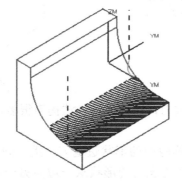

图 6-5　非陡峭

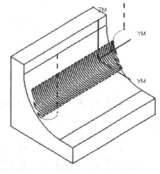

图 6-6　定向陡峭

（2）〖图样〗：主要用于设置区域铣削的模式，包括跟随周边、轮廓加工、平行线、径向线和同心圆弧 5 种方式，其中使用最多的是平行线和径向线这两种方式，平行线和径向线的解释如下。

①〖平行线〗：区域铣削产生的刀轨是平行的，如图 6-7 所示。

②〖径向线〗：区域铣削产生的刀轨是放射状的，如图 6-8 所示。

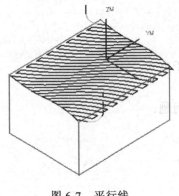

图 6-7 平行线

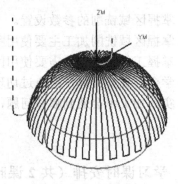

图 6-8 径向线

（3）〖切削模式〗：主要用于设置刀具的走刀方向，包括往复、往复上升、单向、单向带轮廓铣和单向步距铣 5 种方式，其中使用最多的方式是往复。

①〖往复〗：刀具加工时双向加工，特点是加工效率高，如图 6-9 所示。

②〖往复上升〗：刀具双向加工，但会沿着轨迹退刀一段距离再重新进刀，如图 6-10 所示。

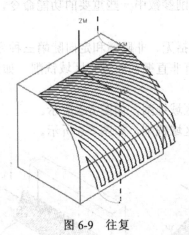

图 6-9 往复

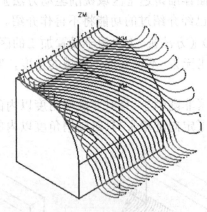

图 6-10 往复上升

③〖单向〗：刀具作单向进刀，这种加工方法提刀很多，加工效率慢，实际加工中很少使用，如图 6-11 所示。

④〖单向带轮廓铣〗：根据轮廓的形状进退刀，提刀同样很多，如图 6-12 所示。

⑤〖单向步距铣〗：根据加工表面的形状从一边向另一边逐步铣削，提刀同样很多，如图 6-13 所示。

（4）〖步距〗：用于设置两刀轨的距离，包括恒定、残余高度、刀具直径、可变和使用切削深度 5 种方式，其中最常用的方式是"恒定"。

（5）〖步距已应用〗：用于设置刀路的投影方式，包括在平面上和在部件上两种方式。

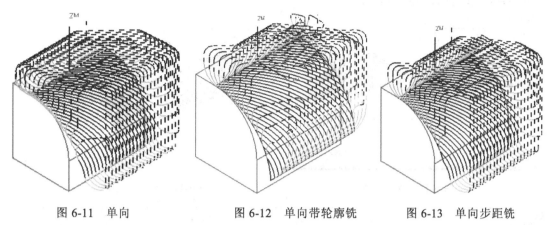

图 6-11　单向　　　　　图 6-12　单向带轮廓铣　　　　图 6-13　单向步距铣

①〖在平面上〗：刀路只投影到非直壁的曲面上，如图 6-14 所示。

②〖在部件上〗：刀路投影到包括直壁面的所有曲面，如图 6-15 所示。

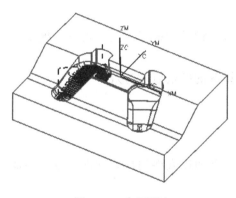
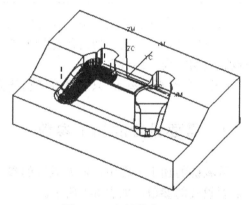

图 6-14　在平面上　　　　　　　　　　　　图 6-15　在部件上

（6）〖切削角〗：用于设置刀轨的角度，包括自动、指定和最长的边三种方式，在实际加工中多使用指定的方式来设置加工角度。

 编程工程师点评

切削角的设置原则应尽量使每一行的刀轨路径最短。

（7）〖切削参数〗：用于设置区域铣削的切削参数。在〖轮廓区域〗对话框中单击〖切削参数〗　按钮，弹出〖切削参数〗对话框，如图 6-16 所示。

①〖策略〗选项：用于设置切削方向和延伸刀轨等参数。

●〖在凸角上延伸〗：设置刀具经过尖角处的过渡方式。不选择该选项时，刀具以圆弧过渡；选择该选项时，刀具以直线过渡。

●〖在边上延伸〗：设置刀轨的延伸量，如图 6-17 所示。

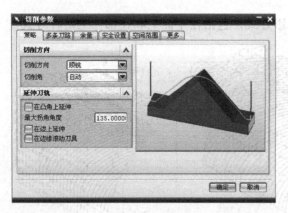

图 6-16　切削参数

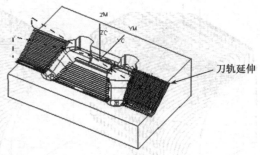

图 6-17　在边上延伸

编程工程师点评

　　刀轨的延伸量不能过大，一般为 0.5mm 左右，否则造成空刀多，浪费时间。

　　②〖安全设置〗选项：用于设置安全距离。

　　●〖过切时〗：设置过切时的保护方式，包括警告、跳过和退刀，加工较复杂模型时，应设置过切时为"跳过"。

　　●〖安全检查距离〗：只有选择了检查几何体，设置的参数值才有效。

6.1.3　需要设置的加工参数

　　区域铣削加工过程中，需要设置的参数比较多，下面以表格的形式列出区域铣削加工所需要设置的参数，如表 6-1 所示。

表 6-1　区域铣削加工需要设置的参数

序号	参数名称	是否一定需要设置	序号	参数名称	是否一定需要设置
1	几何体	否	7	刀具	是
2	指定部件	是	8	刀轴	否
3	指定检查	否	9	方法	是
4	指定切削区域	是	10	切削参数	是
5	指定修剪边界	否	11	非切削移动	否
6	驱动方法	是	12	进给率和切削	是

6.1.4　操作演示

　　下面以套筒前模的加工为操作演示，详细讲述区域铣削驱动的创建方法和技巧。模具已经加工了一部分，接下来的工作就是要对圆弧面进行半精加工和精加工

1. 圆弧面半精加工

（1）打开光盘中的〖Example\Ch06\taotong.prt〗文件，如图 6-18 所示。

（2）创建程序组。在〖插入〗工具条中单击〖创建程序〗  按钮，弹出〖创建程序〗对话框，然后设置名称为 02AX7，如图 6-19 所示，最后单击按钮 确定 两次。

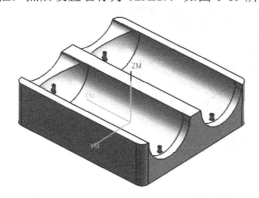

图 6-18　taotong.prt 文件

图 6-19　创建程序组

（3）创建工序。在〖加工创建〗工具条中单击〖创建工序〗 按钮，弹出〖创建工序〗对话框，然后设置如图 6-20 所示的参数。

（4）选择加工面。在〖创建工序〗对话框中单击 确定 按钮，弹出〖轮廓区域〗对话框。在〖轮廓区域〗对话框中单击〖指定切削区域〗 按钮，弹出〖切削区域〗对话框，然后选择如图 6-21 所示的 16 个曲面，最后单击 确定 按钮。

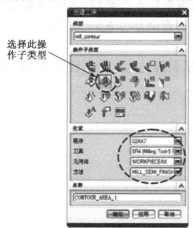

图 6-20　创建工序

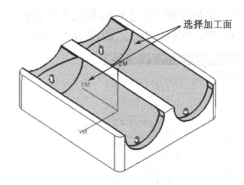

图 6-21　选择加工面

 编程工程师点评

选择加工面时，首先应使用〖几何属性〗功能对相关的面进行分析，确定哪些面是平面，哪些面是曲面。如果是大的平面，则不应该使用球刀进行加工，而应使用平底刀或飞刀进行平面加工。

（5）指定检查。在〖轮廓区域〗对话框单击〖指定检查〗按钮，弹出〖检查几何体〗对话框，接着设置过滤方法为"面"，然后选择如图6-22所示的四个小圆柱的侧面，最后单击 确定 按钮。

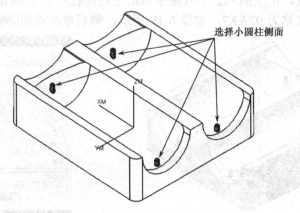

选择小圆柱侧面

图 6-22　指定检查

（6）设置驱动方法为"区域铣削"。

（7）设置区域铣削参数。单击〖编辑〗按钮，弹出〖区域铣削驱动方法〗对话框，然后设置方法为"非陡峭"，陡角为20，切削模式为"往复"，切削方向为"顺铣"，步距为"恒定"，距离为0.25，步距已应用为"在平面上"，切削角为"指定"，与XC的夹角为80，如图6-23所示。

（8）设置余量。在〖轮廓区域〗对话框中单击〖切削参数〗按钮，弹出〖切削参数〗对话框。选择 余量 选项，然后设置部件余量为0.15，检查余量为0.5，边界余量为0，如图6-24所示。

（9）安全设置。在〖切削参数〗对话框中单击选择 安全设置 选项，然后设置过切时为"跳过"，检查安全距离为3，如图6-25所示。

图 6-23　设置区域铣削参数

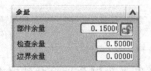

图 6-24　设置余量

图 6-25　安全设置

（10）设置主轴转速和切削。在〖轮廓区域〗对话框中单击〖进给率和速度〗按钮，弹出〖进给率和速度〗对话框，然后勾选"主轴速度"选项，并设置主轴速度为 2800，切削为 1500，如图 6-26 所示。

（11）生成刀路。在〖轮廓区域〗对话框中单击〖生成〗 ![icon]按钮，系统开始生成刀路，如图 6-27 所示。

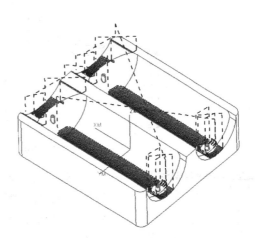

图 6-26　设置主轴转速和切削　　　　　图 6-27　生成刀路

2．圆弧面精加工

（1）创建程序组。在〖插入〗工具条中单击〖创建程序〗 ![icon]按钮，弹出〖创建程序〗对话框，然后设置名称为 02AX8，如图 6-28 所示，最后单击按钮 [确定] 两次。

图 6-28　创建程序组

（2）复制刀路，如图 6-29 所示。

（3）修改方法。在〖工序导航器〗中双击 ![icon]CONTOUR_AREA_COPY 图标，弹出〖轮廓区域〗对话框，然后修改方法为 MILL-FINISH。

（4）修改驱动参数。在〖轮廓区域〗对话框中单击〖编辑〗 ![icon]按钮，弹出〖区域铣削驱动方法〗对话框，然后修改方法为"无"，距离为 0.18，其他参数不变，如图 6-30 所示。

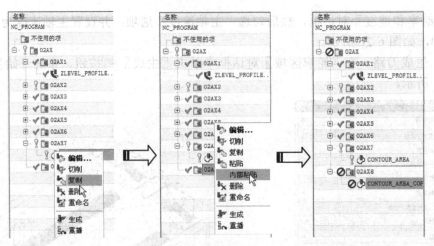

图 6-29　复制刀路

图 6-30　修改驱动参数

（5）修改余量。在『轮廓区域』对话框中单击『切削参数』按钮，弹出『切削参数』对话框。选择 余量 选项，然后设置部件余量为 0，检查余量为 0.5，边界余量为 0，如图 6-31 所示。

（6）设置主轴转速和切削。在『轮廓区域』对话框中单击『进给率和速度』按钮，弹出『进给率和速度』对话框，然后修改主轴速度为 3500，切削为 1200。

（7）生成刀路。在『轮廓区域』对话框中单击『生成』按钮，系统开始生成刀路，如图 6-32 所示。

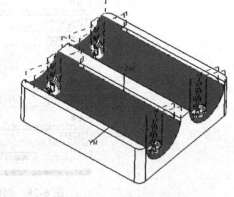

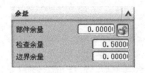

图 6-31　设置余量

图 6-32　生成刀路

6.1.5　活学活用

　　加工工件中由多个曲面组成的狭窄区域时，应使用区域铣削驱动方法并结合修剪边界进行半精加工和精加工，如图 6-33 所示。

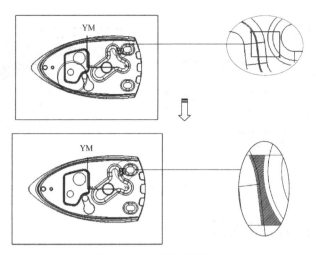

图 6-33　区域铣削驱动

另外，有时平面加工会在由曲面组成的转角处留下余量，这样也需要使用区域铣削驱动方法并结合修剪边界进行精加工，如图 6-34 所示。

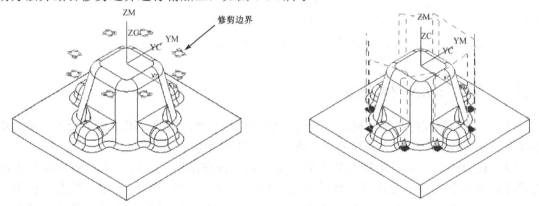

图 6-34　区域铣削驱动

6.1.6　实际加工中应注意的问题

使用区域铣削进行加工加工时，应注意以下几点问题。

（1）区域铣削加工时多使用球刀，并尽量使用直径大的球刀。

（2）区域铣削时，应根据工件的具体情况设置检查体，避免造成过切。

（3）设置修剪边界应足够大，避免产生撞刀现象。

6.2　边界驱动

边界驱动是根据选择的边界、曲线和边、曲面和点确定加工区域，主要用于流道的加工，如图 6-35 所示。

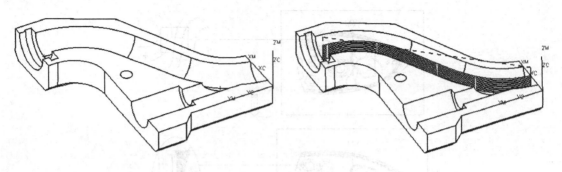

图 6-35   流道加工

6.2.1   学习目标与课时安排

 学习目标及学习内容

（1）掌握边界驱动的参数设置。

（2）掌握工件哪些部件需要使用边界驱动的加工方式。

（3）实际加工中会遇到哪些问题，应注意哪些问题。

 学习方法及材料准备

（1）准备粉笔或棒状体一根，大吸管一根并剖开一半，教师上课时可用粉笔或棒状体在吸管腔里作边界驱动加工路径演示，增加学生的理解能力。

（2）教师讲课时，可先将本节中的"基本功的操作演示"演练一次，然后根据生成的刀路详细讲解加工中刀具从工件的哪个部位开始进刀，哪个部位退刀、提刀、横越、进、退刀方式如何等，最后通过修改相关的参数并重新生成刀路，看看刀路产生了怎样的变化。

 学习课时安排（共 2 课时）

（1）实例操作演示及功能讲解——1 课时。

（2）活学活用、其他实例讲解及实际加工应该注意的问题——1 课时。

6.2.2   功能解释与应用

设置驱动方法为"边界"，弹出〖驱动方法〗对话框，单击 确定 ⑩ 按钮，弹出〖区域铣削驱动方法〗对话框，如图 6-36 所示。

下面详细讲述〖边界驱动方法〗对话框和切削参数中一些重要的功能命令，其中在前面已经介绍过的功能将不再作介绍。

（1）〖指定驱动几何体〗：用于设置驱动几何体。单击〖指定驱动几何体〗按钮，弹出〖边界几何体〗对话框，如图6-37所示。

〖模式〗：用于设置几何体的模式，包括边界、曲线/边、面和点四种模式，其中最常使用的模式是"曲线/边"。

〖曲线/边〗：选择曲线或边作为驱动的几何体，刀轨的路径完全由该曲线或边控制。设置模式为"曲线/边"时，弹出〖创建边界〗对话框，如图6-38所示。

①〖类型〗：包括封闭的和开放的两种类型，选择曲线/边时多设置为"开放的"。

图6-36　〖边界驱动方法〗对话框

图6-37　〖边界几何体〗对话框

图6-38　〖创建边界〗对话框

②〖平面〗：用于设置刀轨从哪个平面开始进刀，包括自动和用户定义。实际加工中多通过用户定义的方式确定平面，设置平面为"用户定义"，弹出〖平面〗对话框，如图6-39所示，然后选择加工的顶平面即可。

（2）〖偏置〗：设置边界的偏置值。

（3）〖图样〗：用于设置切削模式，包括跟随周边、轮廓加工、平行线、径向线同心圆弧和标准驱动，加工流道时最主要使用"轮廓加工"。

（4）〖切削参数〗：用于设置边界驱动的切削参数。在〖轮廓区域〗对话框中单击〖切削参数〗▣按钮，弹出〖切削参数〗对话框，如图 6-41 所示。

图 6-39 〖平面〗对话框

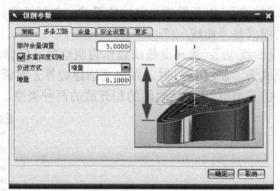

图 6-41 〖切削参数〗对话框

〖多条刀路〗：用于设置部件余量偏置和增量等。

①〖部件余量偏置〗：根据流道的深度设置偏置值，其值应和流道深度相同或稍大。

②〖多重切削深度〗：设置多层的刀轨。

〖步进方法〗：包括增量和刀路两种方式，设置步进方法为"增量"时，即设置吃刀量；设置步进方法为"刀路"，即设置刀路的层数。

6.2.3　操作演示

下面以模具型芯中流道的加工为操作演示，详细讲述边界驱动的创建方法和技巧。

1．流道加工前的准备工作一

（1）打开光盘中的〖Example\Ch06\moxin.prt〗文件，如图 6-42 所示。

（2）进入建模界面。在键盘上按 Ctrl+M 组合键进入建模界面。

（3）创建直线。使用〖插入〗/〖曲线〗/〖直线〗命令创建如图 6-43 所示的直线，直线的两个端点在流道两端圆弧的圆点上。

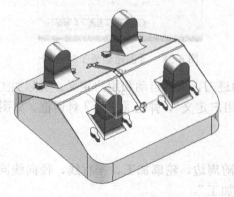

图 6-42　moxin.prt 文件

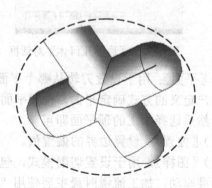

图 6-43　创建直线

（4）拉伸曲面。在〖特征〗工具条中单击〖拉伸〗 按钮，弹出〖拉伸〗对话框，接着选择上一步创建的曲线，接着单击 指定矢量(1)，并选择如图 6-44 所示的边作为矢量方向，然后设置如图 6-44 所示的参数。

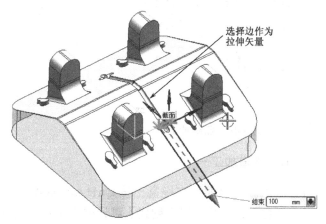

图 6-44　拉伸曲面

（5）偏置曲面。在〖曲面〗工具条中单击〖偏置曲面〗 按钮，弹出〖偏置曲面〗对话框。设置偏置 1 为 3，接着选择上一步创建的曲面，然后单击〖反向〗 按钮使往下偏置，最后单击 确定 按钮，如图 6-45 所示。

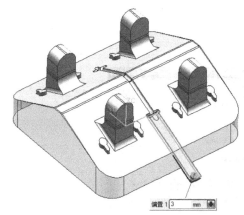

图 6-45　偏置曲面

（6）隐藏上面的曲面，保留下面的曲面，如图 6-46 所示。

（7）延伸曲面。在〖曲面〗工具条中单击〖修剪和延伸〗 按钮，弹出〖修剪和延伸〗对话框。设置类型为"按距离"，距离为 10，然后选择如图 6-47 所示的两个边，最后单击 确定 按钮。

编程工程师点评

如果不延伸曲面，则后面产生的刀路会不完整。

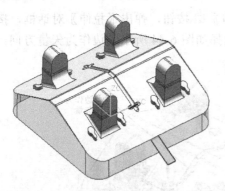

图 6-46　隐藏曲面

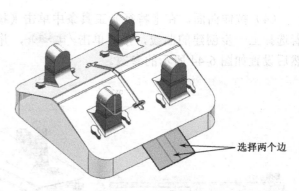

选择两个边

图 6-47　延伸曲面

2．加工流道加工一

（1）进入编程界面。在键盘上按 **Ctrl+Alt+M** 组合键进入编程界面。

（2）创建刀具。在〖加工创建〗对话框中单击〖创建刀具〗 按钮，弹出〖创建刀具〗对话框，如图 6-48 所示。在〖创建刀具〗对话框中设置刀具名称为 R3，然后单击 确定 按钮，弹出〖铣刀—5 参数〗对话框，如图 6-49 所示。接着设置直径为 6，底圆角半径为 3，然后单击 确定 按钮。

图 6-48　〖创建刀具〗对话框

图 6-49　〖铣刀—5 参数〗对话框

编程工程师点评

　　流道加工时，使用的球刀半径应与流道的半径相等。

（3）创建工序。在〖加工创建〗工具条中单击〖创建工序〗按钮，弹出〖创建工序〗对话框，然后设置如图 6-50 所示的参数。

图 6-50　创建工序

> **编程工程师点评**
>
> 　　几何体不能设置为 WORKPIECE，否则下面的操作中不能再指定曲面作为部件了。

（4）指定部件。在〖创建工序〗对话框中单击 确定 按钮，弹出〖轮廓区域〗对话框。在〖轮廓区域〗对话框单击〖指定部件〗按钮，弹出〖部件几何体〗对话框，首先在〖选择〗工具栏中设置类型为"面"，然后选择如图 6-51 所示的曲面，最后单击 确定 按钮。

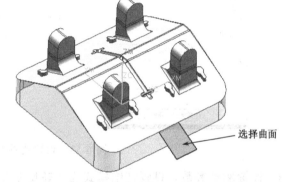

选择曲面

图 6-51　选择加工面

> **编程工程师点评**
>
> 　　以经过流道最底处且相切的平面作为部件，可以限制刀具只能加工到流道的最底部。

（5）设置驱动方法。设置驱动方法为"边界"，弹出〖驱动方法〗对话框，然后单击 确定(O) 按钮，弹出〖边界驱动方法〗对话框。

（6）设置驱动几何体。在〖边界驱动方法〗对话框中单击〖边界驱动方法〗按钮，弹出〖边界几何体〗对话框，接着设置模式为"曲线/边"，弹出〖创建边界〗对话框，如图 6-52 所示。

（7）设置边界参数。在〖创建边界〗对话框中设置类型"开放的"，平面为"自动"，刀具位置为"对中"，然后选择如图 6-53 所示直线为边界，最后单击按钮 确定 两次。

> **编程工程师点评**
>
> 　　选择流道最顶且中心位置上的直线作为边界，可以保证产生刀具的轨迹在该直线的垂直下方，且产生的轨迹形状完全由该直线控制。

图 6-52　设置驱动几何体

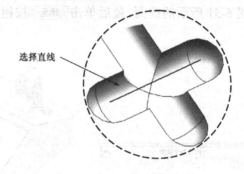

选择直线

图 6-53　设置边界参数

（8）设置驱动参数。设置切削模式为"轮廓加工"，其他参数不变，如图 6-54 所示。

 编程工程师点评

　　设置切削模式为"轮廓加工"的目的是使其产生单层刀轨。

（9）设置切削参数。在〖轮廓区域〗对话框中单击〖切削参数〗 按钮，弹出〖切削参数〗对话框。选择 多刀路 选项，然后设置部件余量偏置为 3，勾选"多重深度切削"选项，并设置步进方法为"增量"，增量为 0.08，如图 6-55 所示。

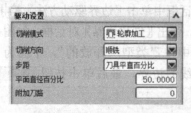

图 6-54　设置驱动参数

图 6-55　设置切削参数

（10）设置余量。在〖切削参数〗对话框中选择 余量 选项，然后设置部件余量为 0，检查余量为 0，如图 6-56 所示。

编程工程师点评

　　部件余量的偏置值应大于或等于流道的深度，若过大则会产生过多空刀，若小于流道深度，则刀具会直接踩进较深的材料里，容易造成断刀。

　　（11）设置非切削移动。在〖轮廓区域〗对话框中单击〖非切削移动〗按钮，弹出〖非切削移动〗对话框，接着选择 进刀 选项，然后设置进刀类型为"无"，如图 6-57 所示。

　　（12）设置主轴转速和切削。在〖轮廓区域〗对话框中单击〖进给率和速度〗按钮，弹出〖进给率和速度〗 对话框，然后设置主轴速度为 2800，切削为 1500。

图 6-56　设置余量

图 6-57　设置非切削移动

　　（13）生成刀路。在〖轮廓区域〗对话框中单击〖生成〗按钮，系统开始生成刀路，如图 6-58 所示。

3．流道加工二

　　镜像刀具路径。在〖工序导航器〗中选择创建的刀路并单击鼠标右键，接着在弹出的〖右键〗菜单中选择〖对象〗/〖变换〗命令，弹出〖变换〗对话框。设置类型为"通过一平面镜像"，并勾选"复制"选项，然后指定"XC-ZC 平面"为镜像平面，最后单击 确定 按钮，如图 6-59 所示。

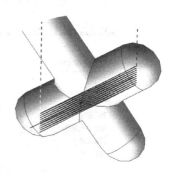

图 6-58　生成刀路

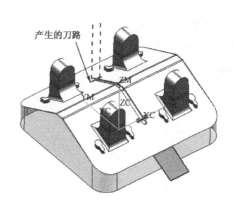

图 6-59　镜像刀具路径

4．流道加工前的准备工作二

　　（1）进入建模界面。在键盘上按 Ctrl+M 组合键进入建模界面。

（2）桥接曲线。使用〖桥接〗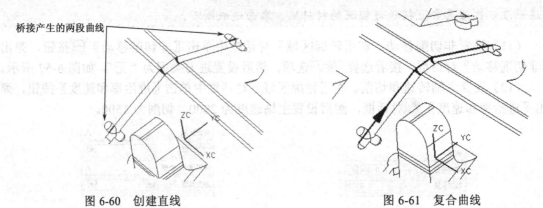命令创建如图 6-60 所示的两段直线。

（3）复合曲线。使用〖插入〗/〖关联复制〗/〖复合曲线〗命令复制如图 6-61 所示的曲线。

桥接产生的两段曲线

图 6-60　创建直线

图 6-61　复合曲线

（4）连结曲线。使用〖连结曲线〗命令连结上一步创建的复合曲线，如图 6-62 所示。

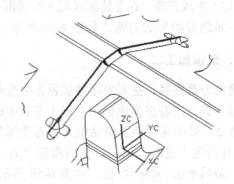

图 6-62　连结曲线

（5）移动曲线。使用〖编辑〗/〖移动对象〗命令，使上一步创建的连结曲线沿 *XC* 轴正方向偏移 3，如图 6-63 所示。

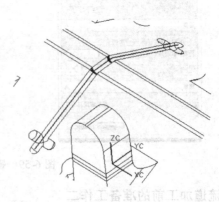

图 6-63　移动曲线

（6）拉伸曲面。选择上一步创建的曲线为拉伸对象，拉伸方向为 *XC* 轴正方向，然后设置长度为 130，如图 6-64 所示。

（7）偏置曲面。在〖曲面〗工具条中单击〖偏置曲面〗按钮，弹出〖偏置曲面〗对话框。设置偏置 1 为 3，然后选择上一步创建的创建的曲面，最后单击 确定 按钮，如图 6-65 所示。

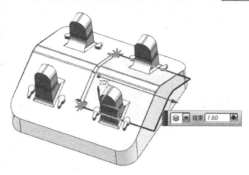

图 6-64　拉伸曲面

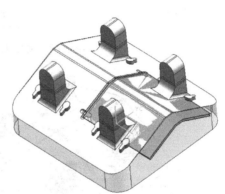

图 6-65　偏置曲面

（8）隐藏上面的曲面，保留下面的曲面，如图 6-66 所示。

（9）延伸曲面。在〖曲面〗工具条中单击〖修剪和延伸〗按钮，弹出〖修剪和延伸〗对话框。设置类型为"按距离"，距离为 10，然后选择如图 6-67 所示的两个边，最后单击 确定 按钮。

5．流道加工三

（1）进入编程界面。在键盘上按 Ctrl+Alt+M 组合键进入编程界面。

（2）复制刀路，如图 6-68 所示。

（3）重新选择部件。在〖工序导航器〗中双击 CONTOUR_AREA_COPY 图标，弹出〖轮廓区域〗对话框。在〖轮廓区域〗对话框中单击〖指定部件〗按钮，弹出〖部件几何体〗对话框，接着单击〖移除〗按钮，然后选择如图 6-69 所示的曲面，最后单击 确定 (O) 按钮。

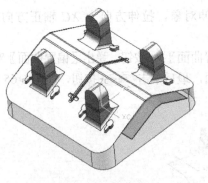

图 6-66　隐藏曲面

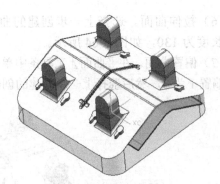

图 6-67　延伸曲面

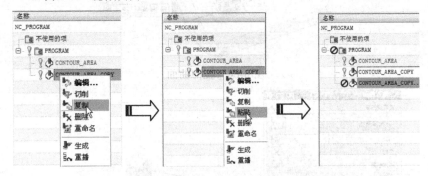

图 6-68　复制刀路

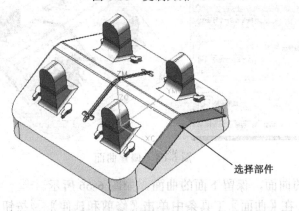

选择部件

图 6-69　重新选择部件

（4）设置驱动几何体。在〖轮廓区域〗对话框中单击〖编辑〗按钮，弹出〖边界驱动方法〗对话框。在〖边界驱动方法〗对话框中单击〖边界驱动方法〗按钮，弹出〖编辑边界〗对话框，接着单击 移除 按钮移除已有的边界，然后设置模式为"曲线/边"，弹出〖创建边界〗对话框，如图 6-70 所示。

（5）设置边界参数。在〖创建边界〗对话框中设置类型"开放的"，刀具位置为"对中"，然后选择如图 6-71 所示曲线为边界，最后单击 确定 按钮 4 次。

（6）生成刀路。在〖轮廓区域〗对话框中单击〖生成〗按钮，系统开始生成刀路，如图 6-72 所示。

图 6-70 设置驱动几何体

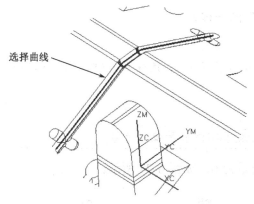

图 6-71 设置边界参数

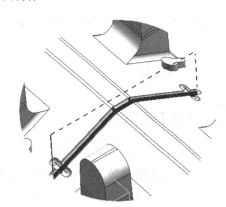

图 6-72 生成刀路

6.2.4 活学活用

加工流道时，为了提高加工效率和质量，可分开两个程序来完成加工，即粗加工和精加工，下面简要说明其操作方法。

1. 粗加工（其他参数设置和本节中的"操作演示"一样）

（1）在〖切削参数〗对话框中设置步进方法为"增量"，增量为 0.15，如图 6-73 所示。

（2）在〖切削参数〗对话框中设置部件余量为 0.1，如图 6-74 所示。

（3）生成刀路，如图 6-75 所示，可以看到刀具并没有加工到流道的最底部。

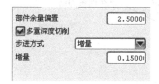

图 6-73 设置吃刀量

图 6-74 设置余量

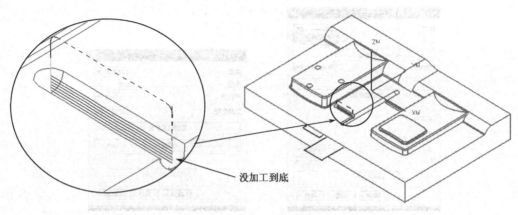

没加工到底

图 6-75　生成刀路

2. 精加工（其他参数设置和"操作演示"的一样）

（1）复制粗加工刀路。

（2）在〖切削参数〗对话框中修改部件余量偏置为 0.1，增量为 0.05，如图 6-76 所示。

 编程工程师点评

　　由于粗加工中设置的余量为 0.1，所以应设置部件余量偏置为 0.1。

（3）在〖切削参数〗对话框中设置部件余量为 0，如图 6-77 所示。

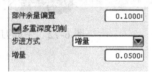

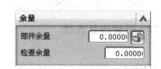

图 6-76　设置吃刀量　　　　　　　　图 6-77　设置余量

（4）生成刀路，如图 6-78 所示，可见只产生两条精加工刀路。

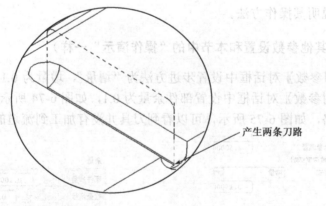

产生两条刀路

图 6-78　生成刀路

编程工程师点评

流道粗加工和精加工是使用同一把球刀。

6.2.5 实际加工中应注意的问题

使用边界驱动方法进行实际加工时，应注意以下几点问题：

（1）流道加工前，应该准确测量刀具的半径大小，确定使用的刀具与流道的半径一样。

（2）加工前应该认真检查刀路，尤其是进退刀问题，避免产生过切和损坏刀具。

（3）指定的驱动边界一定要在流道的中心上，否则也会造成过切。

6.3 清根驱动

清根驱动主要用于清除工件中凹圆角上的余量，清角时多使用小的球刀或小的平底刀，如图 6-79 所示。

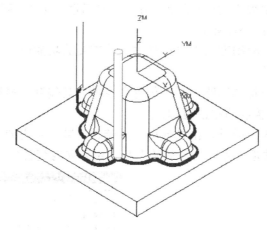

图 6-79 清根驱动

6.3.1 学习目标与课时安排

学习目标及学习内容

（1）掌握清根驱动的参数设置。

（2）掌握清根驱动主要使用哪些清角刀具。

（3）掌握工件哪些部件需要使用清根驱动的加工方式。

（4）实际加工中会遇到哪些问题，应注意哪些问题。

学习方法及材料准备

（1）在光盘中选择若干个需要清根的模型，然后打开已做好的刀路给学生看，清楚清根的刀路是怎样的。

（2）教师讲课时，可先将本节中的"基本功的操作演示"演练一次，然后根据生成的刀路详细讲解加工中刀具从工件的哪个部位开始进刀，哪个部位退刀、提刀、横越、进、退刀方式如何等，最后通过修改相关的参数并重新生成刀路，看看刀路产生了怎样的变化。

 学习课时安排（共2课时）

（1）实例操作演示及功能讲解——1课时。
（2）活学活用、其他实例讲解及实际加工应该注意的问题——1课时。

6.3.2 功能解释与应用

设置驱动方法为"清根"，弹出〖驱动方法〗对话框，单击 确定(0) 按钮，弹出〖清根驱动方法〗对话框，如图 6-80 所示。

下面详细讲述〖清根驱动方法〗对话框中一些重要的功能命令，其中，在前面已经介绍过的功能将不再作介绍。

（1）〖清根类型〗：包括单刀路、多个偏置和参考刀具偏置，多数设置清根类型为"参考刀具偏置"，这样易于控制清根的范围。

（2）〖顺序〗：包括由内向外、由外向内、后陡、先陡、由内向外交替和由外向内交替6种顺序，其中最常用的是"先陡"、"后陡"和"由外向内交替"。

图 6-80 〖清根驱动方法〗对话框

（3）〖参考刀具直径〗：根据清根圆角的直径大小来确定参考刀具的直径大小，参考刀具直径应比圆角直径稍大。如需要清根的圆角半径为 3，则可设置参考刀具为 7 或 8 等。

6.3.3　操作演示

下面以保龄球后模中底部凹圆角处的清根加工为操作演示，详细讲述清根驱动的创建方法和技巧。

（1）打开光盘中的〖Example\Ch06\blqhm.prt〗文件，如图 6-81 所示。

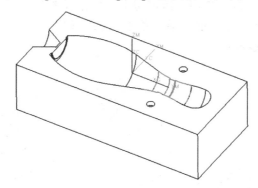

图 6-81　blqhm.prt 文件

（2）创建刀具。在〖加工创建〗对话框中单击〖创建刀具〗 按钮，弹出〖创建刀具〗对话框，如图 6-82 所示。在〖创建刀具〗对话框中设置刀具名称为 R2，然后单击 确定 按钮，弹出〖铣刀—5 参数〗对话框，如图 6-83 所示。接着设置直径为 4，底圆角半径为 2，然后单击 确定 按钮。

图 6-82　〖创建刀具〗对话框

图 6-83　〖铣刀—5 参数〗对话框

编程工程师点评

　　清根加工前，首先需要对清根的圆角进行分析，确定圆角的大小，然后确定使用的清根刀具。

　　（3）创建工序。在〖加工创建〗工具条中单击〖创建工序〗 按钮，弹出〖创建工序〗对话框，然后设置如图 6-84 所示的参数。

　　（4）指定切削区域。在〖创建工序〗对话框中单击 确定 按钮，弹出〖轮廓区域〗对话框。在〖轮廓区域〗对话框中单击〖指定切削区域〗 按钮，弹出〖切削区域〗对话框，然后选择如图 6-85 所示的 7 个曲面，最后单击 确定 按钮。

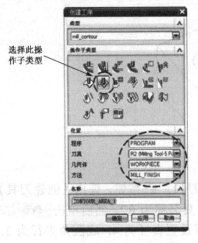

图 6-84　创建工序

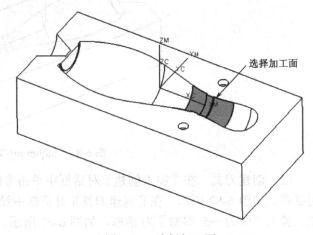

图 6-85　选择加工面

 编程工程师点评

　　选择的加工面必须是与清根圆角面相连接的曲面。

　　（5）设置驱动方法。设置驱动方法为"清根"，弹出〖驱动方法〗对话框，单击 确定(O) 按钮，弹出〖清根驱动方法〗对话框，然后设置清根类型为"参考刀具偏置"，切削模式为"往复"，步距为 0.08，顺序为"由外向内交替"，参考刀具直径为 9，其他参数按照默认进行设置，如图 6-86 所示。

 编程工程师点评

　　参考刀具直径的设置必须大于清根的圆角直径，否则无法产生刀路。

　　（6）设置余量。在〖轮廓区域〗对话框中单击〖切削参数〗 按钮，弹出〖切削参数〗对话框。选择 余量 选项，然后设置部件余量为 0.02，如图 6-87 所示。

图 6-86 设置驱动方法

图 6-87 设置切削参数

 编程工程师点评

粗清根加工时，应留 0.02mm 的余量待抛光师傅进行打磨精加工。

（7）设置主轴转速和切削。在〖轮廓区域〗对话框中单击〖进给率和速度〗按钮，弹出〖进给率和速度〗对话框，然后勾选"主轴速度"选项，并设置主轴速度为 4000，切削为 1000，如图 6-88 所示。

（8）生成刀路。在〖轮廓区域〗对话框中单击〖生成〗按钮，系统开始生成刀路，如图 6-89 所示。

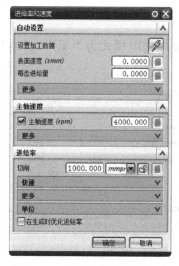

图 6-88 设置主轴转速和切削

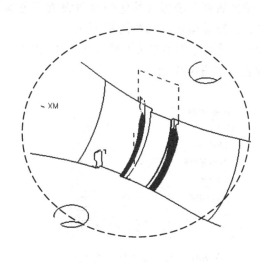

图 6-89 生成刀路

6.3.4 活学活用

加工由陡峭圆角和平缓圆角组成的工件时，为了避免刀杆碰到侧壁，应先对陡峭的圆角区域进行清根，后对平缓的圆角区域进行清根，如图 6-90 所示。

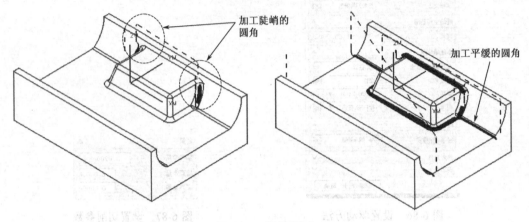

加工陡峭的圆角

加工平缓的圆角

图 6-90　清根驱动

下面简要介绍由陡峭圆角和平缓圆角的清根方法。

陡峭区域圆角清根（其他的参数设置参考操作演示）

在〖清根驱动方法〗对话框中设置陡度为 50，非陡峭切削模式为"无"，其他参数按正常设置，如图 6-91 所示。

 编程工程师点评

陡峭角度应根据工件的实情情况来设定，而不是一成不变的。

平缓区域圆角清根（其他的参数设置参考操作演示）

（1）复制陡峭区域圆角清根刀路。

（2）在〖清根驱动方法〗对话框中设置陡度为 50，陡峭切削模式为"无"，其他参数按正常设置，如图 6-92 所示。

图 6-91　设置加工区域角度

图 6-92　设置加工区域角度

编程工程师点评

　　为了使陡峭区域和平缓区域的清根刀路产生相交，非陡峭的角度必须大于陡峭的角度，但不能相差过大，一般大 1°～5°即可。

6.3.5　实际加工中应注意的问题

　　使用清根驱动进行清根加工时，应该注意以下几点问题：

　　（1）清根加工前，应保证凹圆角上的余量不多；如果还有较多的余量，则应使用大一号的刀具进行半精加工，即最终需要使用 R2.5 的球刀进行清根精加工，则应使用 R3 或 R3.5 的球刀进行半精加工。

　　（2）由于清根加工所使用的刀具的直径比较小，所以，加工前需要确定清根的最大加工深度，保证清根刀具具有足够的刚性，否则易造成过切。

　　（3）清根时，要保证刀杆不能碰到工件侧壁。

6.4　文本驱动

　　文本驱动主要是用于加工工件中的文字，其加工特点是刀具沿着特定的文字轨迹进行加工，如图 6-93 所示。

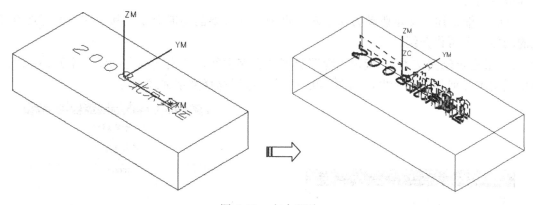

图 6-93　文本驱动

6.4.1　学习目标与课时安排

学习目标及学习内容

　　（1）掌握文本驱动的参数设置。

（2）掌握文本驱动使用的刀具有什么特点。

（3）掌握工件哪些部件需要使用文本驱动的加工方式。

（4）实际加工中会遇到哪些问题，应注意哪些问题。

 学习方法及材料准备

（1）有条件的话，可从实操车间借来刻字刀，或准备一支常用的签字笔作刻字刀。

（2）教师讲课时，可先将本节中的"基本功的操作演示"演练一次，然后根据生成的刀路详细讲解加工中刀具从工件的哪个部位开始进刀，哪个部位退刀、提刀、横越、进、退刀方式如何等，最后通过修改相关的参数并重新生成刀路，看看刀路产生了怎样的变化。

 学习课时安排（共1课时）

（1）实例操作演示及功能讲解。

（2）活学活用、其他实例讲解及实际加工应该注意的问题。

6.4.2　功能解释与应用

设置驱动方法为"文本"，弹出〖文本驱动方法〗对话框，然后单击 确定(O) 按钮，如图 6-94 所示。

下面详细讲述〖文本驱动方法〗对话框中一些重要的功能命令，其中在前面已经介绍过的功能将不再作介绍。

（1）〖指定制图文本〗：指定工程图类型的文字曲线。单击〖指定制图文本〗 A 按钮，弹出〖文本几何体〗对话框，如图 6-95 所示，然后选择文字曲线即可。

图 6-94　〖文本驱动方法〗对话框

图 6-95　〖文本几何体〗对话框

（2）〖切削参数〗：用于设置文本驱动的切削参数。单击〖切削参数〗 按钮，弹出〖切削参数〗对话框，如图 6-96 所示。

〖文本深度〗：用于设置文字的加工深度，如图 6-97 所示。

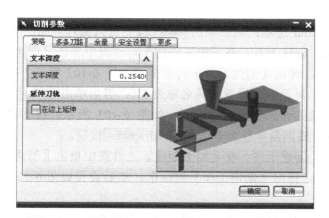

图 6-96　『切削参数』对话框

图 6-97　文本深度

6.4.3　操作演示

下面以在一块钢板上刻上"2008 北京奥运"的内容为操作演示，详细讲述文本驱动的方法和技巧，如图 6-98 所示。

（1）打开光盘中的『Example\Ch06\kezi.prt』文件，如图 6-99 所示。

图 6-98　钢板上刻字　　　　　　　　　　图 6-99　kezi.prt 文件

（2）进入制图界面。在『标准』工具条中选择『开始』/『制图』命令进入制图界面。在『图纸』工具栏中单击『新建图纸页』按钮，弹出『图纸页』对话框，默认其参数设置，然后单击　确定　按钮，如图 6-100 所示。

（3）在标题栏中选择『视图』/『显示图纸页』命令，弹出『图纸显示页』对话框，然后单击　确定　按钮重新显示工件。

（4）创建工程文字。在『注释』工具条中单击『注释』Ａ按钮，弹出『注释』对话框。输入文本"2008 北京奥运"，如图 6-101 所示。单击『样式』按钮，接着设置字符大小为 12，间距因子为 2，文字类型为 chinesef，然后单击　确定　按钮。指定文字在平面上的位置，最后单击　关闭　按钮。

（5）进入编程界面。在键盘上按 Crtl+Alt+M 组合键，弹出『加工环境』对话框。选择

图 6-100　进入制图界面

图 6-101　创建工程文字

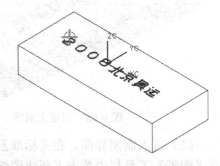

mill-contour 选项，然后单击〖确定〗按钮进入编程界面。

（6）创建刀具。在〖加工创建〗对话框中单击〖创建刀具〗按钮，弹出〖创建刀具〗对话框，如图 6-102 所示。在〖创建刀具〗对话框中设置刀具名称为 D1，然后单击〖确定〗按钮，弹出〖铣刀—5 参数〗对话框，如图 6-103 所示。接着设置直径为 1，底圆角半径为 0，然后单击〖确定〗按钮。

（7）创建工序。在〖加工创建〗工具条中单击〖创建工序〗按钮，弹出〖创建工序〗对话框，然后设置如图 6-104 所示的参数。

（8）指定部件。在〖创建工序〗对话框中单击〖确定〗按钮，弹出〖轮廓文本〗对话框。在〖轮廓文本〗对话框中单击〖指定部件〗按钮，弹出〖部件几何体〗对话框，然后选择实体模型为部件，最后单击〖确定〗按钮。

（9）指定制图文本。在〖轮廓文本〗对话框中单击〖指定制图文本〗A 按钮，弹出〖文本几何体〗对话框，然后选择前面创建的工程文字，如图 6-105 所示，最后单击〖确定(0)〗按钮。

 编程工程师点评

选择的文本必须是工程图文本，否则不能被选择。

（10）设置文本深度为 1，如图 6-106 所示。

（11）设置部件余量偏置及增量。在〖轮廓文本〗对话框中单击〖切削参数〗按钮，弹出〖切削参数〗对话框。选择多条刀路选项，然后设置部件余量偏置为 1，勾选"多重深度切削"选项，并设置步进方法为"增量"，增量为 0.05，如图 6-107 所示。

图 6-102   〖创建刀具〗对话框　　图 6-103   〖铣刀—5 参数〗对话框　　图 6-104   创建工序

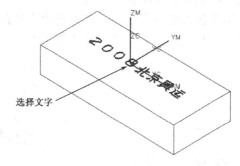

图 6-105   指定制图文本

（12）设置进刀方式。在〖轮廓区域〗对话框中单击〖非切削移动〗 按钮，接着选择 进刀 选项，然后设置进刀类型为"无"，如图 6-108 所示。

图 6-106   设置文本深度　　图 6-107   设置部件余量偏置及增量　　图 6-108   设置进刀方式

编程工程师点评

设置进刀方式为"无"可避免因进退刀造成过切。

（13）设置主轴转速和切削。在〖轮廓区域〗对话框中单击〖进给率和速度〗 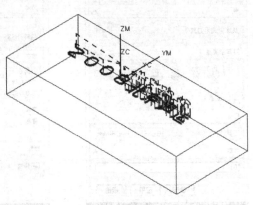 按钮，弹出〖进给率和速度〗对话框，然后设置主轴速度为 12000，切削为 5000。

编程工程师点评

刻字加工多数都是在雕刻机（高速机）上加工，其进给率和切削都比较高。

（14）生成刀路。在〖轮廓文本〗对话框中单击〖生成〗 按钮，弹出〖操作参数警告〗对话框并单击 否 按钮，系统开始生成刀路，如图 6-109 所示。

图 6-109　生成刀路

6.4.4　活学活用

由于刀具是沿着文字的曲线轨迹进行加工的，所以很难控制加工子体的大小，尤其是加工双线字体，极容易造成过切；另外，使用文本驱动的方式加工字体时，只能选中某些特定的文本，这样给操作带来极大的不便。

为了准确地加工出双线字体，首先利用字体的曲线拉伸出凸台或凹槽，如图 6-110 所示。然后使用〖型腔铣〗和〖等高轮廓铣〗等加工方法加工出字体。

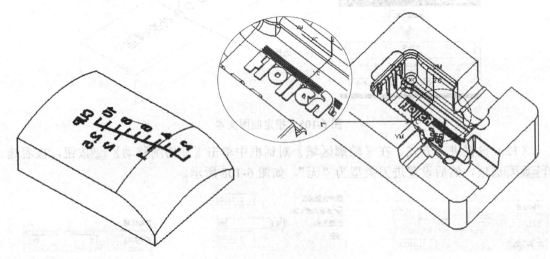

图 6-110　凸台或凹槽文字

6.4.5　实际加工中应注意的问题

使用文本驱动进行文字加工时，应注意以下几点问题：

（1）选择的雕刻刀具必须符合高速加工的特点。

（2）认真检查刀路，防止因进退刀而造成过切现象。

（3）加工双线文字时，要特别注意防止过切和撞刀现象。

6.5　综合提高特训

下面以工具钳前模为实例，综合运用本章所学的内容对模具进行曲面半精加工、精加工和清角加工等，达到学以致用的目的。

（1）打开光盘中的〖Example\Ch06\gjqqm.prt〗文件，如图 6-111 所示。

（2）创建刀具。在〖加工创建〗对话框中单击〖创建刀具〗 按钮，弹出〖创建刀具〗对话框，如图 6-112 所示。在〖创建刀具〗对话框中设置刀具名称为 R4，然后单击 确定 按钮，弹出〖铣刀—5　参数〗对话框，如图 6-113 所示。接着设置直径为 8，底圆角半径为 4，然后单击 确定 按钮。

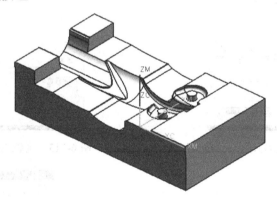

图 6-111　gjqqm.prt 文件

（3）创建刀具。参考上一步操作继续创建 R3、R2 和 R1 的合金球刀。

1．平缓曲面精加工一

（1）创建程序组。在〖插入〗工具条中单击〖创建程序〗 按钮，弹出〖创建程序〗对话框，然后设置名称为 AW5，如图 6-114 所示，最后单击按钮 确定 两次。

（2）创建工序。在〖加工创建〗工具条中单击〖创建工序〗 按钮，弹出〖创建工序〗对话框，然后设置如图 6-115 所示的参数。

（3）选择加工面。在〖创建工序〗对话框中单击 确定 按钮，弹出〖轮廓区域〗对话框。在〖轮廓区域〗对话框中单击〖指定切削区域〗 按钮，弹出〖切削区域〗对话框，然后选择如图 6-116 所示的 14 个曲面，最后单击 确定 按钮。

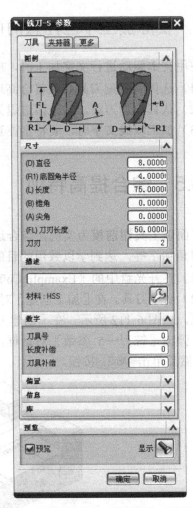

图 6-113　〖铣刀—5 参数〗对话框

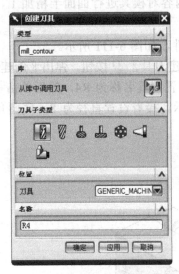

图 6-112　〖创建刀具〗对话框

图 6-114　创建程序组

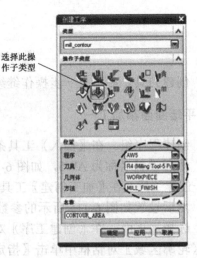

图 6-115　创建工序

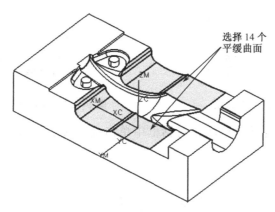

选择 14 个
平缓曲面

图 6-116 选择加工面

（4）设置区域铣削参数。在〖轮廓区域〗对话框中单击〖编辑〗 按钮，弹出〖区域铣削驱动方法〗对话框，然后设置方法为"非陡峭"，陡角为 70，切削模式为"往复"，切削方向为"顺铣"，步距为"恒定"，距离为 0.15，步距已应用为"在平面上"，切削角为"指定"，与 XC 的夹角为 80，如图 6-117 所示。

（5）设置刀轨延伸距离。在〖轮廓区域〗对话框中单击〖切削参数〗 按钮，弹出〖切削参数〗对话框，接着选择 策略 选项，然后勾选"在边上延伸"选项，并设置距离为 0.5mm，如图 6-118 所示。

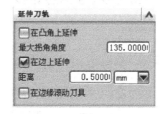

图 6-117 设置区域铣削参数   图 6-118 设置刀轨延伸距离

（6）设置余量。在〖切削参数〗对话框中选择 余量 选项，然后设置部件余量为 0，如图 6-119 所示。

（7）安全设置。在〖切削参数〗对话框中选择 安全设置 选项，然后设置过切时为"跳过"，检查安全间距为 0.5，如图 6-120 所示。

（8）设置主轴转速和切削。在〖轮廓区域〗对话框中单击〖进给率和速度〗 按钮，弹出〖进给率和速度〗对话框，然后设置主轴速度为 3000，切削为 1200。

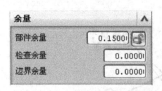

图 6-119 设置文本深度　　　　　　图 6-120 设置部件余量偏置及吃刀量

（9）生成刀路。在〖轮廓区域〗对话框中单击〖生成〗按钮，系统开始生成刀路，如图 6-121 所示。

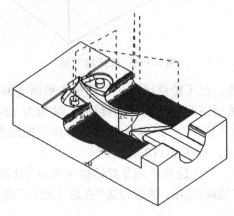

图 6-121 生成刀路

2. 平缓曲面半精加工一

（1）参考前面的操作，创建名称为 AW6 的程序组。

（2）复制刀路，如图 6-122 所示。

（3）重新选择加工面。在〖工序导航器〗中双击 CONTOUR_AREA_CO 图标，弹出〖轮廓区域〗对话框。在〖轮廓区域〗对话框中单击〖指定切削区域〗按钮，弹出〖切削区域〗对话框。单击〖移除〗按钮移除已选的曲面，然后选择如图 6-123 所示的四个曲面。

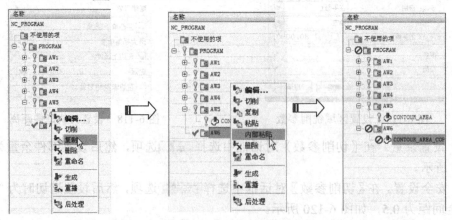

图 6-122 复制刀路

（4）指定检查。在〖轮廓区域〗对话框中单击〖指定检查〗按钮，弹出〖检查几何

体〗对话框，接着设置过滤方法为"面"，然后选择
如图 6-124 所示的两个曲面，最后单击 <u>确定(0)</u> 按钮。

（5）设置区域铣削参数。在〖轮廓区域〗对话框
中单击〖区域铣削编辑〗🔧按钮，弹出〖区域铣削
驱动方法〗对话框，然后修改方法为"无"，距离为
0.25，角度为 92，如图 6-125 所示。

（6）修改余量。在〖轮廓区域〗对话框中单击〖切
削参数〗⬛按钮，弹出〖切削参数〗对话框，接着
选择 <u>余量</u> 选项，然后修改部件余量为 0.15，如图
6-126 所示。

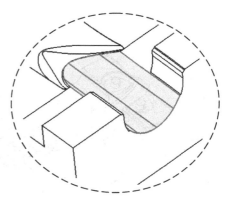

图 6-123　重新选择加工面

图 6-124　指定检查

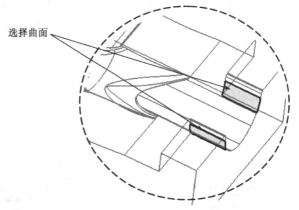

选择曲面

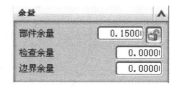

图 6-125　修改步距距离

图 6-126　修改余量

（7）修改进给速度和切削。在〖轮廓区域〗对话框中单击〖进给率和速度〗🔩按钮，
弹出〖进给率和速度〗对话框，然后设置主轴速度为 2500，切削为 1500。

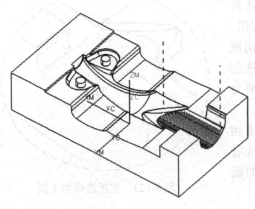

图 6-127　生成刀路

（8）生成刀路。在〖轮廓区域〗对话框中单击〖生成〗按钮，系统开始生成刀路，如图 6-127 所示。

3．平缓曲面半精加工二

（1）复制刀路，如图 6-128 所示。

（2）重新选择加工面。在〖工序导航器〗中双击 CONTOUR_AREA_CO 图标，弹出〖轮廓区域〗对话框。在〖轮廓区域〗对话框中单击〖指定切削区域〗按钮，弹出〖切削区域〗对话框。单击〖移除〗按钮移除已选的曲面，然后选择如图 6-129 所示的 45 个曲面。

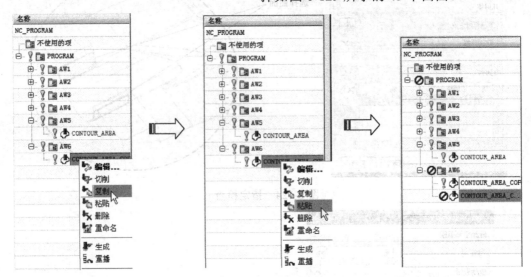

图 6-128　复制刀路

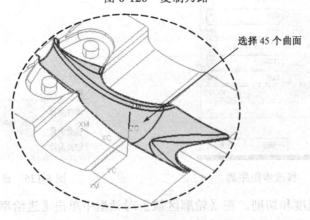

选择 45 个曲面

图 6-129　重新选择加工面

（3）指定检查。在〖轮廓区域〗对话框中单击〖指定检查〗 按钮，弹出〖检查几何体〗对话框。单击〖移除〗 按钮移除已选的曲面，然后选择如图 6-130 所示的 5 个曲面，最后单击 确定(O) 按钮。

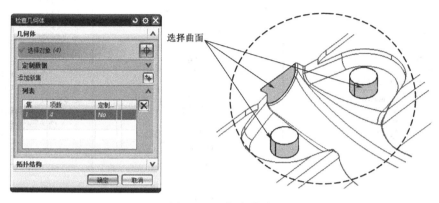

图 6-130　指定检查

（4）生成刀路。在〖轮廓区域〗对话框中单击〖生成〗 按钮，系统开始生成刀路，如图 6-131 所示。

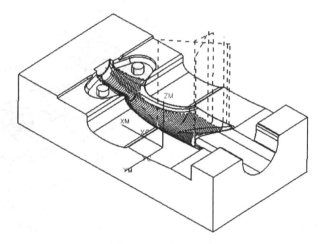

图 6-131　生成刀路

4．平缓曲面精加工二

（1）参考前面的操作，创建名称为 AW7 的程序组。

（2）复制刀路，如图 6-132 所示。

（3）修改余量。在〖工序导航器〗中双击第一个 CONTOUR_AREA_C. 图标，弹出〖轮廓区域〗对话框。在〖轮廓区域〗对话框中单击〖切削参数〗 按钮，弹出〖切削参数〗对话框。选择 余量 选项，然后修改部件余量为 0，如图 6-133 所示。

（4）修改主轴转速和切削。在〖轮廓区域〗对话框中单击〖进给率和速度〗 按钮，弹出〖进给率和速度〗对话框，然后修改主轴速度为 3000，切削为 1200。

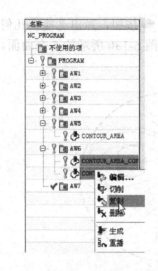  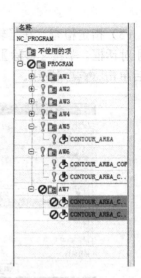

图 6-132　复制刀路

（5）生成刀路。在〖轮廓区域〗对话框中单击〖生成〗按钮，系统开始生成刀路，如图 6-134 所示。

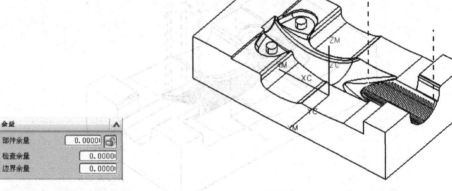

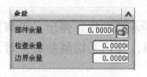

图 6-133　修改余量　　　　　　　　　图 6-134　生成刀路

5. 平缓曲面精加工三

（1）修改余量。在〖工序导航器〗中双击第二个 CONTOUR_AREA_C. 图标，弹出〖轮廓区域〗对话框。在〖轮廓区域〗对话框中单击〖切削参数〗按钮，弹出〖切削参数〗对话框。

选择余量选项，然后修改部件余量为 0，如图 6-135 所示。

（2）修改主轴转速和切削。在〖轮廓区域〗对话框中单击〖进给率和速度〗按钮，弹出〖进给率和速度〗对话框，然后修改主轴速度为 3000，切削为 1200。

（3）生成刀路。在〖轮廓区域〗对话框中单击〖生成〗按钮，系统开始生成刀路，如图 6-136 所示。

图 6-135　修改余量

6. 陡峭面等高精加工

（1）参考前面的操作，创建名称为 AW8 的程序组。

（2）创建程序。在〖插入〗工具条中单击〖创建工序〗按钮，弹出〖创建工序〗对话框，然后设置如图 6-137 所示的参数。

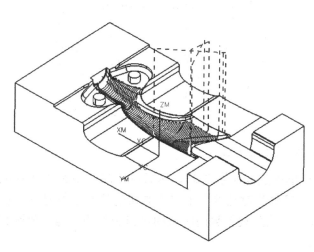

图 6-136　生成刀路

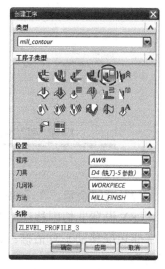

图 6-137　创建程序

（3）选择加工面。在〖创建工序〗对话框中单击 确定 按钮，弹出〖深度加工轮廓〗对话框。在〖深度加工轮廓〗对话框中单击〖指定切削区域〗按钮，然后选择如图 6-138 所示的曲面。

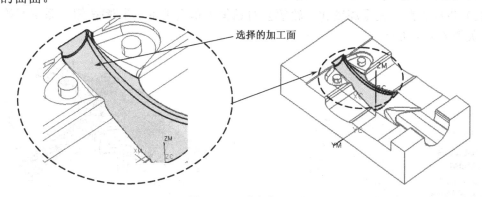

图 6-138　选择加工面

（4）指定修剪边界。在〖深度加工轮廓〗对话框中单击〖指定修剪边界〗按钮，弹出〖修剪边界〗对话框。单击〖点边界〗按钮，并设置点方法为"光标位置"，修剪侧为"外部"，然后创建如图 6-139 所示的边界。

（5）设置陡峭空间范围为"无"，最大距离为 0.08，如图 6-140 所示。

（6）设置切削参数。在〖深度加工轮廓〗对话框中单击〖切削参数〗按钮，弹出〖切削参数〗对话框。选择 策略 选项，然后设置切削方向为"混合"，切削顺序为"深度优先"。

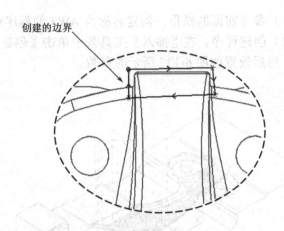

创建的边界

图 6-139　指定修剪边界

（7）设置余量。在〖切削参数〗对话框中选择 余量 选项，然后设置部件侧面余量为 0。

（8）设置非切削移动。在〖深度加工轮廓〗对话框中单击〖非切削移动〗 按钮，弹出〖非切削移动〗对话框。选择 进刀 选项，然后设置封闭区域的进刀类型为"与开放区域相同"。

（9）设置传递方式。在〖非切削移动〗对话框中选择 传递/快速 选项，然后设置区域之间和区域内的传递类型为"前一平面"。

（10）设置主轴转速和切削。在〖深度加工轮廓〗对话框中单击〖进给率和速度〗 按钮，然后设置主轴速度为 4000，切削为 1200。

（11）生成刀路。在〖深度加工轮廓〗对话框中单击〖生成〗 按钮，系统开始生成刀路，如图 6-141 所示。

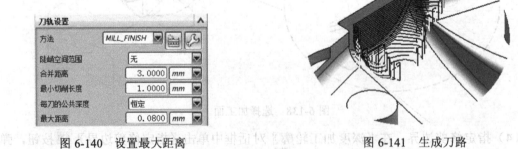

图 6-140　设置最大距离

图 6-141　生成刀路

7. 清根加工一（精加工）

（1）参考前面的操作，创建名称为 AW9 的程序组。

（2）创建工序。在〖加工创建〗工具条中单击〖创建工序〗 按钮，弹出〖创建工序〗对话框，然后设置如图 6-142 所示的参数。

（3）选择加工面。在〖创建工序〗对话框中单击 确定 按钮，弹出〖轮廓区域〗对话框。在〖轮廓区域〗对话框单击〖指定切削区域〗  按钮，弹出〖切削区域〗对话框，然后选择如图 6-143 所示的 5 个曲面，最后单击 确定 按钮。

图 6-142　创建工序

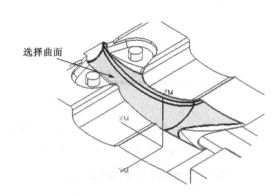

图 6-143　选择加工面

（4）指定修剪边界。在〖深度加工轮廓〗对话框中单击〖指定修剪边界〗 按钮，弹出〖修剪边界〗对话框。单击〖点边界〗 按钮，并设置点方法为"光标位置"，修剪侧为"外部"，然后创建如图 6-144 所示的边界。

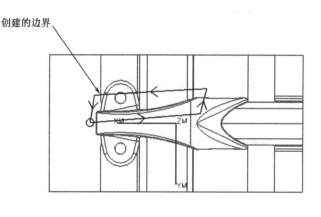

图 6-144　指定修剪边界

（5）指定检查。在〖轮廓区域〗对话框中单击〖指定检查〗 按钮，弹出〖检查几何体〗对话框，然后选择如图 6-145 所示的一个曲面，最后单击 确定(O) 按钮。

（6）设置清根参数。在〖轮廓区域〗对话框中设置驱动方法为"清根"，弹出〖驱动方法〗对话框，接着单击 确定 按钮，弹出〖清根驱动方法〗对话框，然后设置清根类型为"参考刀具偏置"，切削模式为"往复"，步距为 0.1，顺序为"由外向内交替"，参考刀具直径为 11，其他参数按照默认设置，如图 6-146 所示。

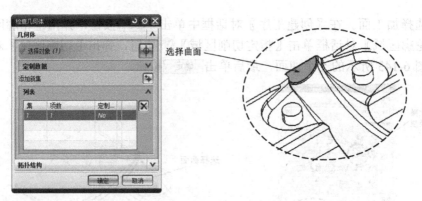

图 6-145　指定检查

（7）设置余量。在〖轮廓区域〗对话框中单击〖切削参数〗 按钮，弹出〖切削参数〗对话框，接着选择 余量 选项，然后设置部件余量为 0，如图 6-147 所示。

图 6-146　设置清根参数

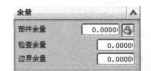

图 6-147　设置余量

（8）设置进给和速率。在〖轮廓区域〗对话框中单击〖进给率和速度〗 按钮，弹出〖进给率和速度〗对话框，然后设置主轴速度为 2800，切削为 1500。

（9）生成刀路。在〖轮廓区域〗对话框中单击〖生成〗 按钮，系统开始生成刀路，如图 6-148 所示。

8．清根加工二（精加工）

（1）复制刀路，如图 6-149 所示。

（2）重新选择加工面。在〖工序导航器〗中双击 CONTOUR_AREA_1 图标，弹出〖轮廓区域〗对话框。在〖轮

图 6-148　生成刀路

廓区域〗对话框中单击〖指定切削区域〗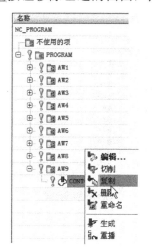按钮，弹出〖切削区域〗对话框。单击〖移除〗按钮移除已选的曲面，然后选择如图 6-150 所示的 5 个曲面。

图 6-149　复制刀路

（3）指定修剪边界。在〖轮廓区域〗对话框中单击〖指定修剪边界〗按钮，弹出〖修剪边界〗对话框，然后修改修剪侧为"内部"。

（4）生成刀路。在〖轮廓区域〗对话框中单击〖生成〗按钮，系统开始生成刀路，如图 6-151 所示。

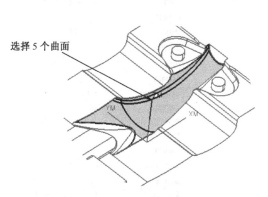
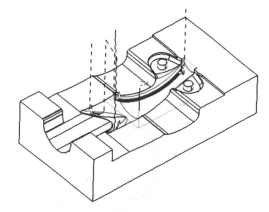

选择 5 个曲面

图 6-150　重新选择加工面　　　　图 6-151　生成刀路

9．清根加工三

（1）参考前面的操作，创建名称为 AW10 的程序组。

（2）复制刀路，如图 6-152 所示。

（3）修改刀具。在〖工序导航器〗中双击 CONTOUR_AREA_1.图标，弹出〖轮廓区域〗对话框，然后修改刀具为 R1。

（4）重新选择加工面。在〖轮廓区域〗对话框中单击〖指定切削区域〗按钮，弹出

〖切削区域〗对话框。单击〖移除〗![X]按钮移除已选的曲面，然后选择如图6-153所示的7个曲面。

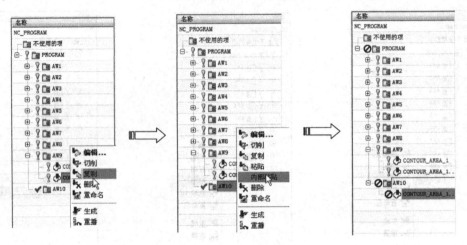

图6-152　复制刀路

（5）修改清根驱动参数。在〖轮廓区域〗对话框中单击〖清根驱动编辑〗![图标]按钮，弹出〖清根驱动方法〗对话框，然后修改步距为0.05，参考刀具直径为6，如图6-154所示。

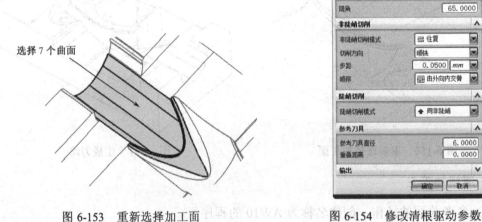

图6-153　重新选择加工面　　　　图6-154　修改清根驱动参数

（6）修改主轴转速和切削。在〖轮廓区域〗对话框中单击〖进给率和速度〗![图标]按钮，弹出〖进给率和速度〗对话框，然后修改主轴速度为5000，切削为1000。

（7）生成刀路。在〖轮廓区域〗对话框中单击〖生成〗![图标]按钮，系统开始生成刀路，如图6-155所示。

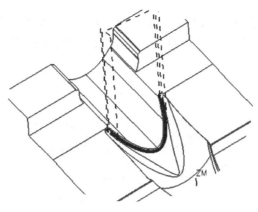

图 6-155　生成刀路

6.6　工程师经验点评

学习完本章之后，读者应重点掌握以下的要点。

（1）学会区域铣削的方法和技巧，掌握哪些参数需要设置。

（2）学会设置检查几何体及安全距离。

（3）加工陡峭和平缓的区域时，要学会合理设置加工角度。

（4）*重点掌握使用边界驱动对流道进行加工。

（5）*重点掌握清根的方法和技巧，并会使用合理的刀具进行清根，保证刀具具有足够的硬度。

（6）学会文本驱动的方法和技巧，并掌握工程图文字的创建方式和摆放位置。

6.7　练习题

6-1　打开光盘中的〖Lianxi\Ch06\rgty.prt〗文件，如图 6-156 所示。使用〖轮廓区域〗功能对工件平缓区域的半精加工和精加工，加工前需详细分析工件的结构，确定使用的刀具大小。

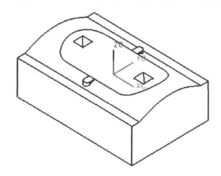

图 6-156　rgty.prt 文件

6-2　打开光盘中的〖Lianxi\Ch06\liudao.prt〗文件，如图 6-157 所示。使用〖轮廓区域〗功能对模具中的流道进行加工，加工前需要分析流道的半径来确定使用刀具的大小。

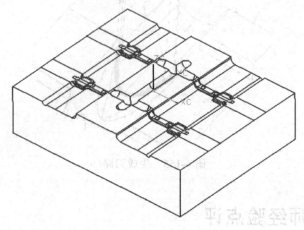

图 6-157　liudao.prt 文件

6-3　打开光盘中的〖Lianxi\Ch06\sljhm.prt〗文件，如图 6-158 所示。使用〖轮廓区域〗功能对模具中凹圆角进行清根加工，清根前需要详细分析凹圆角的半径大小，从而确定使用的清根刀具。

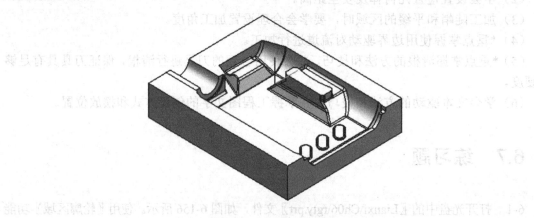

图 6-158　sljhm.prt 文件

第7章

数控钻孔加工

在机械加工中，几乎所有的零件都有孔，钻孔是常见的机械加工过程。而现在的机械加工正逐步向着数控加工方向发展，钻孔也不例外。由于数控机床的定位精度及重复定位精度很高，故可以达到较高的钻孔形位公差。利用数控铣床可以进行钻孔、扩孔、铰孔、镗孔等。在各种数控系统中，钻孔程序都是以钻孔循环的形式给出的，但不同公司的数控系统对于同一种钻孔循环的定义一般都是不同的，这一点请读者注意。

实例展示

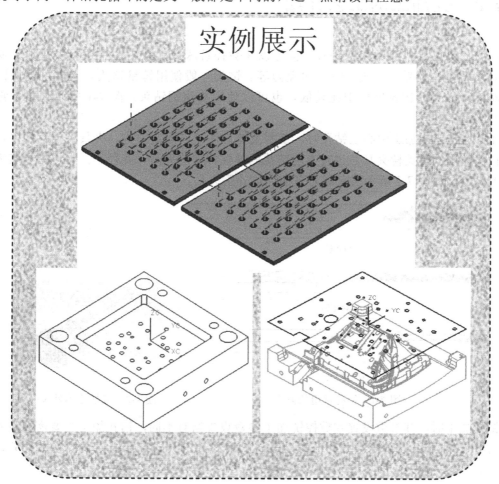

7.1 学习目标与课时安排

 学习目标及学习内容

（1）掌握钻孔加工的工艺要求。
（2）掌握钻孔的数控编程加工参数。
（3）掌握钻孔加工常用的刀具。

 学习课时安排（1课时）

（1）孔加工工艺介绍。
（2）基本功的操作演示及实际加工应注意的问题。

7.2 孔加工的工艺介绍

孔加工可以在普通钻床上进行，也可以在数控铣床或加工中心中进行。孔加工使用的刀具主要是中心钻、钻头、铰刀和镗刀等。钻头一般使用钨钢钻头，这样可以保证钻孔的精度；如果孔的精度要求比较低，也可以使用高速钢钻头。图7-1所示列出了常用的钻孔刀具。

在数控铣床或加工中心上钻孔时，都需要特定的夹具固定钻头。夹具种类有很多，有普通钻头通用的莫氏柄夹具，也有专用钻孔的弹性伸缩的夹具，孔径不大也可用于装夹铣刀用的夹具。如图7-2所示的夹具为直柄连体外头夹具。

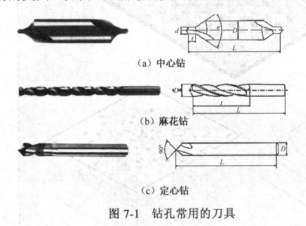

（a）中心钻

（b）麻花钻

（c）定心钻

图7-1 钻孔常用的刀具

图7-2 直柄连体外头夹具

钻孔加工时，其参数设置和数控铣加工参数设置略有不同，钻孔加工主要需要设置进给率 F、Z 轴下刀量和转速 S。下面以表格的形式列出不同直径的钻头的参数设置，如表7-1所示。

表 7-1　钻孔参数设置

刀具直径/mm	≤1	1	2	3	4	5	6	7	8	9	10	11	12	13
进给率 F/mm	60	80	100	120	120	120	150	150	200	200	250	250	300	300
Z 轴下刀量/mm	0.1	0.5	0.5	1	1.5	1.5	2	2.5	2.5	3	3	3	3	3
转速 S/mm	≥3500	3500	2600	1800	1400	1200	950	850	750	650	560	520	480	450

编程工程师点评

　　以上的参数是相对模具材料钻孔而设置的，其他材料钻孔的参数设置则应根据实际
情况进行设置。

7.3　孔加工的工序安排

　　孔加工主要包括钻中心孔、钻孔、扩孔、镗孔和铰孔等，根据孔直径的大小及精度要
求，合理安排钻孔的加工工序。目前，模具中的孔精度多为 7 级精度和 9 级精度，下面以
表 7-2 和表 7-3 列出钻孔加工的工序安排。

表 7-2　基孔制 7 级精度工序安排

加工孔直径 /mm	直径/mm					
	钻孔		镗孔	扩孔钻	粗铰	精铰
	第一次	第二次				
3	2.9	—	—	—	—	3H7
4	3.9	—	—	—	—	4H7
5	4.8	—	—	—	—	5H7
6	5.8	—	—	—	—	6H7
8	7.8	—	—	—	7.96	8H7
10	9.8	—	—	—	9.96	10H7
12	11	—	—	11.85	11.95	12H7
13	12	—	—	12.85	12.95	13H7
14	13	—	—	13.85	13.95	14H7
15	14	—	—	14.85	14.95	15H7
16	15	—	—	15.85	15.95	16H7
18	17	—	—	17.85	17.94	18H7
20	18	—	19.8	19.8	19.94	20H7
22	20	—	21.8	21.8	21.94	22H7
24	22	—	23.8	23.8	23.94	24H7
25	23	—	24.8	24.8	24.94	25H7

续表

加工孔直径 /mm	直径/mm					
	钻孔		镗孔	扩孔钻	粗铰	精铰
	第一次	第二次				
26	24	—	25.8	25.8	25.94	26H7
28	26	—	27.8	27.8	27.94	28H7
30	15	28	29.8	29.8	29.93	30H7
32	15	30	31.7	31.75	31.93	32H7
35	20	33	34.7	34.75	34.93	35H7

 编程工程师点评

① 由表7-2可知，加工孔的直径越大，需要的工序也越多。

② 若孔的直径较大、深度较浅且精度要求较高时，则可以使用数控铣床或加工中心和数控刀具进行加工。

表7-3 基孔制9级精度工序安排

加工孔直径 /mm	直径/mm				
	钻孔		镗孔	扩孔钻	铰
	第一次	第二次			
3	2.9	—	—	—	3H9
4	3.9	—	—	—	4H9
5	4.8	—	—	—	5H9
6	5.8	—	—	—	6H9
8	7.8	—	—	—	8H9
10	9.8	—	—	—	10H9
12	11	—	—	—	12H9
13	12	—	—	—	13H9
14	13	—	—	—	14H9
15	14	—	—	—	15H9
16	15	—	—	—	16H9
18	17	—	—	—	18H9
20	18	—	19.8	19.8	20H9
22	20	—	21.8	21.8	22H9
24	22	—	23.8	23.8	24H9
25	23	—	24.8	24.8	25H9
26	24	—	25.8	25.8	26H9
28	26	—	27.8	27.8	28H9
30	15	28	29.8	29.8	30H9
32	15	30	31.7	31.75	32H9
35	20	33	34.7	34.75	35H9

7.4　NX 常用的钻孔方法

NX 软件中包含的钻孔方法共有 13 种，包括啄钻、断屑、标准文本、标准钻、标准沉孔钻、标准钻（深度）、标准断屑钻、标准攻丝、标准镗、标准镗（快退）、标准镗（横向偏置后快退）、标准背镗和标准镗（手工退刀）。

在『加工创建』工具条中单击『创建工序』 按钮，弹出『创建工序』对话框，然后设置类型为 drill，如图 7-3 所示。

由图 7-3 所示可以看到钻孔包括 13 种操作子类型，即 13 种不同的钻孔方法。在『创建工序』对话框中选择 SPOT-DRILLING 操作子类型，然后单击 确定 按钮，弹出『定心钻』对话框，如图 7-4 所示。

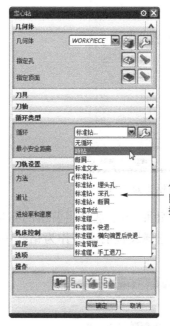

包含13种循环类型和图7-3所示中的13个操作子类型相对应

图 7-3　『创建工序』对话框　　　　图 7-4　『定心钻』对话框

 编程工程师点评

本章重点介绍啄钻和标准钻的创建方法，其他的钻孔方法基本和这两个钻孔方法一样。

7.4.1　功能解释与应用

在弹出的『创建工序』对话框中选择"标准钻 "，接着单击 确定 按钮，弹出『钻』对话框，如图 7-5 所示。

下面详细介绍『钻』对话框中的重点参数，其中前面已经介绍过的参数将不再作介绍。

（1）〖指定孔〗：通过指定孔、圆弧或点确定钻孔的位置。单击〖指定孔〗按钮，
弹出〖点到点几何体〗对话框，如图7-6所示。

〖选择〗：设置选择孔的方式。单击 选择 按钮，弹出〖名称〗对话框，如图7-7所示。

图7-5　〖钻〗对话框

图7-6　〖点到点几何体〗对话框

①〖Cycle 参数组〗：用于选择当前组的孔进行参数设置。

②〖一般点〗：选择圆弧的圆心作为钻孔中心。单击 一般点 按钮，弹出〖点〗对话
框，如图7-8所示。

图7-7　〖名称〗对话框

图7-8　〖点〗对话框

③〖组〗：根据不同的孔半径确定不同的钻孔组，需要预先设置组。

④〖类选择〗：根据类别选择孔的中心，一般情况很少使用该方式。

⑤〖面上所有孔〗：通过选择面的方式确定面上所有孔的钻孔中心，选择的面可以是平面或曲面。

⑥〖最小直径〗：限制只对大于最小半径的已选择孔进行钻孔加工。

⑦〖最大直径〗：限制只对小于最大半径的已选择孔进行钻孔加工。

⑧〖附加〗：附加新的点，只有选择了点才能使用该功能。

⑨〖省略〗：移除已选择的点。

⑩〖优化〗：优化钻孔的路径。

⑪〖显示点〗：显示已经选中的点。

⑫〖避让〗：通过选择起点和终点确定避让的高度。

⑬〖规划完成〗：已完成选择，其作用相当于"确定"。

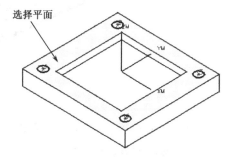

（2）〖指定部件表面〗 ：指定钻孔的最上表面，如图 7-9 所示。

（3）〖指定底面〗 ：指定钻孔的最底面。

图 7-9　指定部件表面

（4）〖最小安全高度〗：刀具抬起后与孔口的高度，一般情况下默认为 3 即可，如果需要考虑工件的装夹情况，则最小安全高度应大于装夹高度。

（5）〖通孔安全距离〗：刀尖应穿出工件底面的距离。由于钻头的头部是尖的，为了使其完成钻穿孔，则刀尖应穿出工件底面一段距离。

（6）〖盲孔余量〗：只有钻盲孔的时候才设置。

7.4.2　需要设置的加工参数

在标准钻/啄钻加工过程中，需要设置的参数比较多，下面以表格的形式列出钻孔加工所需要设置的参数，如表 7-4 所示。

表 7-4　钻孔加工需要设置的参数

序号	参数名称	是否一定需要设置	序号	参数名称	是否一定需要设置
1	几何体	是	7	循环参数	是
2	指定孔	是	8	最小安全距离	是
3	指定部件表面	是	9	方法	否
4	刀具	是	10	避让	否
5	刀轴	按默认设置	11	进给率和切削	是
6	循环类型	是	12	机床控制	按默认设置

7.4.3　操作演示

下面以某工件板的钻孔加工为操作演示，详细讲述钻孔的方法技巧。工件已经进行了部分加工，接下来的工序就是进行钻孔加工。

1．标准钻（钻中心孔）

（1）打开光盘中的〖Example\Ch07\zkjg.prt〗文件，如图 7-10 所示。

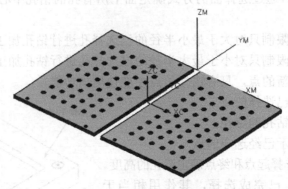

图 7-10　zkjg.prt 文件

（2）在编程界面左侧单击〖工序导航器〗 按钮弹出工序导航器。

（3）创建刀具。在〖加工创建〗对话框中单击〖创建刀具〗 按钮，弹出〖创建刀具〗对话框，如图 7-11 所示。在〖创建刀具〗对话框中设置类型为 drill，刀具子类型为 ，刀具名称为 Z3，然后单击 确定 按钮，弹出〖刀具参数〗对话框，如图 7-12 所示。接着设置直径为 3，然后单击 确定 按钮。

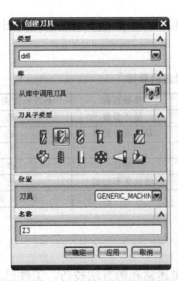

图 7-11　〖创建刀具〗对话框

图 7-12　〖刀具参数〗对话框

（4）创建刀具。参考上一步的操作方法，继续创建 Z4.5 和 Z3.2 的钻刀，刀具子类型为 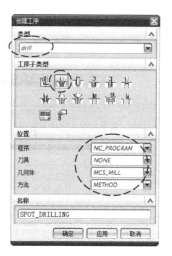，直径分别为 4.5 和 3.2。

（5）创建工序。在〖加工创建〗工具条中单击〖创建工序〗 按钮，弹出〖创建工序〗对话框，接着设置类型为 drill，然后设置如图 7-13 所示的参数。

（6）指定孔。在〖创建工序〗对话框中单击 确定 按钮，弹出〖定心钻〗对话框。在〖定心钻〗对话框中单击〖指定孔〗 按钮，弹出〖点到点几何体〗对话框，如图 7-14 所示。单击 选择 按钮，弹出〖名称〗对话框，如图 7-15 所示，接着单击 面上所有孔 按钮，然后选择如图 7-16 所示的两个面，最后单击 确定 按钮 3 次。

（7）设置循环参数。在〖定心钻〗对话框中单击〖编辑参数〗 按钮，弹出〖指定参数组〗对话框，接着单击 确定 按钮，弹出〖Cycle 参数〗对话框。在〖Cycle 参数〗对话框中单击 Depth (Tip) - 0.0000 按钮，弹出〖Cycle 深度〗对话框，接着单击 刀尖深度 按钮，然后设置深度为 0.5，如图 7-17 所示，最后单击 确定 按钮两次。

图 7-13　创建工序

图 7-14　〖点到点几何体〗对话框

图 7-15　〖名称〗对话框

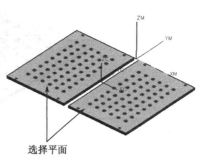

图 7-16　选择平面

（8）设置主轴转速和切削。在〖定心钻〗对话框中单击〖进给率和切削〗 按钮，弹出〖进给率和切削〗对话框，然后设置主轴转速为 300，切削为 400。

（9）生成刀路。在〖定心钻〗对话框中单击〖生成〗 按钮，系统开始生成刀路，如图 7-18 所示。

2．啄钻（钻孔）

（1）复制刀路，如图 7-19 所示。

（2）修改刀具。在〖工序导航器〗中双击 SPOT_DRILLING 图标，弹出〖定心钻〗对话框，然后修改刀具为 Z4.5，如图 7-20 所示。

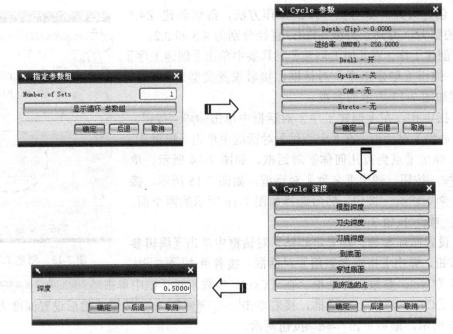

图 7-17　设置循环参数

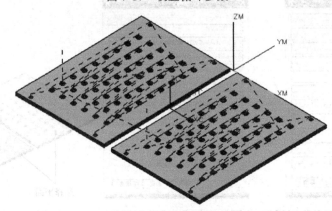

图 7-18　生成刀路

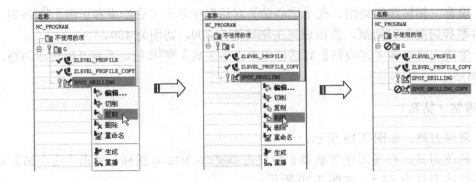

图 7-19　复制刀路

（3）修改循环类型。修改循环为"啄钻"，弹出〖距离〗对话框，接着设置距离为1，然后单击 确定 按钮，弹出〖指定参数组〗对话框，如图7-21所示。

图7-20　修改刀具

图7-21　修改循环类型

（4）修改钻孔深度。在〖指定参数组〗对话框中单击 确定 按钮，弹出〖Cycle 参数〗对话框。在〖Cycle 参数〗对话框中单击 Depth (Tip) - 0.5000 按钮，弹出〖Cycle 深度〗对话框，接着单击 刀尖深度 按钮，然后修改深度为3，如图7-22所示，最后单击 确定 按钮两次。

（5）忽略小孔。在〖定心钻〗对话框中单击〖指定孔〗 按钮，弹出〖点到点几何体〗对话框。单击 省略 按钮，然后选择两块板上4个角的8个小孔，最后单击 确定 按钮。

图7-22　修改钻孔深度

（6）生成刀路。在〖定心钻〗对话框中单击〖生成〗 按钮，系统开始生成刀路，如图7-23所示。

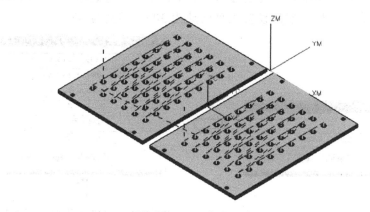

图7-23　生成刀路

3. 啄钻（钻孔）

（1）创建工序。在〖加工创建〗工具条中单击〖创建工序〗 按钮，弹出〖创建工序〗对话框，接着设置类型为drill，然后设置如图7-24所示的参数。

（2）指定孔。在〖创建工序〗对话框中单击 确定 按钮，弹出〖定心钻〗对话框。在〖定心钻〗对话框中单击〖指定孔〗 按钮，弹出〖点到点几何体〗对话框。单击 选择 按钮，弹出〖名称〗对话框，然后选择如图7-25所示的两板4个角上的8个小孔，最后单击 确定 按钮3次。

（3）设置循环参数。在〖定心钻〗对话框中单击〖编辑参数〗 按钮，弹出〖指定参数组〗对话框，接着单击 确定 按钮，弹出〖Cycle 参数〗对话框。在〖Cycle 参数〗对话框中单击 Depth (Tip) - 0.0000 按钮，弹出〖Cycle 深度〗对话框，接着单击 刀肩深度 按钮，然后设置深度为 3，如图 7-26 所示，最后单击 确定 按钮两次。

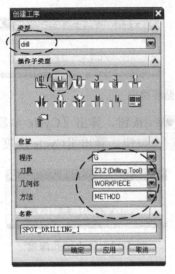

图 7-24　创建工序

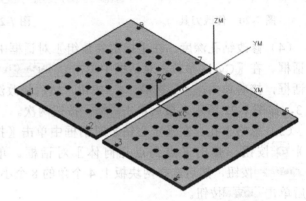

图 7-25　指定孔

（4）设置主轴转速和切削。在〖定心钻〗对话框中单击〖进给率和切削〗 按钮，弹出〖进给率和切削〗对话框，然后设置主轴转速为 300，切削为 400。

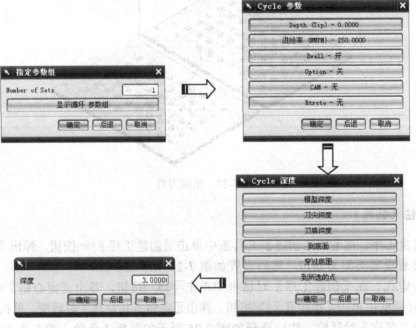

图 7-26　设置循环参数

（5）生成刀路。在〖定心钻〗对话框中单击〖生成〗 按钮，系统开始生成刀路，如图 7-27 所示。

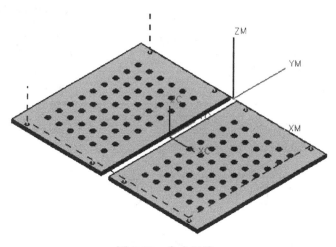

图 7-27　生成刀路

7.4.4　活学活用

当需要钻孔的模具比较复杂，孔多且孔径不一样时，则应如何保证孔的准确位置，以及如何快速地选择这些孔而不导致漏选孔呢？如图 7-28 所示的模具，如果在模具中选择孔去钻孔，则极不容易操作且容易出错。

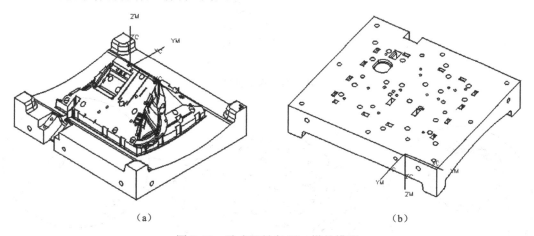

（a）　　　　　　　　　　　　　　　　　（b）

图 7-28　孔多且孔径不一样的模具

下面简单介绍复杂模具钻孔前的准备工作。

（1）进入建模界面。在键盘上按 Ctrl+M 组合键进入建模界面。

（2）投影曲线。在〖曲线〗工具条中单击〖投影〗 按钮，弹出〖投影曲线〗对话框，接着选择如图 7-29 所示的底面，然后单击鼠标中键；设置方向为"沿矢量"，指定矢量为 ，接着单击〖平面构造器〗 按钮，弹出〖平面〗对话框，然后单击〖XC-YC plane〗 按钮，最后单击 确定 按钮两次。

（3）投影曲线。参考上一步操作把不在底面上的圆弧投影到 *XY* 平面上，如图 7-30 所示。

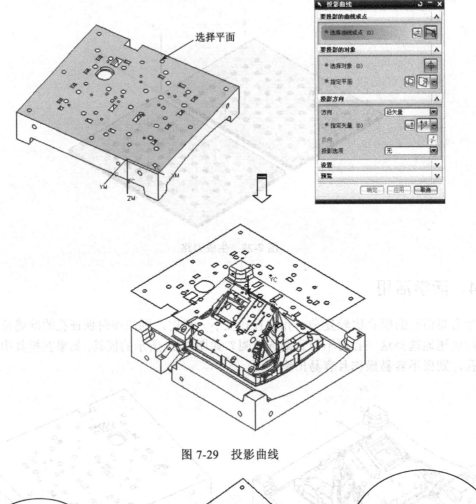

选择平面

图 7-29　投影曲线

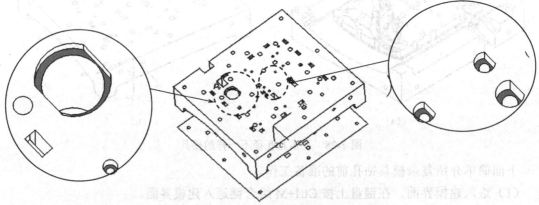

图 7-30　投影曲线

（4）隐藏工件，结果如图 7-31 所示。

（5）移除参数。在〖编辑特征〗工具条中单击〖移除参数〗 按钮，接着选择所有的曲线，然后单击 确定 按钮两次，最后单击 取消 按钮。

（6）删除非圆弧曲线，结果如图 7-32 所示。

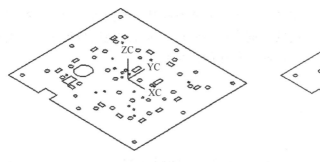

图 7-31　隐藏工件

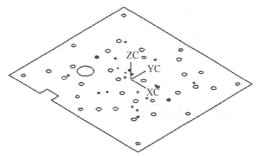

图 7-32　删除非圆弧曲线

（7）重新显示工件，结果如图 7-33 所示。

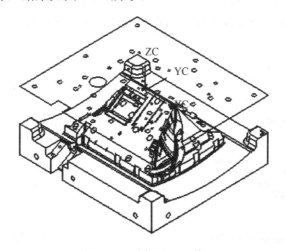

图 7-33　重新显示工件

7.4.5　实际加工中应注意的问题

在实际钻孔加工中，应注意以下几点问题。

（1）钻孔前应分析孔的深度，保证钻头具有足够的长度和刚度。

（2）钻深孔前，需要先钻中心孔。

（3）钻通孔时，应合理装夹工件，保证钻头不会钻到机床工作台。

7.5　工程师经验点评

学习完本章后，读者应重点掌握以下内容。

（1）掌握钻头的名称和各种规格。

（2）掌握钻孔的类型，以及钻孔编程的方法和技巧。

（3）合理使用各种钻头进行加工，并会设置合理的钻孔参数。

（4）熟悉孔加工指令和加工循环的用法，善于对各种不同类型数控系统的同一种加工指令和加工循环进行比较，找出它们之间的相同点和不同点，这样才能在数控系统种类较多的情况下，不至于将众多加工指令混淆，减少程序的出错率。

7.6 练习题

7-1 打开光盘中的〖Lianxi\Ch07\mianban.prt〗文件，如图 7-34 所示。使用〖钻孔〗功能对模具垫板进行钻孔，钻孔前需详细分析孔径的大小，确定使用的钻头型号。

7-2 打开光盘中的〖Lianxi\Ch07\B-ban.prt〗文件，如图 7-35 所示。使用〖钻孔〗功能对模具垫板进行钻孔，钻孔前需详细分析孔径的大小，确定使用的钻头型号。

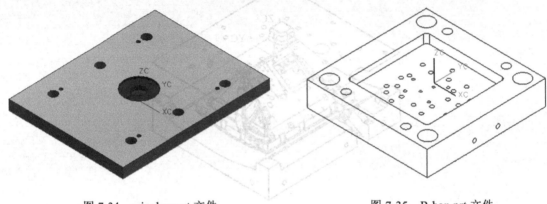

图 7-34   mianban.prt 文件   图 7-35   B-ban.prt 文件

第8章

产生NC程序与输出后处理

NX 后处理就是将 NX 文件中的刀具轨迹通过特定的处理器生成程序，然后传输到机床上。一般来说，不能直接传输 CAM 软件内部产生的刀轨到机床上进行加工，因为各种类型的机床在物理结构和控制系统方面都不尽相同，故对 NC 程序中指令和格式的要求也不同。因此，刀轨数据必须经过处理以适应每种机床及其控制系统的特定要求。这种处理，在大多数 CAM 软件中称为"后处理"。后处理的结果是使刀轨数据变成机床能够识别的刀轨数据，即 NC 代码。

后处理必须具备两个要素：刀轨——CAM 内部产生的刀轨；后处理器——包含机床及其控制系统信息的处理程序。

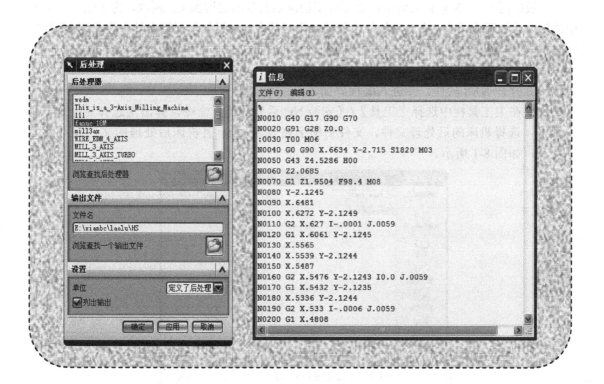

8.1　学习目标与课时安排

 学习目标及学习内容

（1）学会安装后处理器。

（2）学会产生 NC 后处理程序。

（3）学会输出后处理。

 学习课时安排（共 1 课时）

（1）安装后处理器。

（2）生成 NC 处理程序。

8.2　安装 NX 后处理

一般情况下，NX 软件自带的后处理并不能满足实际的编程加工。所以，为了使一个生产中的机床后处理程序能够在 NX 软件中使用，则必须在 NX 后处理配置文件中注册和安装它。一般机床生产商都会免费为客户提供该机床的后处理器文件，并附有后处理的安装说明书。

下面简单介绍安装 NX 后处理的方法。

（1）打开 NX8 软件，并进入编程界面。

（2）在主工具栏中选择〖工具〗/〖安装 NC 后处理器〗命令，弹出〖选择后处理器〗对话框，选择机床的后处理文件，文件后缀名格式为.pui，且机床后处理的文件夹不能为中文名，如图 8-1 所示。

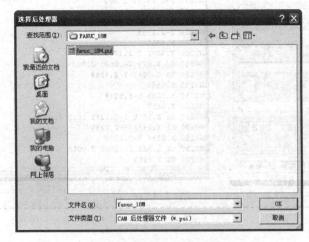

图 8-1　安装 NC 后处理器

（3）以上安装的为法兰克机床的后处理，安装该后处理后每次生成 NC 程序时都会优先选该后处理器。

8.3 生成 NX 后处理

当后处理安装完成后，就可以产生所需要的正确后处理程序了。打开需要进行加工的 NX 文件，接着在操作导航器中选择需要生成程序的程序组，然后在〖加工操作〗工具条中单击〖后处理〗 按钮，弹出〖后处理〗对话框，如图 8-2 所示。

图 8-2 〖后处理〗对话框

8.3.1 基本功的操作演示

下面以第 6 章工具钳前模的编程后处理为例，详细阐述产生后处理的过程。

（1）打开光盘中的〖Example\Ch08\hcl.prt〗文件，如图 8-3 所示。

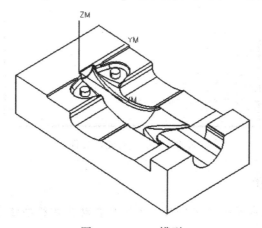

图 8-3 hcl.prt 模型

（2）在〖操作导航器〗中选择第一个程序组，如图 8-4 所示，然后在〖操作〗工具条单击〖后处理〗 按钮，弹出〖后处理〗对话框。然后选择后处理器为 mill3ax，并设置后处理文件的输出路径，如图 8-5 所示。

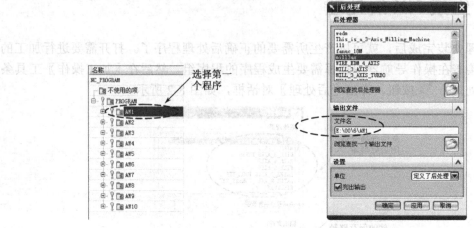

图 8-4 选择程序组 　　　　　　　图 8-5 设置后处理参数

 编程工程师点评

后处理的文件名称最好与程序组的名称一致，以避免传输程序时混淆；另外，为了便于文件的管理，后处理的文件应与 NX 文件放在同一个文件夹里。

（3）在〖后处理〗对话框中单击 确定 按钮，系统开始自动生成后处理文件，如图 8-6 所示。

图 8-6 生成后处理文件

 编程工程师点评

当选择的程序组生成后处理文件后，系统会自动在该程序组中生成一个 ✔ 标注，如图 8-7 所示。

（4）在〖操作导航器〗中选择第二个程序，如图 8-8 所示。在〖加工操作〗工具条中
单击〖后处理〗 按钮，弹出〖后处理〗对话框；然后选择后处理器为 mill3ax，并设置
文件输出路径，如图 8-9 所示。

图 8-7　生成标注　　　　　　　　　图 8-8　选择程序组

（5）在〖后处理〗对话框中单击 确定 按钮，系统开始自动生成后处理文件，如图 8-10 所示。

图 8-9　设置后处理参数　　　　　　图 8-10　生成后处理文件

编程工程师点评

当加工设备是加工中心时，可以选择所有程序组一起生成程序并传输到加工中心，
因为加工中心具有自动换刀的功能。

8.3.2　如何查看加工时间

加工时间对模具加工的报价非常重要，所以编写完 NC 程序后，应知道加工的大概时
间，否则无法进行报价。

一般情况下加工时间都会显示在后处理程序中的最后位置，如图 8-11 所示，可以看到
此程序的加工总时间为 15.38min。

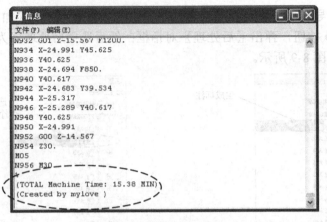

图 8-11　显示加工时间

 编程工程师点评

　　在 NX 软件自带的后处理文件中并不能显示时间，需要重新安装机床专用的后处理文件。本书光盘中附带法兰克机床的后处理文件，希望读者安装使用。

8.4　练习题

　　8-1　打开光盘中的《Lianxi\Ch08\hcl1.prt》文件，如图 8-12 所示，然后使用后处理功能对所有的程序生成 NC 后处理文件，并要求生成的后处理文件统一放在同一个文件夹中。

　　8-2　打开光盘中的《Lianxi\Ch08\hcl2.prt》文件，如图 8-13 所示，然后使用后处理功能对所有的程序生成 NC 后处理文件，并要求生成的后处理文件统一放在同一个文件夹中。

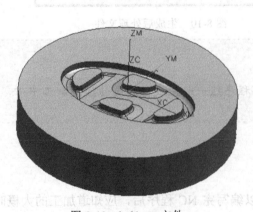

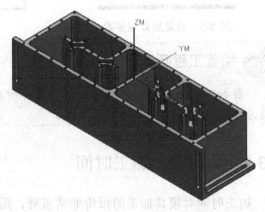

图 8-12　hcl1.prt 文件　　　　　　　　　　图 8-13　hcl2.prt 文件

第 2 部分　NX 编程高手实战

作者寄语

1. 第 2 部分为编程实战篇，内容由浅入深，知识点经典而又实用。
2. 实例中穿插了大量的"工程师经验点评"，希望读者认真体会并运用到实际的编程中。
3. 多练习、多思考，认真完成本书提供的课后练习。

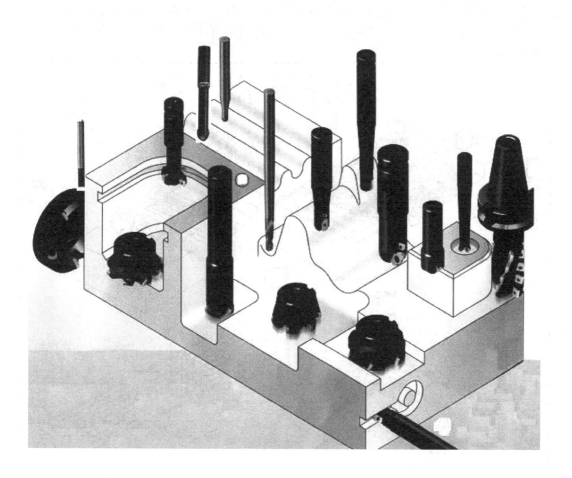

第9章

如何看刀路和判别刀路的好坏

由于数控加工是整个模具制造的最后一个流程，所以绝不能因大意而造成损失。加工前，必须认真检查刀路，防止过切和撞刀等情况。另外，由于企业之间竞争日趋剧烈，为了提高利润，则必须提高加工效率，所以要求编程者编出的程序在保证安全的前提下，应做到效率最高。

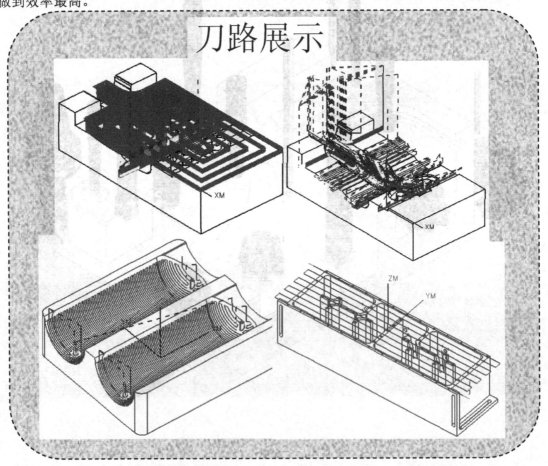

刀路展示

9.1　学习目标与课时安排

学习目标及学习内容

（1）学会判别刀路的好坏，哪里进刀和提刀等。
（2）学会判别产生的刀路是否过切。
（3）学会看刀路而判断出哪些部件未加工到。

学习课时安排（共 1 课时）

（1）判别刀路的好坏。
（2）分析进退刀类型、从哪进刀、哪些部位未加工。

9.2　判别刀路的类型和作用

读者学习编程一个阶段后，就必须懂得判别刀路的类型，即看到的刀路是型腔型刀路、等高轮廓铣刀路、平面加工刀路还是轮廓区域刀路。另外，不仅需要判别刀路的类型，还学会判别刀路的作用，如看到的刀路是开粗、二次开粗、曲面精加工还是陡峭面加工等。

1. 型腔铣开粗刀路

型腔铣刀路多数用于开粗，主要作用是去除模具上的大部分余量，所以只要刀具能到达的区域，都会产生刀路轨迹，如图 9-1 所示。

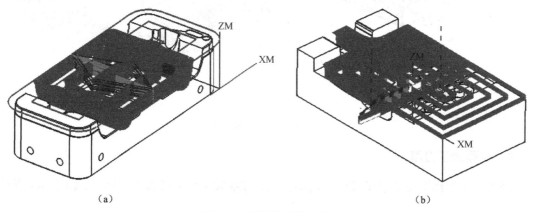

（a）　　　　　　　　　　　　　　　　　　　　（b）

图 9-1　型腔铣开粗刀路

2. 型腔铣二次开粗刀路

为了提高加工效率，模具开粗加工时都使用直径较大的刀具，所以当模具型腔的结构

较复杂时，则开粗完成后还留有大量的余量，此时就需要较小的刀具进行二次开粗，去除狭窄处的余量，如图9-2所示。

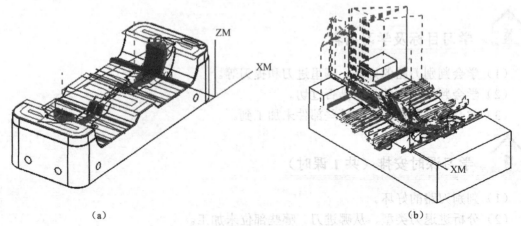

（a）   （b）

图9-2   型腔铣二次开粗刀路

3．等高轮廓加工

等高轮廓加工主要用于模具中陡峭区域的半精加工或精加工，其刀路贴着陡峭区域的外表面，且每层刀路的高度是相等的，如图9-3所示。

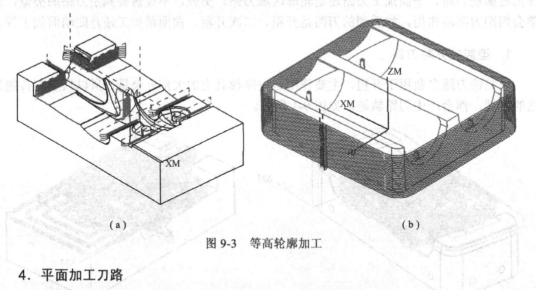

（a）   （b）

图9-3   等高轮廓加工

4．平面加工刀路

平面加工刀路主要用于模具中平面的加工，刀路形状简单且加工效率高，如图9-4所示。

5．区域轮廓刀路

区域轮廓刀路主要用于模具中平缓曲面的半精加工和精加工，其刀路的形状沿着曲面的形状走，且刀路在曲面上的空间距离保持相等，如图9-5所示。

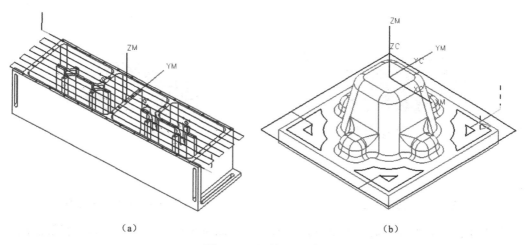

（a）   （b）

图 9-4　平面加工刀路

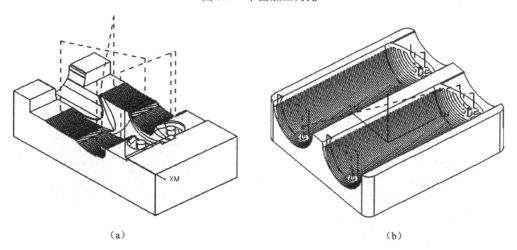

（a）   （b）

图 9-5　区域轮廓加工

9.3　判别进刀、退刀和横越

当编程初学者掌握编程的基本操作后，接下来的任务就是学会看刀路，判别刀路的好坏。进刀、退刀和横越是刀路中最基本的元素，必须重点掌握本章的内容。

1．进刀

进刀主要分为螺旋进刀、圆弧进刀和沿斜线进刀等，也可分为由内向外进刀和由外向内进刀，总之是根据工件的结构特点设置不同的进刀方式。图 9-6 和图 9-7 所示为工件开粗的进刀方式，其中前者是由内向外进刀，后者是由外向内进刀。

 编程工程师点评

刀路中黄色的线为进刀线。

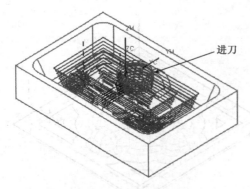

图 9-6　由内向外进刀

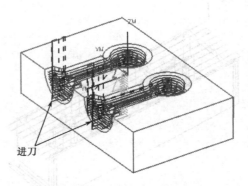

图 9-7　由外向内进刀

有时为了刀路整洁美观，需要设置进刀点。如图 9-8 所示的工件，其进行等高轮廓铣加工时，如不设置进刀点，加工刀路如图 9-9 所示；如设置进刀点，则加工刀路如图 9-10 所示。

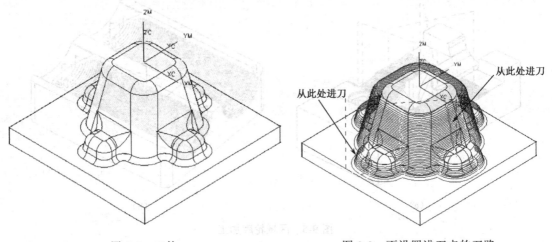

图 9-8　工件

图 9-9　不设置进刀点的刀路

编程工程师点评

　　另外，要避免在工件中的狭窄处和余量多的地方进刀，否则容易损坏刀具和撞刀。解决的办法就是在较宽阔的部位设置进刀点，有时也可以设置多个进刀点。

2．退刀

退刀就是刀具从最终切削位置到退刀点之间的运动，和进刀相反，如图 9-11 所示。

3．横越

横越就是刀具从一个加工区域向另一个加工区域作水平非切削的运动，如图 9-12 所示。

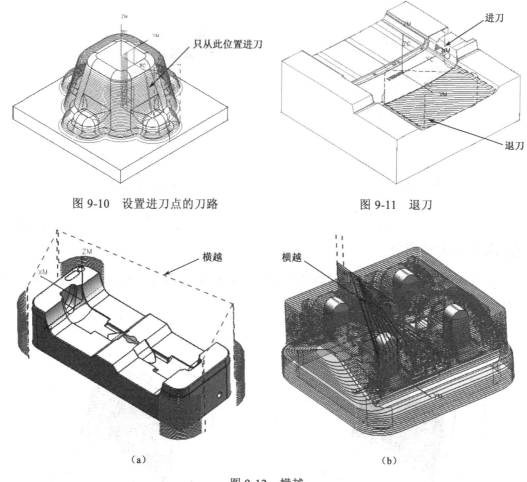

图 9-10　设置进刀点的刀路　　　　　　图 9-11　退刀

（a）　　　　　　　　　　　　　　（b）

图 9-12　横越

编程工程师点评

　　如果不设置横越的速度，则刀具以 G00 的速度运动。在这里建议读者养成设置横越的习惯，因为有些后处理输出的 NC 文件因没有设置横越而造成撞刀。一般情况下，横越设置为 5000 左右即可。

9.4　判别提刀的多少

　　提刀的多少直接影响到加工效率，提刀越多，加工效率越低，所以，在保证加工安全的前提下应尽量减少提刀。

　　一般情况下，加工复杂部件提刀会比较多，而加工简单的部件提刀会比较少，如图 9-13 所示；另外，单向切削的提刀会比较多，双向切削的提刀会比较少，如图 9-14 所示。

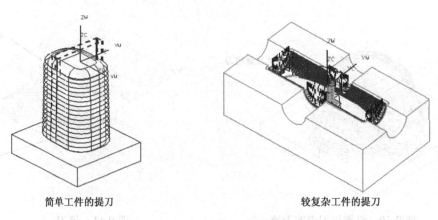

简单工件的提刀   较复杂工件的提刀

图 9-13   加工简单工件与复杂工件的提刀比较

编程工程师点评

    除了工作的复杂程度会影响提刀的多少外，如刀具的使用、加工陡峭角度、加工顺序和进刀方式等都会影响提刀的多少。

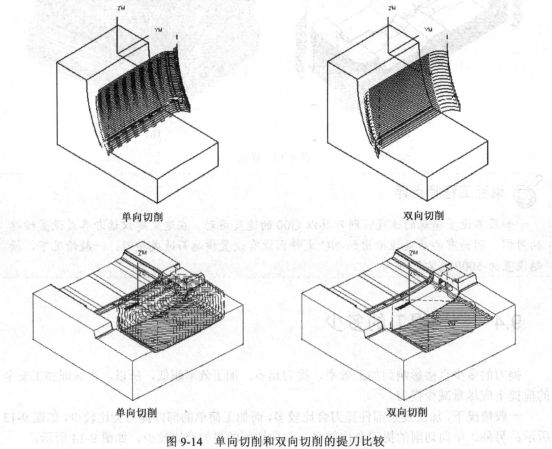

单向切削   双向切削

单向切削   双向切削

图 9-14   单向切削和双向切削的提刀比较

9.5　根据刀轨判别是否过切

生成刀轨后，首先需要检查刀轨是否会造成过切。一般情况下，如果加工参数没有设置错误，是不容易出现过切现象的；但如平面加工和流道加工时，则极容易出现过切现象，如图 9-15 所示。

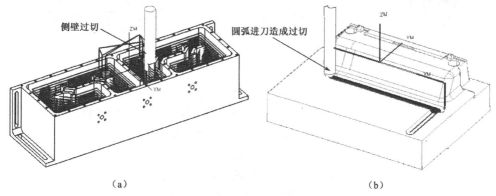

图 9-15　过切

编程工程师点评

　　数控加工中，造成过切的原因有多种，如机床精度不高、撞刀、弹刀、编程时选择小的刀具但实际加工时误用大的刀具等。另外，如果操机师傅对刀不准确，也可能会造成过切。

9.6　根据刀轨确定哪些部位加工不到

编程要做到有的放矢，则必须能根据生成的刀路确定工件中哪些部位没有加工到，从而考虑是否需要进行二次开粗、多次开粗和半精加工等。如果不能做到这点，则容易造成漏加工。如图 9-16 所示的工件，开粗后应根据刀路确定哪些部位加工不到，从而考虑是否需要进行二次开粗。

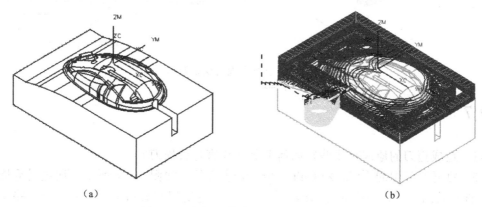

图 9-16　根据刀轨确定加工不到的部件

放大刀路，可以看到如图 9-17 所示的部位加工不到。

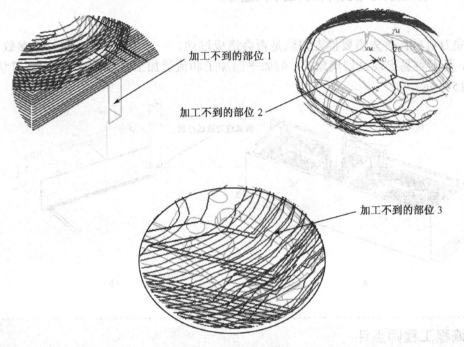

图 9-17　加工不到的部位

当工件的底部比较特殊时，从上往下观察刀路很难发现哪些部位没有加工到，则需要以特定的视角并设置视图为"静态线框"去观察刀路，如图 9-18 所示。

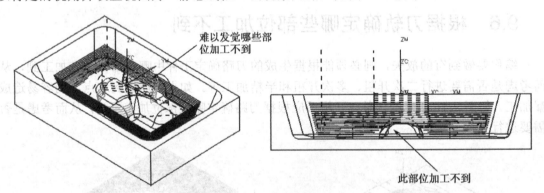

图 9-18　以特定视角观察刀路

9.7　练习题

9-1　造成撞刀的原因有哪些？如何避免和检查是否撞刀？

9-2　打开光盘中的〖LianXi\Ch09\dljc1.prt〗文件，如图 9-19 所示。通过〖重播〗命令逐一查看刀路，根据刀路的形状确定加工方法、进退刀方式和位置，并检查刀路是否存在过切或加工不完全的状况。

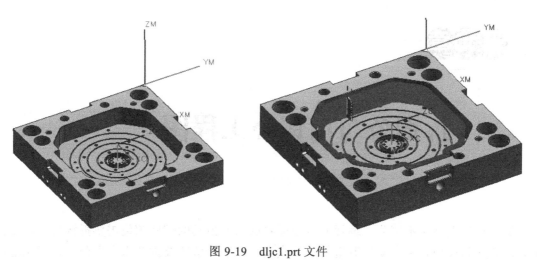

图 9-19　dljc1.prt 文件

第10章

拆铜公与出铜公工程图

编程与拆铜公密不可分，编程人员必须熟练掌握模具的哪些部位需要拆铜公，以及拆铜公的方法和技巧。某电器厂制造的车灯模具，一套模就需要拆几百个铜公，开粗完之后就直接进行铜公加工。事实证明拆铜公的质量及快慢也会直接影响到加工的质量和加工效率，所以拆铜公是编程的一个重要环节，绝不能忽视。

实例效果展示

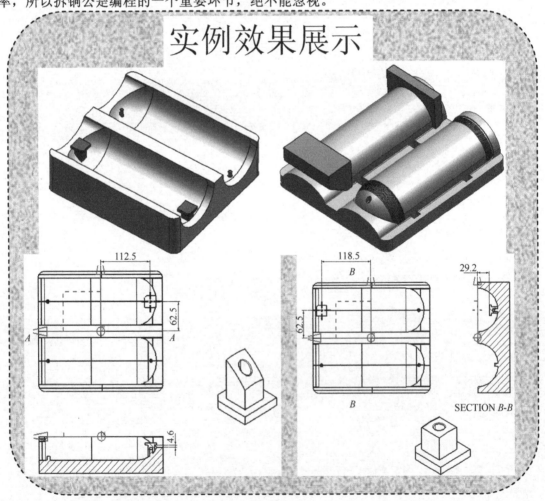

10.1　学习目标与课时安排

学习目标及学习内容

（1）掌握模具中哪些部位需要拆铜公。
（2）学会拆铜公的各种方法和技巧。
（3）掌握拆铜公应注意的问题。
（4）学会出铜公工程图。

学习课时安排（共 3 课时）

（1）铜公工艺、拆铜公——2 课时。
（2）出铜公工程图——1 课时。

10.2　掌握模具中哪些部件需要拆铜公

作为一名编程工程师，必须要清楚模具中哪些部位需要拆铜公。下面以图表的方式详细介绍模具中哪些部位需要拆铜公，如表 10-1 所示。

表 10-1　模具中需要拆铜公的部位

序号	需要拆铜公的部位	图解	铜公图
1	模具中存在直角或尖角的部位		
2	圆角位太深且所在位置狭窄		

续表

序号	需要拆铜公的部位	图解	铜公图
3	由曲面与直壁或斜壁组成的角位	拆铜公部位	
4	模具结构中存在较深且窄的部位	拆铜公部位	

编程工程师点评

　　除了以上的情况需要拆铜公外，一些模具材料硬度特别高或表面精度要求特别高的部位，使用普通的数控加工难以达到要求时，也需要使用电火花加工。

10.3　拆铜公的原则

　　铜公拆分的原则主要包括铜料成本、加工效率和铜公加工的可行性三大因素。拆分铜时，首先以节省铜料为原则，如铜公基准板的厚度需 15mm 即可，不能设置为 18mm 或更大。当然，也不能为了节省铜料而盲目地减少铜公基准板的厚度和宽度。图 10-1 所示的两个需要拆铜公的部位，其位置是对称的，但距离较大，如果拆成一个整体式铜公，将会浪费很多铜料，铜公如图 10-2 所示。

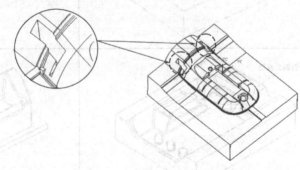

图 10-1　需要拆铜公的部位

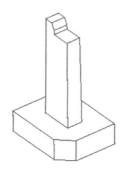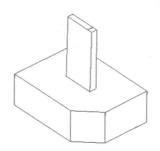

图 10-2   铜公

① 不能仅考虑单一因素，要综合考虑成本、效率和加工可行性，这样拆分的铜公才会最合理。

② 拆铜公时，还需要考虑铜公的高度，绝不允许铜公基准板碰到模具或很靠近模具，避免铜公对不该电火花加工的部位也进行加工，从而损坏模具。

其次，拆铜公需要考虑加工效率问题。因为电火花加工的时间相对比较长，如果一套模具中存在多处需要电火花加工的部位，则加工时间是比较长的。为了缩短电火花加工时间，在不浪费大量铜料的前提下，尽量将铜公拆分为整体式铜公。图 10-3 所示的两个需要拆铜公的对称部位，其距离相对不大，故两处应拆成一个整体式的铜公，铜公如图 10-4 所示。

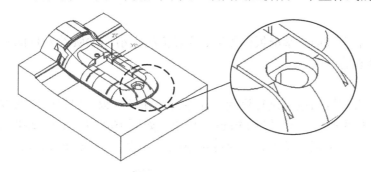

图 10-3   需要拆铜公的部位

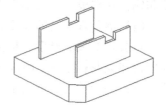

图 10-4   铜公

最后，拆铜公时需要考虑铜公加工可行性的问题。如果拆分出来的铜公中存在直角、尖角等数控铣床无法加工的部位时，则这样的铜公是无用的，不能用于加工。如图 10-5 所示的部位需要拆铜公，如果将其拆成如图 10-6 所示的铜公，则是无法加工的。

① 不能仅考虑单一因素，要综合考虑成本、效率和加工可行性。

② 拆铜公时，还需要考虑铜公的高度，绝不允许铜公基准板碰到模具或很靠近模具，避免铜公对不该电火花加工的部位也进行加工，从而损坏模具，如图 10-7 所示。

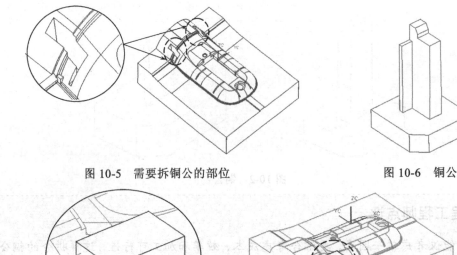

图 10-5　需要拆铜公的部位　　　　　　　　　图 10-6　铜公

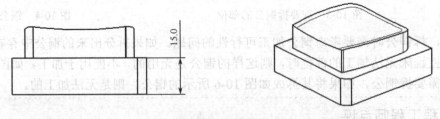

图 10-7　基准板碰到模具

10.4　拆铜公的注意事项

拆铜公时需要注意的事项主要有铜公基准板的厚度、校表位的大小、EDM 冲水位的高度和铜公基准板中心与加工中心的距离。

（1）铜公基准板的厚度。

铜公基准板的厚度应根据火花机的型号进行设置，如果需要在基准板上以锁螺纹的方式固定在火花机上时，则基准板的厚度应设置为 15mm 或以上，如图 10-8 所示；但如果火花机是以夹紧的方式固定铜公时，则铜公基准板的厚度可小些，一般为 5～6mm 即可。

图 10-8　基准板的厚度

> **编程工程师点评**
>
> 　　铜公基准板的厚度非常重要，基准板越厚，校表时铜公的垂直度就越准确。

（2）校表位的大小。

校表位即是基准板边缘与铜公脚的距离，如图 10-9 所示。校表位单边距离最好不要小于 5mm，否则不利于校表。

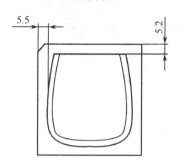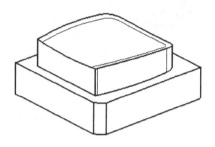

图 10-9　校表位

（3）EDM 冲水位的高度。

EDM 冲水位的高度即是基准板与模具最高处的距离，如图 10-10 所示。EDM 冲水位的高度一般设置为 5mm 或以上，这样便于电火花加工时冲走残渣。

> **编程工程师点评**
>
> 　　如果 EDM 冲水位的高度过小，则可能导致炭粉不能及时冲走，从而造成二次放电损害铜公。

（4）基准板中心与加工中心的距离。

为了方便于工作校表和减少操作错误，基准板的中心与加工中心之间的距离应尽量为整数，如图 10-11 所示。

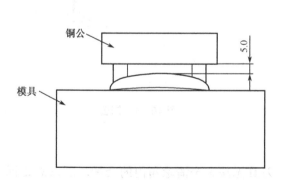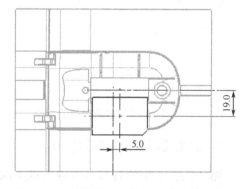

图 10-10　EDM 冲水位的高度　　　　　图 10-11　基准板中心与加工中心的距离

10.5　照明电筒前后模铜公的拆分

下面以照明电筒前后模的铜公拆分为实例，详细讲解铜公拆分的过程及技巧。希望读者认真体会和思考，真正掌握拆各种铜公的方法和工艺要求。照明电筒前后模如图 10-12 所示。

（a）前模　　　　　　　　　　　　　　　　（b）后模

图 10-12　照明电筒前后模

10.5.1　模型分析

主要分析照明电筒前后模中哪些部位需要拆铜公，铜公的结构形式如何，拆分的铜公是整公还是散公等。

1. 前模需拆铜公的部位

由于如图 10-13 所指的四处小圆柱根部，使用刀具很难加工而无法完全清除余量，所以需要拆铜公。另外，由于四处小圆柱呈对称分布，所以只需要拆两个铜公即可，如图 10-14 所示。

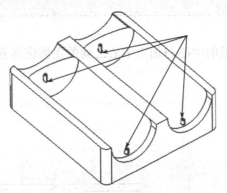

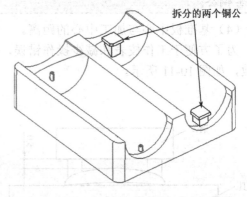

拆分的两个铜公

图 10-13　需拆铜公的部位　　　　　　　　　图 10-14　铜公

2. 后模需拆铜公的部位(一)

图 10-15 所指的圆弧与直壁组成的部位，刀具无法完全清除角内的余量，所以需要拆铜公，铜公如图 10-16 所示。

 编程工程师点评

由于铜公的体积较大，且四个侧面均为直壁，所以为了节省铜料，可以不做碰数基准板。

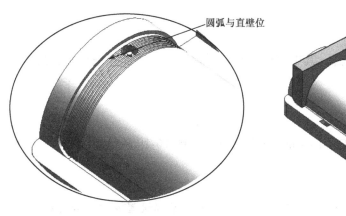

图 10-15　需要拆铜公的部位

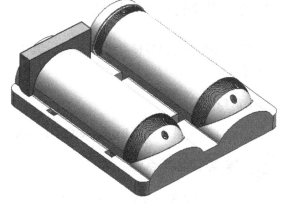

图 10-16　铜公

3．后模需拆铜公的部位(二)

图 10-17 所指的部位由多个圆弧面组成，使用刀具无法清除角上的余量，所以需要拆铜公。另外，由于该位置的特殊性，如果只拆分一个铜公，则无法完全加工，所以需要拆分两个不同的铜公，如图 10-18 所示。

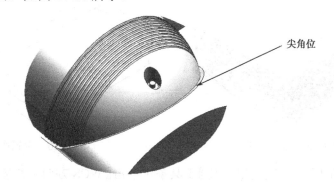

图 10-17　需要拆铜公的部位

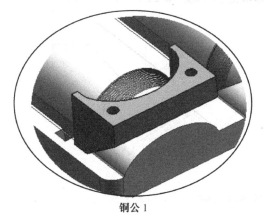

铜公 1

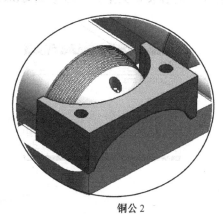

铜公 2

图 10-18　铜公

10.5.2 拆铜公具体步骤

整个照明电筒前后模共 5 个铜公，其中前模两个，后模三个。下面详细介绍创建拆铜公的过程。

1.前模铜公一

（1）打开光盘中的〖Example\Ch010\zmdt.prt〗文件，如图 10-19 所示。

 编程工程师点评

在 NX 模具管理中，一般将前模设置在"图层 27"中，后模设置在"图层 28"中。

（2）进入建模界面。按 Ctrl+M 组合键进入建模界面。

（3）按 Ctrl+L 组合键，弹出〖图层设置〗对话框，然后关闭图层 28，结果如图 10-20 所示。

图 10-19　zmdt.prt 文件

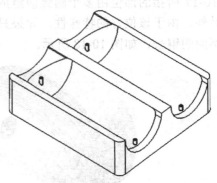

图 10-20　设置图层

（4）创建加工坐标系。在〖实用工具〗工具条中单击〖WCS 方向〗 按钮，弹出〖CSYS〗对话框，接着设置类型为"对象的 CSYS"，然后选择如图 10-21 所示的平面。

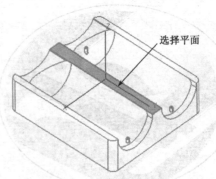

图 10-21　创建加工坐标

（5）创建基准坐标系。在〖特征〗工具条中单击〖基准 CSYS〗 按钮，弹出〖基准 CSYS〗对话框，然后单击 确定 按钮，创建的基准坐标系如图 10-22 所示。

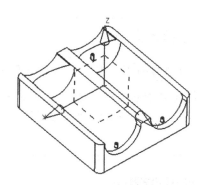

图 10-22　创建基准坐标系

（6）按 Ctrl+L 组合键，弹出〖图层设置〗对话框，然后设置当前图层为 1。

（7）进入注塑模向导界面。在菜单条中选择〖开始〗/〖所有应用模块〗/〖注塑模向导〗命令，弹出〖注塑模向导〗工具条。在〖注塑模向导〗工具条中单击〖注塑模工具〗 ✖ 按钮，弹出〖注塑模工具〗工具条，如图 10-23 所示。

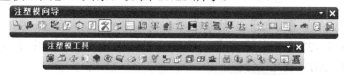

图 10-23　〖注塑模工具〗工具条

（8）创建方块。在〖注塑模工具〗工具条中单击〖创建方块〗 ▣ 按钮，弹出〖创建方块〗对话框，然后选择如图 10-24 所示小圆柱的两个面，并在〖创建方块〗对话框中设置默认间隙为 4，并设置顶面的面间隙为 9，如图 10-24 所示。

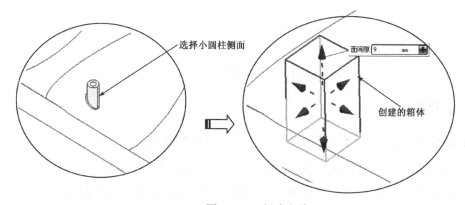

图 10-24　创建方块

编程工程师点评

　　设置顶面的面间隙为9的目的是使铜公基准板不碰到模具，且避空成型面一段距离。

　　（9）布尔运算求差。在〖特征〗工具条中单击〖求差〗 按钮，弹出〖求差〗对话框，接着勾选"保持工具"选项，然后选择上一步创建的方块为目标体，照明电筒前模为工具体，如图 10-25 所示。

　　（10）隐藏前模。关闭图层 27 隐藏前模，并将铜公摆成如图 10-26 所示的位置。

 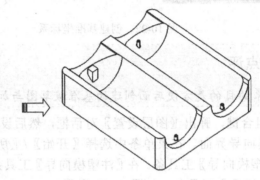 

图 10-25　布尔运算求差　　　　　　　　　　　图 10-26　隐藏前模

　　（11）偏置曲面。在〖特征〗工具条中单击〖偏置面〗 按钮，弹出〖偏置面〗对话框，接着选择如图 10-27 所示的孔底面，然后设置偏置值为 4 并单击〖反向〗 按钮使底面加深 4mm，最后单击 确定 按钮。

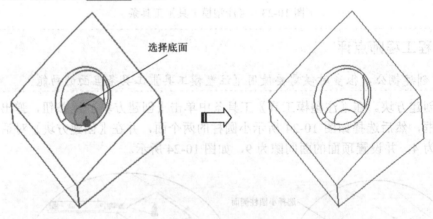

选择底面

图 10-27　偏置曲面

 编程工程师点评

　　由于小圆柱的顶面是平面，用铣刀加工即可，所以需要避空。

　　（12）显示前模。打开图层 27 来显示前模，如图 10-28 所示。

　　（13）创建草图。选择铜公顶面作为草图平面创建草图，如图 10-29 所示。

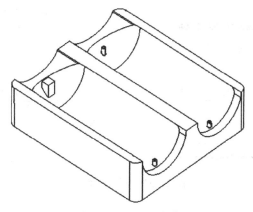

图 10-28　显示前模

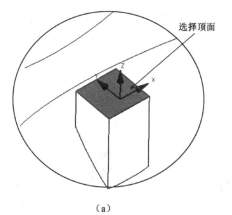

（a）

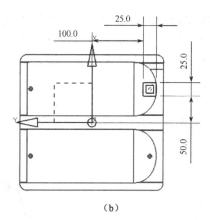

（b）

图 10-29　创建草图

（14）拉伸实体创建基准板。选择上一步创建的矩形，并设置开始距离为 0，结束距离为 5，布尔为"求和"，然后选择铜公为对象，如图 10-30 所示。

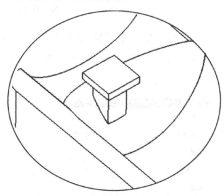

图 10-30　拉伸实体创建基准板

（15）倒基准角。在铜公基准板的一个角上倒 4×4 的角，如图 10-31 所示。

（16）设置图层。在键盘上按 Ctrl+L 组合键，弹出〖图层设置〗对话框，然后设置当前图层为 2，并关闭图层 1。

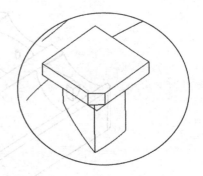

图 10-31　基准板倒角

2．前模铜公二

（1）创建方块。在〖注塑模工具〗工具条中单击〖创建方块〗 按钮，弹出〖创建方块〗对话框，然后选择如图 10-32 所示小圆柱的两个面，并在〖创建方块〗对话框中设置默认间隙为 4，并设置顶面的面间隙为 7，如图 10-32 所示。

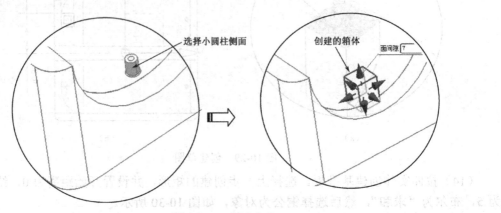

图 10-32　创建方块

（2）布尔运算求差。在〖特征〗工具条中单击〖求差〗 按钮，弹出〖求差〗对话框，接着勾选"保持工具"选项，然后选择上一步创建的方块为目标体，照明电筒前模为工具体，如图 10-33 所示。

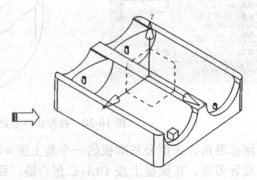

图 10-33　布尔运算求差

（3）隐藏后模。关闭图层 27 以隐藏后模，并将铜公摆成如图 10-34 所示的位置。

（4）偏置曲面。在〖特征〗工具条中单击〖偏置面〗 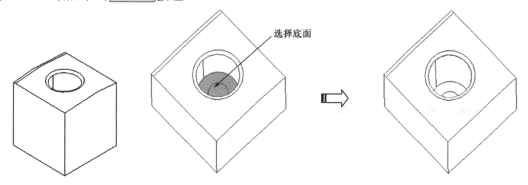 按钮，弹出〖偏置面〗对话框，接着选择如图 10-35 所示的孔底面，然后设置偏置值为 4 并单击〖反向〗 按钮使底面加深 4mm，最后单击 确定 按钮。

选择底面

图 10-34　隐藏后模　　　　　　　　　　图 10-35　偏置曲面

（5）显示前模。打开图层 27 来显示前模。

（6）创建草图。选择铜公顶面作为草图平面创建草图，如图 10-36 所示。

（7）拉伸实体创建基准板。选择上一步创建的矩形，并设置开始距离为 0，结束距离为 5，布尔为"求和"，然后选择铜公为对象，如图 10-37 所示。

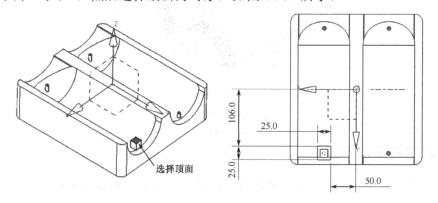

选择顶面

图 10-36　创建草图

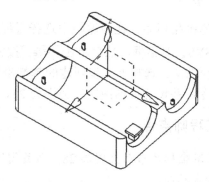

图 10-37　拉伸实体创建基准板

（8）倒基准角。在铜公基准板的一个角上倒4×4的角，如图10-38所示。

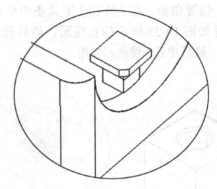

图10-38　基准板倒角

（9）设置图层。在键盘上按 Ctrl+L 组合键，弹出〖图层设置〗对话框，然后打开图层28，设置当前图层为101，并关闭图层2，结果如图10-39所示。

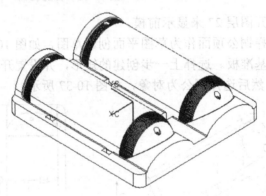

图10-39　图层设置

 编程工程师点评

　　为了方便查找前后模的铜公，习惯将后模的铜公设置在图层101以后。

3.后模铜公一

（1）创建基准坐标系。在标题栏中选择〖插入〗/〖基准/点〗/〖基准 CSYS〗命令，弹出〖基准 CSYS〗对话框，然后单击 确定 按钮，创建的基准坐标系如图10-40所示。

（2）移动至图层。选择上一步创建的基准坐标系，然后在主菜单中选择〖格式〗/〖移动至图层〗命令，并设置目标图层或类别为28，如图10-41所示。

 编程工程师点评

　　如不将基准坐标系移动至图层28，则关闭图层101后就隐藏了基准坐标系，这为继续创建铜公带来麻烦。

（3）创建方块。在〖注塑模工具〗工具条中单击〖创建方块〗 按钮，弹出〖创建方块〗对话框，然后选择如图 10-42 所示的三个面，接着在〖创建方块〗对话框中设置默认间隙为 4，并设置顶面面间隙为 10，侧面面间隙为 6。

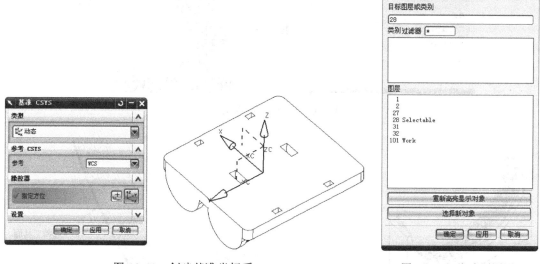

图 10-40　创建基准坐标系　　　　　　　　　　图 10-41　移动至图层

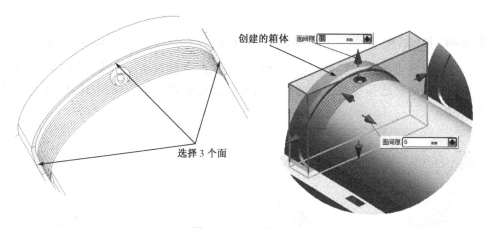

图 10-42　创建方块

（4）布尔运算求差。在〖特征〗工具条中单击〖求差〗 按钮，弹出〖求差〗对话框，接着勾选"保持工具"选项，然后选择上一步创建的一个方块为目标体，后模为工具体，如图 10-43 所示。

（5）隐藏后模。关闭图层 28 隐藏后模，并将铜公摆成如图 10-44 所示的位置。

（6）替换曲面。在〖同步建模〗工具条中单击〖替换面〗 按钮，弹出〖替换面〗对话框。选择如图 10-45 所示的面为目标面并单击鼠标中键，接着选择如图 10-46 所示的大圆弧面为工具面，然后单击〖反向〗 按钮，最后单击 确定 按钮。

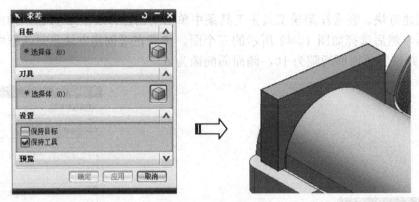

图 10-43　布尔运算求差

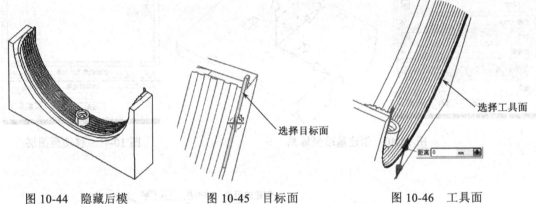

图 10-44　隐藏后模　　　　　　图 10-45　目标面　　　　　　图 10-46　工具面

（7）参考上一步操作，对另一边同样的两个曲面进行替换，结果如图 10-47 所示。

（8）拉伸曲面。选择实体边界为拉伸对象，指定拉伸矢量为如图 10-48 所示的边，拉伸距离为 30。

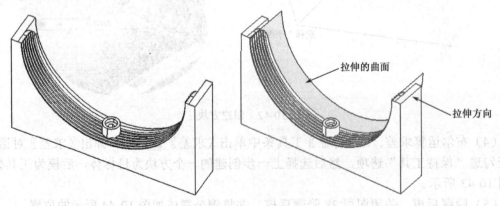

图 10-47　替换面　　　　　　　　　　图 10-48　拉伸曲面

（9）修剪体。在〖特征〗工具条中单击〖修剪体〗 按钮，弹出〖修剪体〗对话框，接着选择铜公为修剪对象，曲面为修剪工具，结果如图 10-49 所示。

（10）替换曲面（一）。参考前面的操作，依次选择目标面和工具面，如图 10-50 所示。

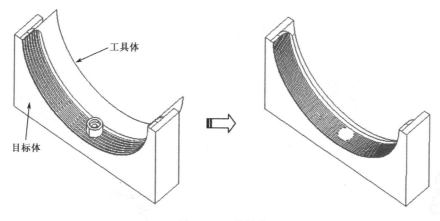

图 10-49　修剪体

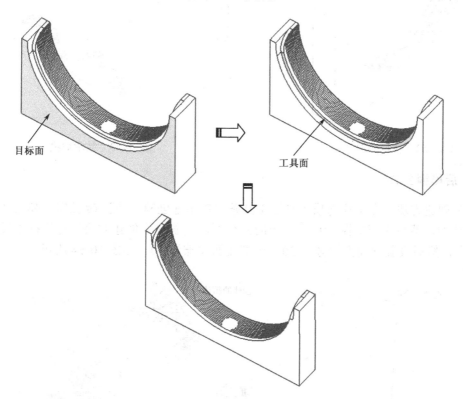

图 10-50　替换曲面（一）

（11）替换曲面（二）。参考前面的操作，依次选择目标面和工具面，如图 10-51 所示。

（12）替换曲面（三）。参考前面的操作，对另一边相同的两个面进行替换面，结果如图 10-52 所示。

（13）显示后模。打开图层 28 显示后模，结果如图 10-53 所示。

（14）设置图层。在键盘上按 Ctrl+L 组合键，弹出〖图层设置〗对话框，然后设置当前图层为 102，并关闭图层 101。

图 10-51　替换曲面（二）

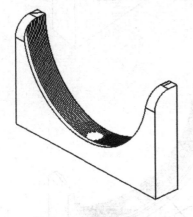

图 10-52　替换曲面（三）

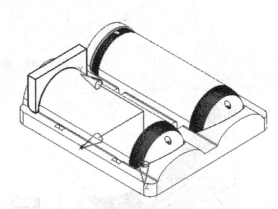

图 10-53　显示后模

4．后模铜公二

（1）创建方块。在〖注塑模工具〗工具条中单击〖创建方块〗 按钮，弹出〖创建方块〗对话框，然后选择如图 10-54 所示的三个面，接着在〖创建方块〗对话框中设置默认间隙为 3，然后设置顶面面间隙为 30，一侧面面间隙为 10，如图 10-54 所示。

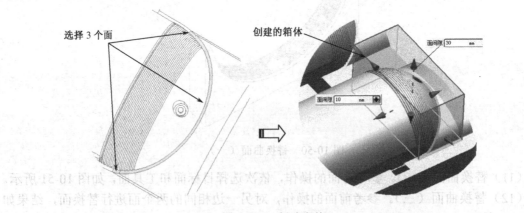

图 10-54　创建方块

（2）布尔运算求差。在〖特征〗工具条中单击〖求差〗 按钮，弹出〖求差〗对话框，接着勾选"保持工具"选项，然后选择上一步创建的方块为目标体，后模为工具体，如图 10-55 所示。

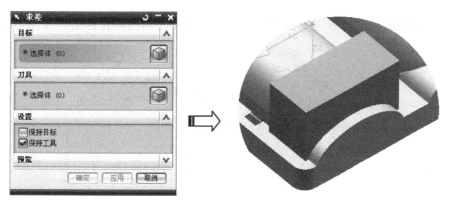

图 10-55　布尔运算求差

（3）隐藏后模。关闭图层 28 隐藏后模，并将铜公摆成如图 10-56 所示的位置。

（4）分割铜公中多余的实体。在〖注塑模工具〗工具条中单击〖分割实体〗 按钮，弹出〖分割实体〗对话框，接着选择如图 10-57 所示的方块和曲面作为目标体和工具体，然后单击 确定 按钮两次。

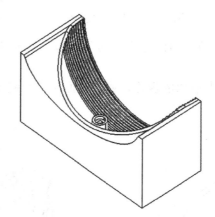

图 10-56　隐藏后模

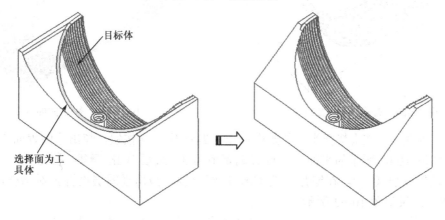

图 10-57　分割实体

（5）替换曲面（一）。参考前面的操作，依次选择工具面和目标面，如图 10-58 所示。

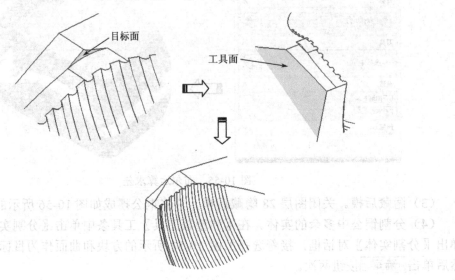

图 10-58　替换曲面（一）

（6）替换曲面（二）。参考前面的操作，对另一边相同的两个面进行替换面，结果如图 10-59 所示。

（7）替换曲面（三）。参考前面的操作，将凹曲面上的凸起全部替换成凹曲面，结果如图 10-60 所示。

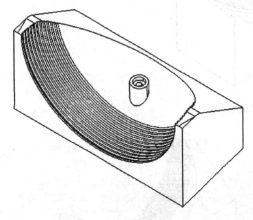

图 10-59　替换曲面（二）

图 10-60　替换曲面（三）

（8）偏置曲面。在〖特征〗工具条中单击〖偏置面〗 按钮，弹出〖偏置面〗对话框，然后选择如图 10-61 所示的平面，并设置偏置值为 3，最后单击 确定 按钮。

（9）设置图层（一）。在键盘上按 Ctrl+L 组合键，弹出〖图层设置〗对话框，然后打开图层 28，结果如图 10-62 所示。

（10）设置图层（二）。在键盘上按 Ctrl+L 组合键，弹出〖图层设置〗对话框，然后设置当前图层为 103，并关闭图层 102。

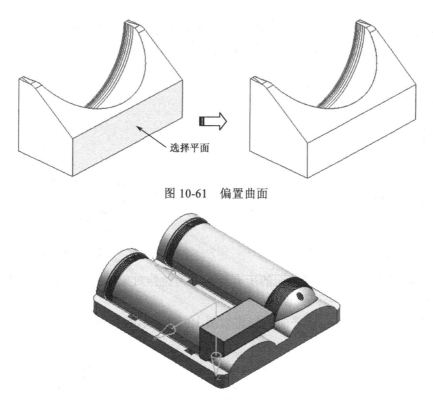

图 10-61　偏置曲面

图 10-62　设置图层

5．后模铜公三

（1）抽取曲面。在〖特征〗工具条中单击〖抽取体〗 ![按钮] 按钮，弹出〖抽取〗对话框。设置类型为"面"，面选项为"单个面"，并勾选"隐藏原先的"选项，然后选择如图 10-63 所示的 5 个曲面。

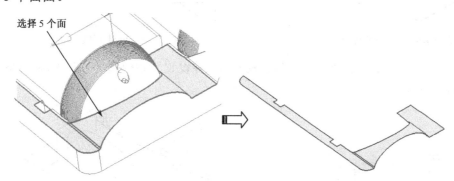

图 10-63　抽取曲面

（2）缝合曲面（一）。在〖特征〗工具条中单击〖缝合〗 ![按钮] 按钮，弹出〖缝合〗对话框。选择其中一个曲面，然后框选其余四个曲面，最后单击 确定 按钮。

（3）创建草图。在 XC-YX 平面上创建如图 10-64 所示的两条直线。

（4）修剪曲面。在键盘上按 T 快捷键，弹出〖修剪片体〗对话框。选择曲面为修剪对象，选择上一步创建的草图为修剪工具，结果如图 10-65 所示。

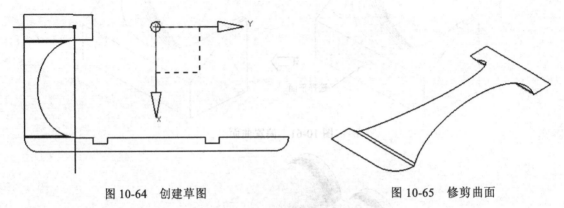

图 10-64　创建草图　　　　　　　　　　　　　　图 10-65　修剪曲面

（5）拉伸曲面（一）。选择曲面的所有外边界为拉伸对象，并设置拉伸距离为 90，如图 10-66 所示。

（6）创建直线。在 *YC-ZC* 平面上创建如图 10-67 所示的直线。

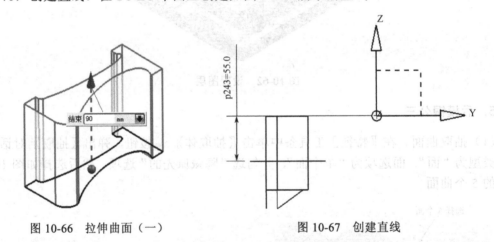

图 10-66　拉伸曲面（一）　　　　　　　　　　　图 10-67　创建直线

（7）拉伸曲面（二）。选择上一步创建的直线，并设置开始距离为-25，结束距离为 135，如图 10-68 所示。

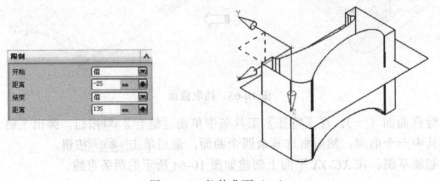

图 10-68　拉伸曲面（二）

（8）修剪与延伸曲面。在〖曲面〗工具条中单击〖修剪和延伸〗 按钮，弹出〖修剪和延伸〗对话框。设置类型为"制作拐角"，选择其中一个曲面并单击鼠标右键，然后选择另一个曲面，结果如图 10-69 所示。

（9）缝合曲面（二）。参考前面的操作，将三个曲面缝合在一起创建铜公实体。

（10）设置图层。在键盘上按 Ctrl+L 组合键，弹出〖图层设置〗对话框，然后打开图层 28，结果如图 10-70 所示。

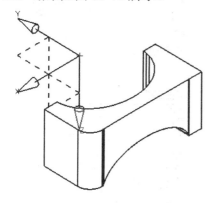
图 10-69　修剪与延伸曲面

图 10-70　设置图层

（11）保存文件。在键盘上按 Ctrl+S 组合键保存文件。

10.6　出铜公工程图

出铜公工程图也是模具加工中的一个重要环节，它是设计人员与火花机操作工人最直接的沟通方式。因为只有清楚地标明铜公在模具中的具体位置，火花机操作工人才能清楚地校表并取得准确的碰数。

10.6.1　出铜公工程图

铜公工程图与产品工程图的创建方法完全一样，但铜公工程图最主要的是反映铜公与模具的位置关系。

下面以照明电筒前模中铜公的工程图为实例，详细阐述铜公工程图的创建过程。

1. 铜公一的工程图

（1）打开光盘中的〖Example\Ch10\tggct.prt〗文件，如图 10-71 所示。

（2）设置图层。在键盘上按 Ctrl+L 组合键，弹出〖图层设置〗对话框，然后设置图层 1 为工作图层。

（3）进入工程图界面。选择〖开始〗/〖制图〗命令，进入〖制图〗界面。在〖制图〗工具栏中单击〖新建图纸页〗 按钮，弹出〖图纸页〗对话框，然后勾选"标准尺寸"选

项和"基本视图命令"选项，设置图纸大小为 A3-297×420，图纸页名称为 tg1，比例为 1：2，其他参数不变，如图 10-72 所示。

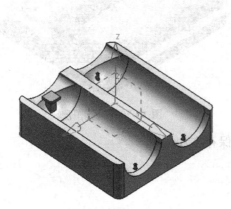

图 10-71　tggct.prt 模型　　　　　　　　　　　图 10-72　进入工程图界面

（4）创建俯视图。在〖图纸页〗对话框中单击 确定 按钮，弹出〖基本视图〗对话框。在〖基本视图〗对话框中设置要使用的模型视图为"仰视图"，然后在工程图的左上角指定俯视图的位置，结果如图 10-73 所示，最后单击 关闭 按钮。

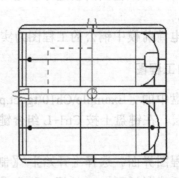

图 10-73　创建俯视图

（5）创建剖视图。在〖图纸〗工具条中单击〖剖视图〗 按钮，接着选择上一步创建的视图，然后选择如图 10-74 所示的小圆圆心为剖切位置，最后指定视图的位置，结果如图 10-74 所示。

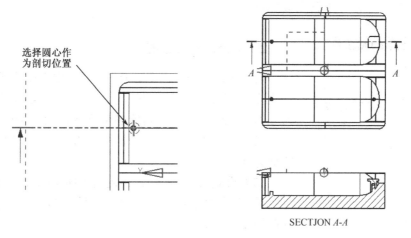

图 10-74　创建剖视图

（6）设置图层。在键盘上按 Ctrl+L 组合键，弹出〖图层设置〗对话框，然后设置图层 1 为工作图层，并关闭图层 27 隐藏前模。

（7）创建铜公正等测视图。在〖图纸〗工具条中单击〖基本视图〗 按钮，弹出〖基本视图〗对话框。在〖基本视图〗对话框中设置视图方式为"正等测视图"，并设置刻度尺为 2∶1，接着指定铜公的摆放位置，如图 10-75 所示，最后单击 关闭 按钮。

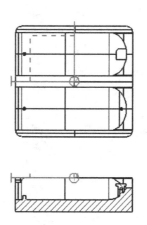

图 10-75　创建铜公正等测视图

编程工程师点评

　　创建铜公工程图时，同样需要创建铜公的正等测视图，这样可更加清晰地告诉火花机师傅是使用哪个铜公进行电火花加工。

图 10-76　新建图纸

2．铜公二的工程图

　　（1）新建图纸。在〖图纸〗工具条中单击〖新建图纸页〗按钮，然后设置图纸大小为 A3-297×420，图纸页名称为 tg2，比例为 1∶2，其他参数不变，如图 10-76 所示。

　　（2）在〖图纸页〗对话框中单击 确定 按钮，进入新的图纸界面。

　　（3）设置图层（一）。在键盘上按 Ctrl+L 组合键，弹出〖图层设置〗对话框，然后设置图层 2 为工作图层，最后打开图层 27 并关闭图层 1。

　　（4）在〖图纸〗工具条中单击〖基本视图〗按钮，弹出〖基本视图〗对话框。在〖基本视图〗对话框中设置视图方式为"仰视图"，然后在工程图的左上角指定俯视图的位置，结果如图 10-77 所示，最后单击 关闭 按钮。

　　（5）创建剖视图。在〖图纸〗工具条中单击〖剖视图〗按钮，接着选择上一步创建的视图，然后选择如图 10-78 所示的小圆圆心为剖切位置，最后指定视图的位置，结果如图 10-78 所示。

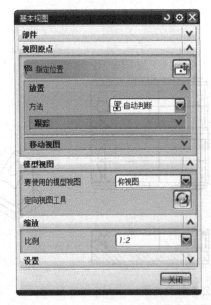

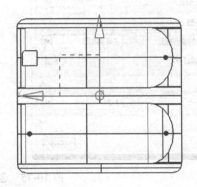

图 10-77　创建俯视图

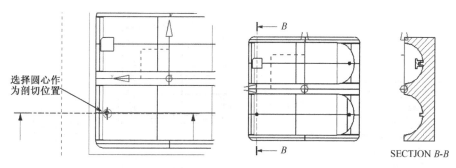

图 10-78　创建剖视图

（6）设置图层（二）。在键盘上按 Ctrl+L 组合键，弹出〖图层设置〗对话框，然后关闭图层 27。

（7）创建铜公正等测视图。在〖图纸〗工具条中单击〖基本视图〗 按钮，弹出〖基本视图〗对话框。在〖基本视图〗对话框中设置视图方式为"正等测视图"，并设置刻度尺为 2 : 1，接着指定铜公的摆放位置，如图 10-79 所示，最后单击 关闭 按钮。

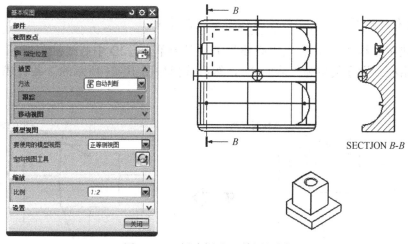

图 10-79　创建铜公正等测视图

（8）保存工程图。在键盘上按 Ctrl+S 组合键保存铜公工程图。

10.6.2　标注铜公位置尺寸

铜公工程图的尺寸标注主要是标注铜公基准板中心与加工中心的距离及 EDM 冲水位的高度。

1. 工程图 tg1 的尺寸标注

（1）切换工程图。在〖部件导航器〗中双击 Sheet "tg1" 图标，切换工程图 tg1 为工作工程图，如图 10-80 所示。

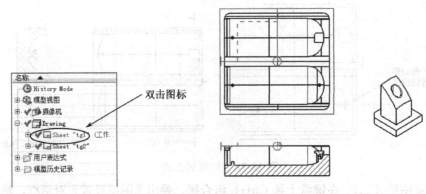

图 10-80　切换工程图 tg1

（2）设置图层。在键盘上按 Ctrl+L 组合键，弹出〖图层设置〗对话框，然后设置图层 27 为工作图层，并打开图层 1，关闭图层 2。

 编程工程师点评

　　如果没有打开图层，则不能选择该图层中的元素。

　　（3）创建中心线（一）。在〖中心线〗工具条中单击〖2D 中心线〗 按钮，弹出〖2D 中心线〗对话框。设置类型为"从曲线"，然后选择如图 10-81 所示的 2 条直线，最后单击 应用 按钮。

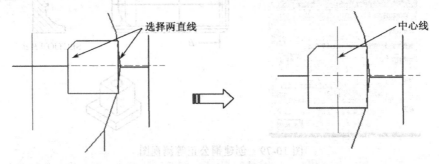

图 10-81　创建中心线（一）

　　（4）创建中心线（二）。参考上一步操作，创建铜公基准板的另外两条边界线，结果如图 10-82 所示。

　　（5）标注尺寸。在〖尺寸〗工具条中单击〖自动判断的尺寸〗 按钮，然后标注尺寸，结果如图 10-83 所示。

2．工程图 tg2 的尺寸标注

　　（1）切换工程图。在部件导航器中双击 图标，切换工程图 tg2 为工作工程图，如图 10-84 所示。

　　（2）设置图层。打开图层 2，关闭图层 1。

　　（3）创建中心线（一）。在〖中心线〗工具条中单击〖2D 中心线〗 按钮，弹出〖2D

中心线》对话框。设置类型为"从曲线"，然后选择如图 10-85 所示的两条直线，最后单击 〖应用〗按钮。

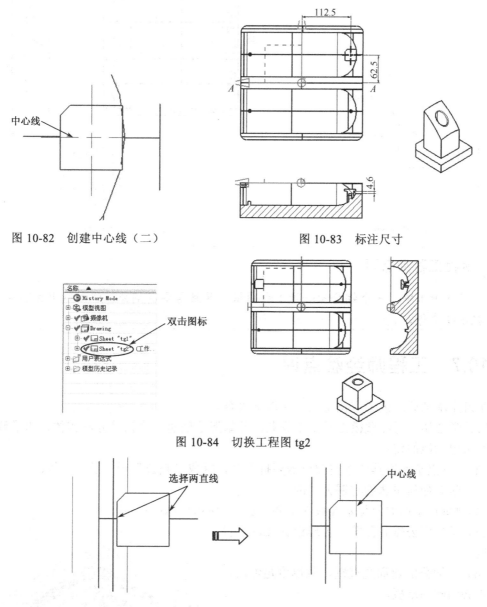

图 10-82　创建中心线（二）　　　　　图 10-83　标注尺寸

图 10-84　切换工程图 tg2

图 10-85　创建中心线（一）

（4）创建中心线（二）。参考上一步操作，创建铜公基准板的另两条边界线，结果如图 10-86 所示。

（5）标注尺寸。在〖尺寸〗工具条中单击〖自动判断的尺寸〗按钮，然后标注尺寸，结果如图 10-87 所示。

（6）保存工程图。在键盘上按 Ctrl+S 组合键保存铜公工程图。

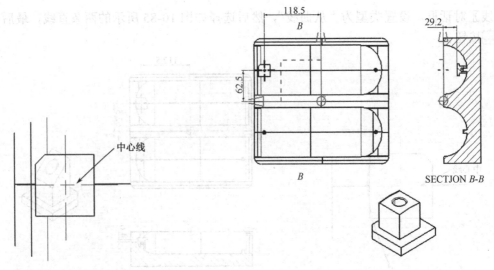

图 10-86　创建中心线（二）　　　　　　图 10-87　标注尺寸

 编程工程师点评

在实际加工中，一个铜公出一张工程图纸，并且需要在铜公工程图纸中注明电火花加工技术要求等。

10.7　工程师经验点评

学习完本章后，读者应该重点掌握以下内容。

（1）学会调入〖注塑模工具〗工具条，并掌握〖创建方块〗、〖分割实体〗和〖替换实体〗等常用功能的使用。

（2）*重点掌握模具中哪些部位需要拆铜公，拆成"整公"或"散公"等。

（3）学会如何快速创建铜公基准板。

（4）*重点掌握如何使基准板的中心与加工中心的距离为整数。

（5）避免铜公碰到侧壁，合理设置 EDM 冲水高度。

（6）当铜公的四周是直壁，且厚度足够时，则可不必创建基准板。

10.8　练习题

打开光盘中的〖Lianxi\Ch10\sjxg.prt〗文件，如图 10-88 所示。根据本章所学习的知识内容，对模型中需要拆铜公的部位进行拆铜公。

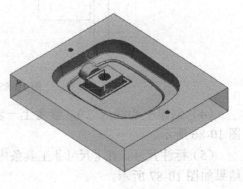

图 10-88　sjxg.prt 文件

第11章

模具加工前的补面工作

加工模具时，为了避免刀具踩进线切割加工或电火花加工的孔内，编程前应先将这些孔补起来。

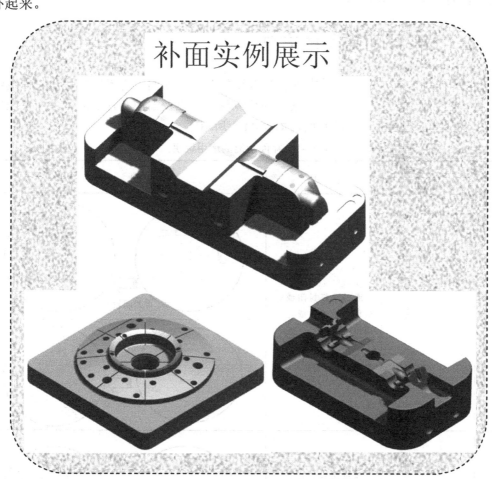

补面实例展示

11.1　学习目标与课时安排

　学习目标及学习内容

（1）掌握模具中哪些孔需要补面。
（2）掌握补面的各种方法和技巧。

　学习课时安排（共1课时）

补面的各种方法操作演示。

11.2　NX 补面常用的方法

NX 补面常用的方法主要有〖曲面〗工具条中的 N 边曲面、有界平面、通过曲线组、通过网格曲线和〖注塑模工具〗工具条中的边缘修补，以及曲面补片功能，下面以表格的形式列出这些功能用在哪些孔的补面，如表 11-1 所示。

表 11-1　补面功能的使用说明

序号	补面功能名称及图标	说　明	图　解
	N 边曲面	通过选择封闭或非封闭的边界生成与周围相切的曲面	非封闭轮廓 / 封闭轮廓
2	有界平面	通过选择在同一平面上的封闭曲线来创建曲面	

续表

序号	补面功能名称及图标	说　明	图　解
3	通过曲线组	通过选择两组或多组曲线产生曲面	
4	通过网格曲线	通过选择 U、V 方向上的封闭曲线产生曲面，并且应该设置曲面与周围的曲面相切	
5	边缘修补	通过选择封闭的边界产生与周围相切的曲面，选择边界时必须按顺序选择	

11.3　洗涤剂瓶盖后模的补面

为了让读者能更加清楚地掌握 NX 补面的各种方法和技巧，本节以洗涤剂瓶盖后模的补面为实例，详细讲述 NX 补面的各种方法和技巧，洗涤剂瓶盖后模如图 11-1 所示。

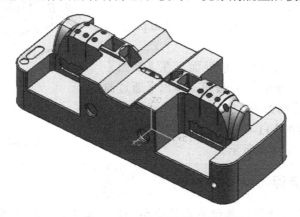

图 11-1　洗涤剂瓶盖后模

11.3.1　模型分析

下面主要分析洗涤剂瓶盖后模中哪些孔需要补面。

1．需要补面的孔一

由于如图 11-2 所示的圆形通孔是使用钻头进行钻孔的，所以数控编程时，首先应该将这些钻孔补起来，避免加工时刀具踩进孔里。

2．需要补面的孔二

图 11-3 所示的方形通孔必须使用线切割才能加工出来，所以数控编程时，首先应该将这些钻孔补起来，避免加工时刀具踩进孔里。

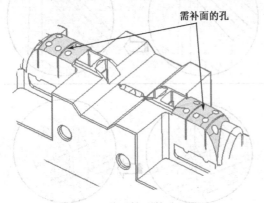

图 11-2　需要补面的孔（1）

图 11-3　需要补面的孔（2）

11.3.2　补面具体步骤

下面以洗涤剂瓶盖后模的补面为实例，详细讲述补面的各种方法和技巧。

（1）打开光盘中的〖Example\Ch11\mjbm.prt〗文件，如图 11-4 所示。

（2）使用〖通过曲线组〗功能补面。在〖曲面〗工具条中单击〖通过曲线组〗按钮，弹出〖通过曲线组〗对话框，接着选择如图 11-5 所示的曲线并单击鼠标中键，然后选择如图 11-6 所示的曲线，最后单击 确定 按钮，结果如图 11-7 所示。

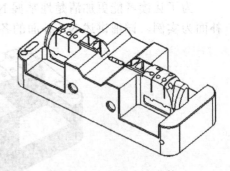

图 11-4　mjbm.prt 文件

 编程工程师点评

选择曲线时，要注意保证两组曲线的方向一致，如果不一致可在〖通过曲线组〗对话框中单击〖反向〗按钮使曲线组方向一致。

（3）使用〖通过曲线组〗功能补面。参考前面的操作，使用通过曲线组功能补如图 11-8 所示位置的面。

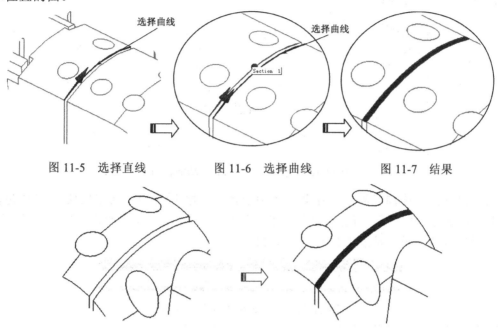

图 11-5　选择直线　　　　图 11-6　选择曲线　　　　图 11-7　结果

图 11-8　通过曲线组补面

（4）使用〖N 边曲面〗功能补面。在〖曲面〗工具条中单击〖N 边曲面〗 按钮，弹出〖N 边曲面〗对话框。设置类型为"已修剪"，勾选"修剪到边界"选项，接着选择如图 11-9 所示的圆弧，然后单击 确定 按钮两次。

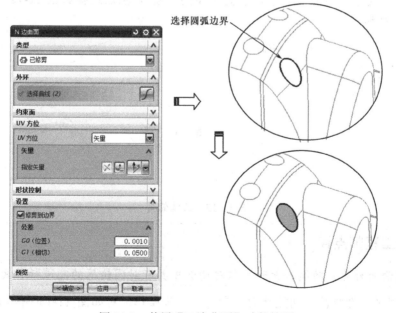

图 11-9　使用〖N 边曲面〗功能补面

（5）使用〖N边曲面〗功能补面。参考上一步操作，使用〖N边曲面〗功能对如图11-10所示的两个孔进行补面。

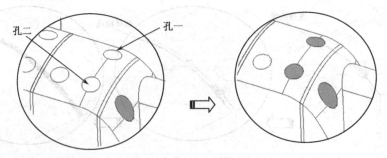

图11-10　使用〖N边曲面〗功能补面

（6）进入注塑模向导界面。在菜单条中选择〖开始〗/〖所有应用模块〗/〖注塑模向导〗命令，弹出〖注塑模向导〗工具条。在〖注塑模向导〗工具条中单击〖注塑模工具〗 按钮，弹出〖注塑模工具〗工具条，如图11-11所示。

图11-11　〖注塑模工具〗工具条

 编程工程师点评

　　模具补面时，经常需要使用〖注塑模工具〗工具条中的功能。

（7）使用〖边缘修补〗功能补面。在〖注塑模工具〗工具条中单击〖边缘修补〗 按钮，弹出〖边缘修补〗对话框，接着设置类型为"面"，然后选择如图11-12所示的面，最后单击 确定 按钮。

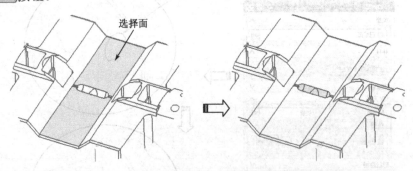

图11-12　边缘修补

 编程工程师点评

　　使用〖曲面补片〗功能补面时，仅对曲面中具有封闭轮廓的孔进行补面。

（8）使用〖边缘修补〗功能补面。参考上一步操作，对如图11-13所示的两个曲面使用〖边缘修补〗功能补面。

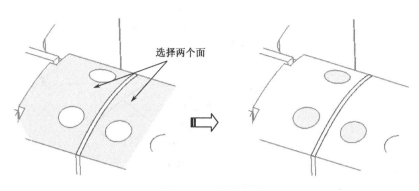

图 11-13　边缘修补

（9）桥接曲线。在〖曲线〗工具条中单击〖曲线〗 按钮，弹出〖桥接曲线〗对话框，接着依次选择如图 11-14 所示的两条直线，然后单击 确定 按钮。

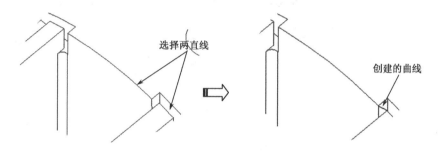

图 11-14　桥接曲线

（10）桥接曲线。参考上一步操作，使用〖桥接曲线〗 功能桥接另一边的曲线，结果如图 11-15 所示。

（11）使用〖通过曲线网格〗功能补面。在〖曲面〗工具条中单击〖通过曲线网格〗 按钮，弹出〖通过曲线网格〗对话框。接着选择如图 11-16 所示的边界为主线串 1 并单击鼠标中键，选择如图 11-16 所示的边界为主线串 2 并单击鼠标右键两次切换到选择交叉线串；选择如图 11-16 所示的边界为交叉线串 1 并单击鼠标右键，选择如图 11-16 所示的边界为交叉线串 2，然后单击 确定 按钮。

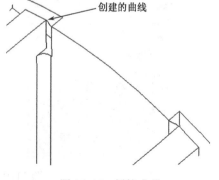

图 11-15　桥接曲线

（12）使用〖边缘修补〗功能补面。在〖注塑模工具〗工具条中单击〖边缘修补〗 按钮，弹出〖开始遍历〗对话框。默认类型为"移刀"，去除"按面的颜色遍历"选项的勾选，接着选择孔的一个边缘，然后通过〖接受〗 和〖循环候选项〗 功能选择孔口上的边，如图 11-17 所示。

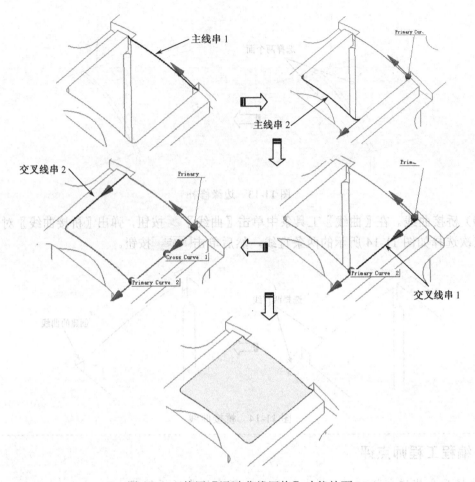

图 11-16 使用〖通过曲线网格〗功能补面

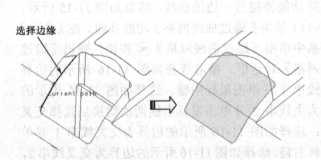

图 11-17 使用〖边缘修补〗功能补面

（13）镜像曲面。在标题栏中选择〖编辑〗/〖变换〗命令，弹出〖变换〗对话框，接着选择前面创建的所有曲面并单击鼠标中键。单击 ▭通过一平面镜像▭ 按钮，弹出〖平面〗对话框，设置类型为"▭ XC-ZC 平面"，然后单击 确定 按钮和 复制 按钮，最后单击 取消 按钮，结果如图 11-18 所示。

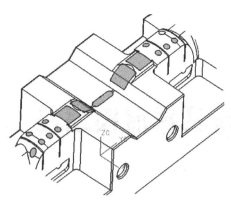

图 11-18　镜像曲面

11.4　工程师经验点评

学习完本章后，读者应重点掌握以下内容。

（1）重点掌握模具中哪些孔需要补面。

（2）掌握桥接曲线的方法和技巧。

（3）掌握建模中创建曲面来补面的几种方法。

（4）掌握补面的几种方法和技巧，重点掌握〖边缘修补〗的补面方法。

（5）掌握如何使补面与相邻的曲面相切。

11.5　练习题

11-1　打开光盘中的〖Lianxi\Ch11\dntphm.prt〗文件，如图 11-19 所示。根据本章所学习的知识，对模型中需要补面的孔进行补面。

11-2　打开光盘中的〖Lianxi\Ch11\bhgf.prt〗文件，如图 11-20 所示。根据本章所学习的知识，对模型中需要补面的孔进行补面。

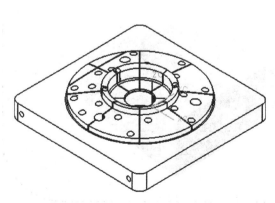

图 11-19　dntphm prt 文件

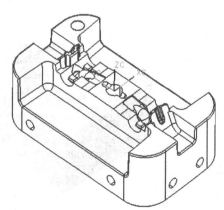

图 11-20　bhgf prt 文件

第12章

塑料玩具球前模编程

塑料玩具球前模的编程比较简单，尺寸要求不高，但表面粗糙度要求较高。本章具有一定的代表性，编程时对刀具的选择要求比较高，选择不合理容易造成断刀或无法有效地清除余量。

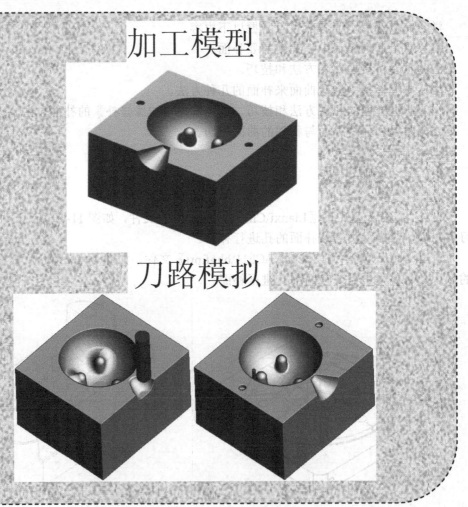

加工模型

刀路模拟

12.1　学习目标与课时安排

学习目标及学习内容

（1）掌握模具由始至终的编程流程。

（2）学会进行编程前的工艺分析。

（3）巩固前面所学的知识，将所学的知识应用于实际生产中。

学习课时安排（共 1 课时）

（1）工艺分析。

（2）编程参数设置。

12.2　编程前的工艺分析

（1）塑料玩具球前模大小：180mm×160mm×105mm。

（2）最大加工深度：55mm。

（3）最小的凹圆角半径：2mm。

（4）是否需要电火花加工：不需要。因为塑料瓶模型比较简单，不存在直角或尖角，加工深度比较小，最小凹圆角半径为 2mm，可以直接加工出来。

（5）需要使用的加工方法：型腔铣开粗、型腔铣二次开粗、深度加工轮廓半精加工、深度加工轮廓精加工、区域轮廓铣半精加工、轮廓区域精加工和清根。

12.3　编程思路及刀具的使用

（1）根据塑料玩具球前模的大小和形状，选择 D20R4 的飞刀进行开粗，去除大部分余量。

（2）第一次开粗完成后，工件上狭窄处还存在大量的余量，故可选择 R4 的合金球刀单独进行二次开粗。

（3）由于模具的尺寸精度和表面粗糙度要求均不高，则可使用 D13R0.8 的飞刀直接进行陡峭面精加工。

（4）等高精加工完成后，由于刀具直径较大，狭窄处的陡峭面无法进行加工，所以，可使用 R4 的合金球刀对狭窄区域进行等高精加工。

（5）选择 R4 的合金球刀精加工模具中的平缓区域。

（6）使用 R2.5 的球刀进行清角精加工。

（7）使用 D6 的平底刀对两小孔进行加工。

 编程工程师点评

精加工使用的刀具一定要和开粗或半精加工的刀具分开来。一般情况下，精加工使用的都是新的刀具，而开粗或半精加工使用的都是旧的刀具，当使用旧的刀具去精加工时，加工出来的表面效果及精度都是不准确的。

12.4 制定加工程序单

程 序 单

序号	加工区域	程序组名称	刀具名称	刀具长度	加工子类型	加工方式
1	全部区域（开粗）	Q1	D20R4	65	型腔铣	粗加工
2	全部区域（二次开粗）	Q2	R4	60	型腔铣	粗加工
3	陡峭区域	Q3	D13R0.8	55	等高轮廓铣	精加工
4	狭窄陡峭区域	Q4	R4	60	等高轮廓铣	精加工
5	平缓区域面				轮廓区域铣	精加工
6	清角	Q5	R2.5	55(加长)	轮廓区域铣	精加工
7	两小孔	Q6	D6	15	等高轮廓铣	精加工

模具装夹示意图

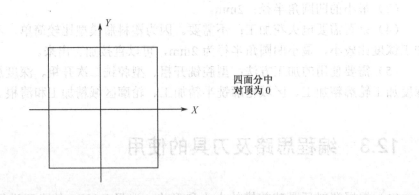

12.5 编程前需要注意的问题

（1）确定模具为何种材料，切削性能如何。

（2）要通过客户了解模具的加工精度要求，确定加工方式。

（3）确定使用的清角刀具是否具有足够的长度和刚度。

12.6　编程详细操作步骤

塑料玩具球前模编程总的过程分为开粗、二次开粗、陡峭面精加工、狭窄陡峭区域精加工、平缓区域精加工、清角和两小孔的加工。

12.6.1　开粗——型腔铣

（1）打开光盘中〖Example\Ch12\slwjq.prt〗文件，如图 12-1 所示。

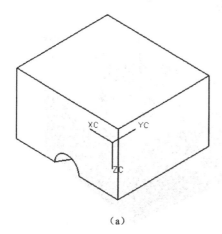
（a）

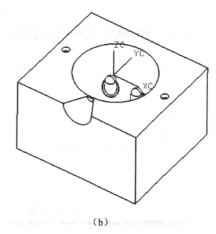
（b）

图 12-1　slwjq.prt 文件

（2）进入编程界面。在键盘上按 Ctrl+Alt+M 组合键，弹出〖加工环境〗对话框，如图 12-2 所示。选择 mill-contour 的方式，然后单击 确定 按钮进入编程主界面。

（3）设置安全高度。在〖工序导航器〗中的空白处单击鼠标右键，接着在弹出的菜单中选择〖几何视图〗命令，然后双击 MCS_MILL 图标，弹出〖Mill Orient〗对话框，并设置安全距离为 15，如图 12-3 所示。单击〖CSYS 对话框〗按钮，弹出〖CSYS〗对话框，然后在〖参考〗下拉列表框中选择 WCS，如图 12-3 所示，最后单击 确定 按钮两次。

（4）设置部件。在〖工序导航器〗中双击 WORKPIECE 图标，弹出〖铣削几何体〗对话框，如图 12-4 所示，接着选择实体作为部件，然后单击 确定 按钮。

（5）设置毛坯。在〖铣削几何体〗对话框中单击〖指定毛坯〗按钮，弹出〖毛坯几何体〗对话框，接着设置类型为"包容块"，如图 12-5 所示，然后单击 确定 按钮。

图 12-2　〖加工环境〗对话框

图 12-3   设置安全高度

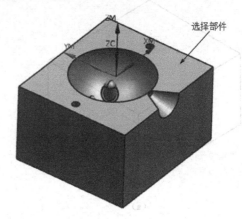

图 12-4   设置部件

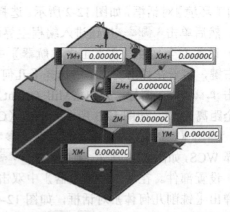

图 12-5   设置毛坯

（6）设置加工公差。在〖工序导航器〗中的空白处单击鼠标右键，接着在弹出的菜单中选择〖加工方法视图〗命令。双击 MILL_ROUGH 图标，弹出〖铣削方法〗对话框，然后设置如图 12-6 所示的参数；双击 MILL_SEMI_FINISH 图标，弹出〖铣削方法〗对话框，然后设置如图 12-7 所示的参数；双击 MILL_FINISH 图标，弹出〖铣削方法〗对话框，然后设置如图 12-8 所示的参数。

图 12-6　设置粗加工公差　　　　　　　图 12-7　设置半精加工公差

（7）切换视图。在〖工序导航器〗中的空白处单击鼠标右键，接着在弹出的菜单中选择〖程序顺序视图〗命令。

（8）创建程序组。在〖加工创建〗工具条中单击〖创建程序〗 按钮，弹出〖创建程序〗对话框，如图 12-9 所示。在〖名称〗输入框中输入 Q1，然后单击 确定 按钮两次。

图 12-8　设置精加工公差　　　　　　　图 12-9　创建程序名称

（9）创建刀具。在〖加工创建〗工具条中单击〖创建刀具〗 按钮，弹出〖创建刀具〗对话框。在〖名称〗输入框中输入 D20R4，接着在〖创建刀具〗对话框单击 确定 按钮，弹出〖铣刀-5 参数〗对话框，如图 12-10 所示。在〖直径〗输入框中输入 20，在〖底圆角半径〗输入框中输入 4，然后单击 确定 按钮。

（10）继续创建刀具。参考上一步骤继续创建 R4、D13R0.8、R2.5 和 D6 的刀具。

 编程工程师点评

创建 R4 的球刀时，其刀具直径为 8，底圆角半径为 4。

（11）创建工序。在〖加工创建〗工具条中单击〖创建工序〗 按钮，弹出〖创建工序〗对话框，然后设置如图 12-11 所示的参数。

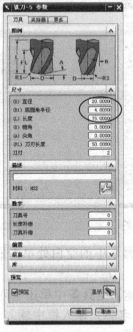

图 12-10　创建刀具　　　　　　　　　　　　　　　图 12-11　创建工序

（12）选择加工面。在〖创建工序〗对话框中单击 确定 按钮，弹出〖型腔铣〗对话框。在〖型腔铣〗对话框中单击〖指定切削区域〗 按钮，然后选择如图 12-12 所示的加工面。

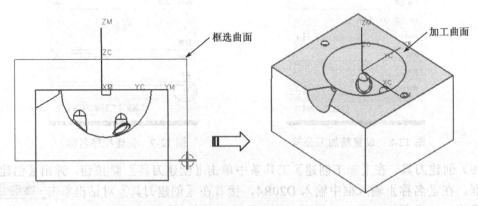

图 12-12　选择加工面

 编程工程师点评

　　开粗时，可指定切削区域也可不指定切削区域，但为避免有时在工件外也产生刀路的情况，多数情况下应该指定切削区域。

（13）设置切削模式、步进和吃刀量。设置切削模式为"跟随周边"，平面直径百分比为 60，最大距离为 0.4，如图 12-13 所示。

（14）设置切削参数。在〖型腔铣〗对话框中单击〖切削参数〗![按钮]按钮，弹出〖切削参数〗对话框，然后设置切削方向为"顺铣"，切削顺序为"深度优先"，图样方向为"向外"；勾选"岛清理"选项，并设置壁清理为"自动"，如图 12-14 所示。

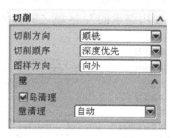

图 12-13　设置切削模式、步进和吃刀量　　　　图 12-14　设置切削参数

（15）设置余量。在〖切削参数〗对话框中选择 余量 选项，然后去除"使用'底部面和侧壁余量一致'"选项的勾选，并设置部件侧面余量为 0.3，部件底面余量为 0.15，如图 12-15 所示。

（16）设置拐角。在〖切削参数〗对话框中选择 拐角 选项，然后设置光顺为"所有刀路"，半径为 0.5mm，如图 12-16 所示。

（17）设置二次开粗的方式。在〖切削参数〗对话框中选择 空间范围 选项，然后设置处理中的工件为"使用基于层的"，如图 12-17 所示。

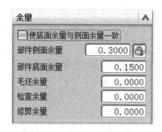

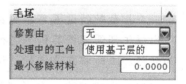

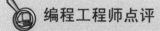

图 12-15　设置余量　　　　图 12-16　设置拐角　　　　图 12-17　设置二次开粗方式

编程工程师点评

① 开粗时，必须要设置圆角半径，否则刀具运动改变方向时就会受力变大并发生较大的声音，严格时会损坏刀具。

② 二次开粗的方式主要有三种，分别为"参考刀具"、"使用 3D"和"使用基于层的 IPW"，个人观点是"使用基于层的"产生的二次开粗刀路最安全和简洁。

（18）设置非切削参数。在〖型腔铣〗对话框中单击〖非切削移动〗![按钮]按钮，弹出〖非切削移动〗对话框，然后设置封闭的区域内进刀类型为"螺旋"，直径为 90，倾斜角度为 2，高度为 1，最小安全距离为 1，最小倾斜长度为 40，如图 12-18 所示。

编程工程师点评

　　最小倾斜长度的设置主要是为了避免刀具在切削区域过小的范围内进行切削、从而导致顶刀现象的发生。

　　（19）设置传递方式。在〖非切削移动〗对话框中选择 传递/快速 选项，然后设置安全设置选项为"使用继承的"，区域之间和区域内的传递类型设置为"前一平面"，如图 12-19 所示。

　　　　图 12-18　设置非切削参数　　　　　　　　图 12-19　设置传递方式

 编程工程师点评

　　传递类型设置为"前一平面"可大大减少提刀和提刀高度。

　　（20）设置主轴速度和切削。在〖型腔铣〗对话框中单击〖进给率和切削〗 按钮，弹出〖进给率和切削〗对话框，然后勾选"主轴速度"选项，并设置主轴速度为 2000，切削设置为 2200，如图 12-20 所示。

 编程工程师点评

　　刀具参数的设置可参照第 1 章中的表 1-2，但实际加工中其主轴转速和进给速率都可由操机师傅根据其倍率进行调节，程序刚开始运行时主轴转速和进给率都比较慢，因为开始加工时都需要进行"试刀"。

　　（21）生成刀路。在〖型腔铣〗对话框中单击〖生成〗 按钮，系统开始生成刀路，如图 12-21 所示。

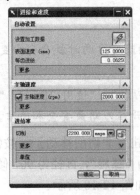
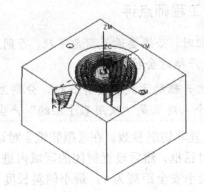

　　　　图 12-20　设置主轴速度和切削　　　　　　图 12-21　生成刀路

编程工程师点评

由于设置了最小倾斜长度，刀具在加工时无法进入较狭窄的区域，所以，在生成刀路的过程中会弹出〖警告〗对话框和〖信息〗对话框，单击 确定 按钮即可继续生成刀路。

12.6.2 二次开粗——型腔铣

（1）创建程序组。在〖加工创建〗工具条中单击〖创建程序〗 按钮，弹出〖创建程序〗对话框。在〖名称〗输入框中输入 Q2，然后单击 确定 按钮两次。

（2）复制开粗刀路，如图 12-22 所示。

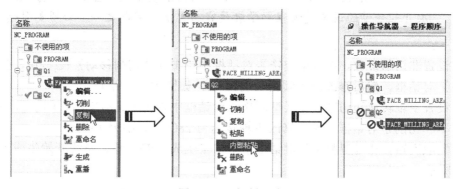

图 12-22　复制刀路

（3）修改刀具。在〖工序导航器〗中双击 CAVITY_MILL_COPY 图标，弹出〖型腔铣〗对话框，然后修改刀具为 R4，如图 12-23 所示。

（4）设置修剪边界。在〖型腔铣〗对话框中单击〖指定修剪边界〗 按钮，弹出〖修剪边界〗对话框。单击〖曲线边界〗 按钮，接着设置修剪侧为"外部"，然后选择如图 12-24 所示的圆边界。

图 12-23　修改刀具

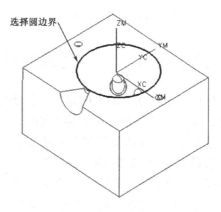

图 12-24　修剪边界

编程工程师点评

在创建修剪边界之前，应该先设置修剪侧是"外部"或"内部"，否则容易出错。

（5）修改最大距离为 0.2。

（6）设置余量。在『型腔铣』对话框中单击『切削参数』 按钮，弹出『切削参数』对话框。在『切削参数』对话框中选择 余量 选项，然后修改部件侧面余量为 0.35，部件底面余量不变。

 编程工程师点评

二次开粗时部件侧面余量要比第一次开粗时侧面余量稍大，否则刀杆易碰到侧壁造成撞刀。二次开粗余量的设置是编程初学者最容易忽略的问题之一，必须要引起足够的重视。

（7）设置非切削参数。在『型腔铣』对话框中单击『非切削移动』 按钮，弹出『非切削移动』对话框，然后修改最小倾斜长度为 10，如图 12-25 所示。

（8）设置主轴转速和切削。在『型腔铣』对话框中单击『进给率和切削』 按钮，弹出『进给率和切削』对话框，然后修改主轴转速为 2800，切削为 1500。

（9）生成刀路。在『型腔铣』对话框中单击『生成』 按钮，系统开始生成刀路，如图 12-26 所示。

图 12-25　设置非切削参数

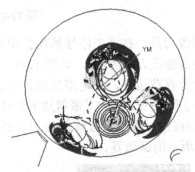

图 12-26　生成刀路

12.6.3　陡峭面精加工——等高轮廓铣

（1）创建程序组。在『加工创建』工具条中单击『创建程序』 按钮，弹出『创建程序』对话框。在『名称』输入框中输入 Q3，然后单击 确定 按钮两次。

（2）创建工序。在『加工创建』工具条中单击『创建工序』 按钮，弹出『创建工序』对话框，然后设置如图 12-27 所示的参数。

（3）选择加工面。在『创建工序』对话框中单击 确定 按钮，弹出『深度加工轮廓』对话框。在『深度加工轮廓』对话框中单击『指定切削区域』 按钮，然后选择如图 12-28 所示的加工面，选择完成后单击 确定 按钮。

（4）设置加工参数。设置陡峭空间范围为"仅陡峭的"，角度为 45，最大距离为 0.25，如图 12-29 所示。

（5）设置切削方向和切削顺序。在〖深度加工轮廓〗对话框中单击〖切削参数〗 按钮，弹出〖切削参数〗对话框，然后设置切削方向为"混合"，切削顺序为"深度优先"，如图 12-30 所示。

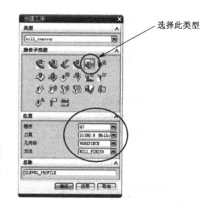

图 12-27　创建工序

> **编程工程师点评**
>
> 切削方向设置为"混合"可以产生双向走刀，提高加工效率。

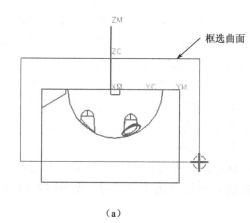

（a）

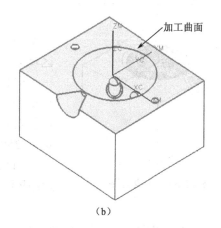

（b）

图 12-28　选择加工面

图 12-29　设置加工参数

图 12-30　设置切削方向和切削顺序

（6）设置余量。在〖切削参数〗对话框中选择 余量 选项，然后保持"使底面余量和侧面余量一致"选项的勾选，并设置部件侧面余量为 0，如图 12-31 所示。

（7）设置层到层之间的进刀方式。在〖切削参数〗对话框中选择 连接 选项，然后设置层到层的方式为"使用传递方法"。

（8）设置非切削参数。在〖深度加工轮廓〗对话框中单击〖非切削参数〗 按钮，弹出〖非切削移动〗对话框，然后设置封闭区域的进刀类型为"和开放区域相同"，并设置开放区域的进刀类型为"圆弧"，半径为 5，圆弧角度为 90，高度为 0.5，如图 12-32 所示。

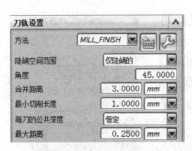

图 12-31　设置余量

图 12-32　设置非切削参数

 编程工程师点评

等高精加工时，应该尽可能设置进刀类型为"圆弧"。

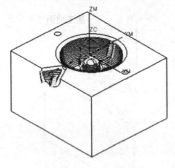

图 12-33　生成刀路

（9）设置传递方式。在〖非切削移动〗对话框中选择〖传递/快速〗选项，然后设置安全设置选项为"使用继承的"，区域之间和区域内的传递类型设置为"前一平面"。

（10）设置主轴转速和切削。在〖深度加工轮廓〗对话框中单击〖进给率和切削〗按钮，弹出〖进给率和切削〗对话框，然后勾选"主轴速度"选项，并设置主轴转速为2500，切削为1500。

（11）生成刀路。在〖深度加工轮廓〗对话框中单击〖生成〗按钮，系统开始生成刀路，如图 12-33 所示。

12.6.4　狭窄陡峭区域精加工——等高参考刀具加工

（1）创建程序组。在〖加工创建〗工具条中单击〖创建程序〗按钮，弹出〖创建程序〗对话框。在〖名称〗输入框中输入 Q4，然后单击 确定 按钮两次。

（2）复制刀路，如图 12-34 所示。

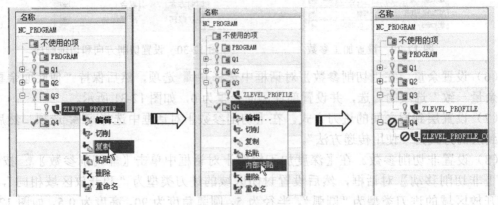

图 12-34　复制刀路

（3）修改刀具。在〖工序导航器〗中双击  图标，弹出〖深度加工轮廓〗对话框，然后修改刀具为 R4，如图 12-35 所示。

（4）设置修剪边界。在〖深度加工轮廓〗对话框中单击〖指定修剪边界〗 按钮，弹出〖修剪边界〗对话框。单击〖曲线边界〗 按钮，接着设置修剪侧为"外部"，然后选择如图 12-36 所示的圆边界。

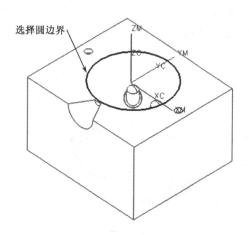

图 12-35　修改刀具

图 12-36　修剪边界

（5）修改刀具参数。修改陡峭空间范围为"无"，最大距离为 0.2。

（6）设置余量。在〖深度加工轮廓〗对话框中单击〖切削参数〗 按钮，弹出〖切削参数〗对话框。在〖切削参数〗对话框中选择 余量 选项，然后设置部件侧面余量为 0，部件底面余量为 0.15。

（7）设置等高参考刀具加工。在〖切削参数〗对话框中选择 空间范围 选项，接着单击〖新建〗 按钮，弹出〖新参考刀具〗对话框。设置刀具名称为 D16R0.8，刀具直径为 16，底圆角半径为 0.8，结果如图 12-37 所示。

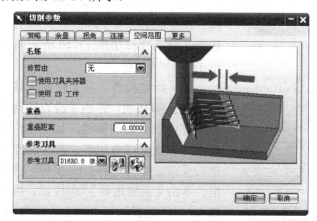

图 12-37　设置等高参考刀具加工

编程工程师点评

由于上一把等高轮廓精加工的刀具为 D13R0.8，所以，参考刀具应该比上一把刀具直径稍大一些，这样才能避免精加工不完全。

（8）设置主轴转速和切削。在〖深度加工轮廓〗对话框中单击〖进给率和切削〗 按钮，弹出〖进给率和切削〗对话框，然后修改主轴转速为 3000，切削为 1200。

（9）生成刀路。在〖深度加工轮廓〗对话框中单击〖生成〗 按钮，系统开始生成刀路，如图 12-38 所示。

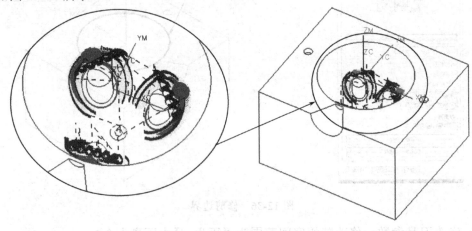

图 12-38　生成刀路

12.6.5　平缓区域精加工——轮廓区域铣

（1）创建工序。在〖加工创建〗工具条中单击〖创建工序〗 按钮，弹出〖创建工序〗对话框，然后设置如图 12-39 所示的参数。

（2）选择加工面。在〖创建工序〗对话框中单击 确定 按钮，弹出〖轮廓区域〗对话框。在〖轮廓区域〗对话框中单击〖指定切削区域〗 按钮，然后选择如图 12-40 所示的加工面，选择完成后单击 确定 按钮。

（3）指定检查。在〖轮廓区域〗对话框中单击〖指定检查〗 按钮，弹出〖检查几何体〗对话框，然后选择型腔内三条筋的侧面，如图 12-41 所示。

（4）设置修剪边界。在〖深度加工轮廓〗对话框中单击〖指定修剪边界〗 按钮，弹出〖修剪边界〗对话框。单击〖曲线边界〗 按钮，接着设置修剪侧为"外部"，然后选择如图 12-42 所示的圆边界。

（5）设置区域铣削。在〖轮廓区域〗对话框中单击

选择此
子类型

图 12-39　设置加工参数

〖区域铣削编辑〗按钮，弹出〖区域铣削驱动方法〗对话框。设置方法为"非陡峭"，陡角为 48，切削模式为"往复"，步距为"恒定"，距离为 0.12，步距已应用为"在平面上"，切削角为"指定"，度数为 45，如图 12-43 所示。

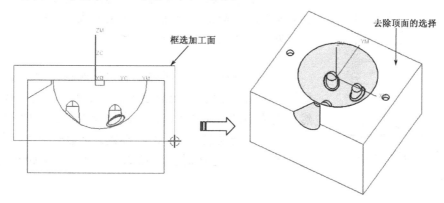

图 12-40　选择加工面

图 12-41　指定检查

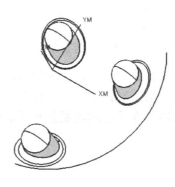

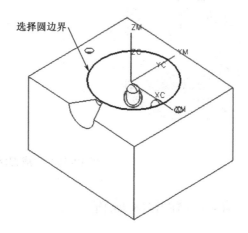

图 12-42　修剪边界

图 12-43　设置区域铣削

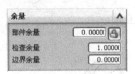

编程工程师点评

　　由于等高轮廓加工时设置的陡峭角度为 45，所以，平缓区域精加工时设置的角度应稍大于 45，这样可使前后两个刀路相交而避免精加工不完全。

　　（6）设置余量。在〖轮廓区域〗对话框中单击〖切削参数〗按钮，弹出〖切削参数〗对话框。选择 余量 选项，然后设置部件余量为 0，检查余量为 1，如图 12-44 所示。

　　（7）安全设置。在〖切削参数〗对话框中选择 安全设置 选项，然后设置过切时为"跳过"，检查安全距离为 1，如图 12-45 所示。

余量	
部件余量	0.0000 🔒
检查余量	1.0000
边界余量	0.0000

图 12-44　设置余量

检查几何体	
过切时	跳过
检查安全距离	1.0000 mm

图 12-45　安全设置

　　（8）设置主轴转速和切削。在〖轮廓区域〗对话框中单击〖进给率和切削〗按钮，弹出〖进给率和切削〗对话框，然后设置主轴转速为 3000，切削为 1500。

　　（9）生成刀路。在〖轮廓区域〗对话框中单击〖生成〗按钮，系统开始生成刀路，如图 12-46 所示。

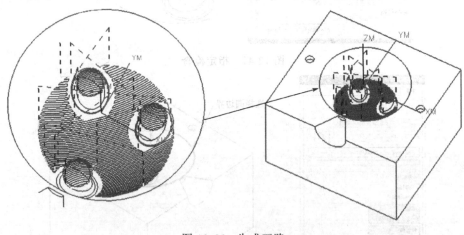

图 12-46　生成刀路

12.6.6　清角——轮廓区域铣

　　（1）创建程序组。在〖加工创建〗工具条中单击〖创建程序〗按钮，弹出〖创建程序〗对话框。在〖名称〗输入框中输入 Q5，然后单击 确定 按钮两次。

（2）复制刀路，如图 12-47 所示。

（3）指定检查。在〖工序导航器〗中双击 CONTOUR_AREA_COPY 图标，弹出〖轮廓区域〗对话框。单击〖指定检查〗 按钮，弹出〖检查几何体〗对话框。单击〖移除〗 按钮移除已选的曲面，然后单击 确定 按钮。

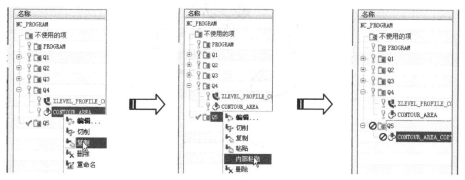

图 12-47   复制刀路

（4）设置驱动方法为清根。修改驱动方法为"清根"，弹出〖驱动方法〗对话框，如图 12-48 所示。

（5）设置清根驱动参数。在〖驱动方法〗对话框中单击 确定 按钮，弹出〖清根驱动方法〗对话框，然后设置空间范围为"无"，清根类型为"参考刀具偏置"，步距为 0.08，顺序为"由外向内交替"，参考刀具直径为 10，其他参数按默认设置，如图 12-49 所示。

图 12-49   设置清根参数

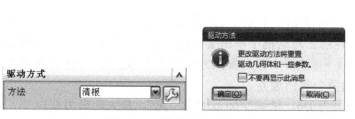

图 12-48   修改驱动方法

（6）设置主轴转速和切削。在〖轮廓区域〗对话框中单击〖进给率和切削〗 按钮，弹出〖进给率和切削〗对话框，然后设置主轴转速为 4000，切削为 1000。

（7）生成刀路。在〖轮廓区域〗对话框中单击〖生成〗 按钮，系统开始生成刀路，如图 12-50 所示。

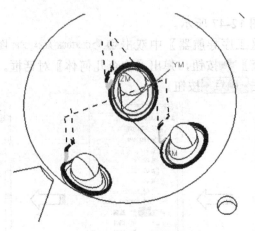

图 12-50　生成刀路

12.6.7　两小孔的加工——等高轮廓铣

（1）创建程序组。在〖加工创建〗工具条中单击〖创建程序〗按钮，弹出〖创建程序〗对话框。在〖名称〗输入框中输入 Q6，然后单击 确定 按钮两次。

（2）复制刀路，如图 12-51 所示。

图 12-51　复制刀路

（3）指定修剪边界。在〖工序导航器〗中双击 ZLEVEL_PROFILE_C 图标，弹出〖深度加工轮廓〗对话框。在〖深度加工轮廓〗对话框中单击〖指定修剪边界〗按钮，弹出〖修剪边界〗对话框。单击〖点边界〗按钮，并设置点方法为"光标位置"，修剪侧为"外部"，然后创建如图 12-52 所示的两个封闭边界。

（4）设置刀具参数。修改刀具为 D6，陡峭空间范围为"无"，最大距离为 0.1。

（5）设置非切削移动。在〖深度加工轮廓〗对话框中单击〖非切削移动〗按钮，弹出〖非切削移动〗对话框。设置封闭区域的进刀类型为"螺旋"，直径为 50，倾斜角度为 2，高度为 0.2，最小安全距离为 0，最小倾斜长度为 0，开放区域进刀类型为"与封闭区域相同"，如图 12-53 所示。

（6）修改主轴转速和切削。在〖深度加工轮廓〗对话框中单击〖进给率和切削〗按钮，弹出〖进给率和切削〗对话框，然后修改主轴转速为 3500，切削为 1200。

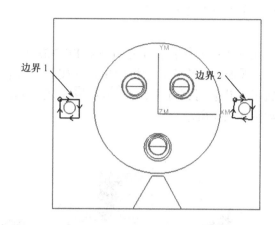

图 12-52　指定修剪边界

（7）生成刀路。在〖深度加工轮廓〗对话框中单击〖生成〗 按钮，系统开始生成刀路，如图 12-54 所示。

图 12-53　设置非切削移动

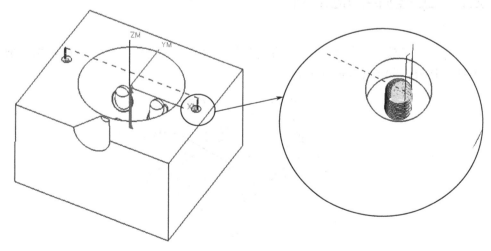

图 12-54　生成刀路

12.6.8 实体模拟验证

（1）在〖工序导航器〗中选择 NC-PROGRAM。

（2）在〖加工操作〗对话框中单击〖校验刀轨〗 按钮，弹出〖刀轨可视化〗对话框。在〖刀轨可视化〗对话框中选择 2D 动态 选项，然后单击〖播放〗 按钮，系统开始实体模拟，如图 12-55 所示。

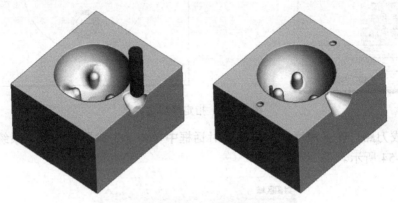

图 12-55　实体模拟

 编程工程师点评

> 编程初学者通过实体模拟验证可以检验所编写的程序是否合理，是否存在安全问题，如撞刀、过切或漏加工等，但当编程熟练后是无需进行实体模拟的，只需检查刀路即可，因为实体模拟所花费的时间太多。

12.7 工程师经验点评

（1）工件加工摆放方向的原则是 X 方向为长尺寸，Y 方向为短尺寸，所以加工前一定要注意工件的摆放，如图 12-56 所示。

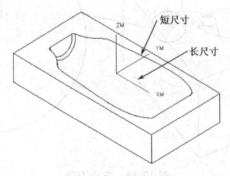

图 12-56　工件的摆放

（2）精加工前，需使工件上的余量均匀，一般情况下半精加工（中光）留余量为0.15mm。

（3）清小角时，尽可能先使用大一号的刀具清除一部分余量，然后再使用合适的刀具清角。例如，要清半径为2mm的圆角时，最好先使用R3的球刀清除部分的余量，然后使用R1.5的球刀清除剩下的小余量，而不是使用R2的球刀清角，因为刀具半径和要清角的部位半径相同时，容易产生"粘刀"现象。

（4）使用固定轴轮廓铣加工对称的工件时，如果都是使用同一个角度去切削工件时，有时加工的效果不是很好，如图12-57所示。出现这种情况，处理的方法都会使用修剪边界功能把其分开两次加工，前后两次切削的角度相反。

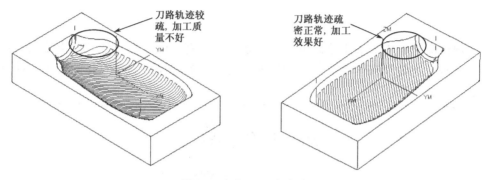

图12-57　同一切削角度

（5）一般情况下精加工时使用的是新的刀具，而粗加工或半精加工使用的是旧的刀具。如本章中的加工实例，虽然都是使用R5的球刀半精加工和精加工平缓的区域，但实际加工中不是使用完全一样的刀具。

12.8　练习题

12-1　打开光盘中的〖Lianxi\Ch12\xdb.prt〗文件，如图12-58所示。根据本章所学习的知识，对模型中需要补面的孔进行补面。

12-2　打开光盘中的〖Lianxi\Ch12\ttb.prt〗文件，如图12-59所示。根据本章所学习的知识，对模型中需要补面的孔进行补面。

图12-58　xdb.prt文件

图12-59　ttb.prt文件

第13章

保龄球前模编程

保龄球前模的结构形状比较简单，尺寸要求也不高，但表面光洁度要求较高。本章具有一定的代表性，编程初学者学完本章后即可对 UG 编程思路有个总体的认识，并可掌握一定的加工工艺知识。

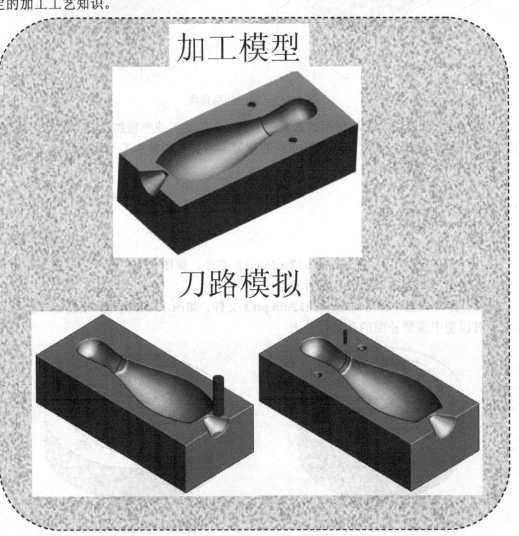

13.1 学习目标与课时安排

学习目标及学习内容

（1）学会编程前的工艺分析，确定加工刀具。
（2）学会制作加工程序单。
（3）掌握实际编程加工的参数设置。
（4）学会规划加工策略，确定使用哪种加工方法。
（5）将"型腔铣"、"等高轮廓铣"、"轮廓区域铣"等加工方法学以致用。

学习课时安排（共 1 课时）

（1）工艺分析。
（2）编程参数设置。

13.2 编程前的工艺分析

（1）保龄球前模大小：255mm×115mm×67mm。
（2）最大加工深度：约 37mm。
（3）最小的凹圆角半径：0.6mm，但读者使用 R2 的球刀进行清角即可。
（4）是否需要电火花加工：不需要。因为保龄球前模模型比较简单，不存在直角或尖角，加工深度并不大，最小凹圆角可以直接加工出来。
（5）需要使用的加工方法：型腔铣开粗、深度加工轮廓半精加工、区域轮廓铣半精加工、轮廓区域精加工和清根。

13.3 编程思路及刀具的使用

（1）根据保龄球前模的大小和形状，选择 D20R4 的飞刀进行开粗，去除大部分余量。
（2）第一次开粗完成后，可选择 D13R0.8 的飞刀进行侧面半精加工。
（3）由于模具底部还留有较多的余量，所以不能直接进行精加工，还需要使用 R4 的球刀对底部面进行半精加工，使模具的余量尽量均匀。
（4）使用新的 R4 球刀对整体型腔进行精加工。
（5）使用 R2 的球刀进行清角精加工。
（6）使用 D6 的平底刀对两小孔进行加工。

13.4　制定加工程序单

程序单

序号	加工区域	程序组名称	刀具名称	刀具长度	加工子类型	加工方式
1	全部区域（开粗）	B1	D20R4	60	型腔铣	粗加工
2	全部区域	B2	D13R0.8	40	等高轮廓铣	半精加工
3	底面平缓面	B3	R4	40	轮廓区域铣	半精加工
4	腔体大曲面				轮廓区域铣	精加工
5	直壁面	B4	R4	60	等高轮廓铣	精加工
6	圆锥面				轮廓区域铣	
7	清角	B5	R2	55（加长）	轮廓区域铣	精加工
8	两小孔	B6	D6	15	等高轮廓铣	精加工

模具装夹示意图

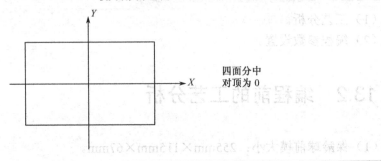

13.5　编程前需要注意的问题

（1）根据模具的形状和大小，应使用平口钳进行装夹最合理。

（2）要通过客户了解模具的加工精度要求，确定瓶底部的加工要求。

（3）确定两条小凹圆角的清角余量要求。

（4）使用的清角刀具是否具有足够的强度和硬度。

13.6　编程详细操作步骤

保龄球前模编程总的过程分为调整坐标、开粗、陡峭面半精加工、底部平缓面半精加工、大区域面精加工、直壁面精加工、圆锥面精加工、清角和两小孔的加工。

13.6.1　调整坐标

（1）打开光盘中〖Example\Ch13\blqqm.prt〗文件，如图13-1所示。

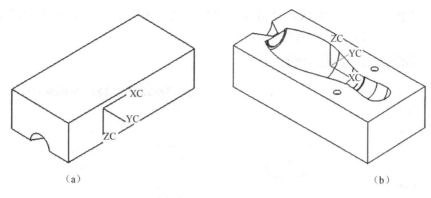

（a）　　　　　　　　　　　　　　　（b）

图 13-1　blqqm.prt 文件

（2）设置坐标位置。双击当前坐标使坐标激活，然后选择如图 13-2 所示的直线中点为坐标的位置。

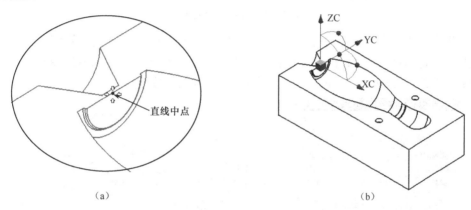

直线中点

（a）　　　　　　　　　　　　　　　（b）

图 13-2　设置坐标位置

> **编程工程师点评**
>
> 　　由于客户要求加工坐标设置在模具浇口位置，所以，加工前则需要调整当前坐标的位置，从而方便后面创建加工坐标。

13.6.2　开粗——型腔铣

（1）进入编程界面。在键盘上按 Ctrl＋Alt＋M 组合键，弹出〖加工环境〗对话框，如图 13-3 所示。选择 mill-contour 的方式，然后单击 ■确定 按钮进入编程主界面。

（2）设置安全高度。在〖工序导航器〗中的空白处单击鼠标右键，接着在弹出的菜单中选择〖几何视图〗命令，然后双击 MCS_MILL 图标，弹出〖Mill Orient〗对话框，并设置安全距离为 15，如图 13-4（a）所示。单击〖CSYS

图 13-3　〖加工环境〗对话框

对话框】按钮，弹出〖CSYS〗对话框，然后在〖参考〗下拉列表框中选择 WCS，如图 13-4（b）所示，最后单击 确定 按钮两次。

(a)

(b)

图 13-4　设置安全高度

（3）设置部件。在〖工序导航器〗中双击 WORKPIECE 图标，弹出〖铣削几何体〗对话框。单击〖指定部件〗 按钮，弹出〖部件几何体〗对话框，如图 13-5（a）所示，接着选择实体为部件，如图 13-5（b）所示，然后单击 确定 按钮。

(a)

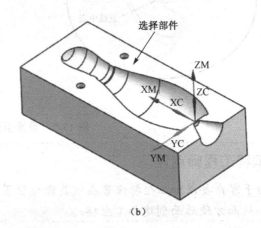

(b)

图 13-5　设置部件

（4）设置毛坯。在〖铣削几何体〗对话框中单击〖指定毛坯〗 按钮，弹出〖毛坯几何体〗对话框，接着设置类型为"包容块"，如图 13-6 所示。

（5）设置加工公差。在〖工序导航器〗中的空白处单击鼠标右键，接着在弹出的菜单中选择〖加工方法视图〗命令。双击 MILL_ROUGH 图标，弹出〖铣削方法〗对话框，然后设置如图 13-7 所示的参数；双击 MILL_SEMI_FINISH 图标，弹出〖铣削方法〗对话框，然后设置如图 13-8 所示的参数；双击 MILL_FINISH 图标，弹出〖铣削方法〗对话框，然后设置如图 13-9 所示的参数。

（6）切换视图。在〖工序导航器〗中的空白处单击鼠标右键，接着在弹出的菜单中选择〖程序顺序视图〗命令。

（a）

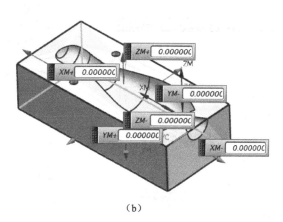
（b）

图 13-6　设置毛坯

图 13-7　设置粗加工公差

图 13-8　设置半精加工公差

图 13-9　设置精加工公差

（7）创建程序组。在〖加工创建〗工具条中单击〖创建程序〗按钮，弹出〖创建程序〗对话框，如图 13-10 所示。在〖名称〗输入框中输入 B1，然后单击 确定 按钮两次。

（8）创建刀具。在〖加工创建〗工具条中单击〖创建刀具〗按钮，弹出〖创建刀具〗对话框。在〖名称〗输入框中输入 D20R4，接着在〖创建刀具〗对话框中单击 确定 按钮，弹出〖铣刀—5 参数〗对话框，如图 13-11 所示。在〖直径〗输入框中输入 20，〖底圆角半径〗输入框中输入 4，然后单击 确定 按钮。

（9）继续创建刀具。参考上一步骤继续创建 D13R0.8、R4、R2 和 D6 的刀具。

图 13-10　创建程序名称

（10）创建工序。在〖加工创建〗工具条中单击〖创建工序〗按钮，弹出〖创建操作〗对话框，然后设置如图 13-12 所示的参数。

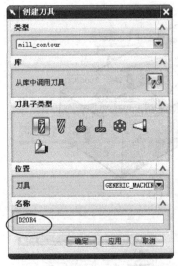

图 13-11　创建刀具

图 13-12　创建操作

（11）选择加工面。在〖创建操作〗对话框中单击 确定 按钮，弹出〖型腔铣〗对话框。在〖型腔铣〗对话框中单击〖指定切削区域〗 按钮，然后选择如图 13-13 所示的加工面。

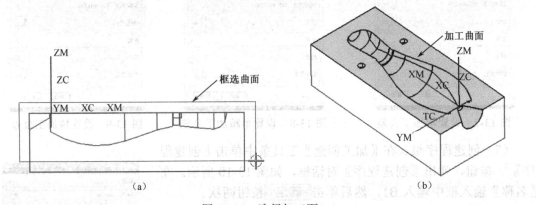

图 13-13　选择加工面

（12）设置切削模式、步进和吃刀量。设置切削模式为"跟随周边"，平面直径百分比为 60，最大距离为 0.4，如图 13-14 所示。

（13）设置切削参数。在〖型腔铣〗对话框中单击〖切削参数〗 按钮，弹出〖切削参数〗对话框，然后设置切削方向为"顺铣"，切削顺序为"深度优先"，图样方向为"向外"；勾选"岛清理"选项，并设置壁清理为"自动"，如图 13-15 所示。

（14）设置余量。在〖切削参数〗对话框中选择 余量 选项，然后去除"底面余量和侧壁余量一致"选项的勾选，并设置部件侧面余量为 0.3，部件底面余量为 0.15，如图 13-16 所示。

（15）设置拐角。在〖切削参数〗对话框中选择 拐角 选项，然后设置光顺为"所有刀路"，半径为 0.5mm，如图 13-17 所示。

图 13-14　设置切削模式、步进和吃刀量

图 13-15　设置切削参数

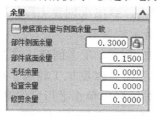

图 13-16　设置余量

图 13-17　设置拐角

（16）设置非切削参数。在〖型腔铣〗对话框中单击〖非切削移动〗按钮，弹出〖非切削移动〗对话框，然后设置封闭的区域内进刀类型为"螺旋"，直径为 90，斜角为 2，高度为 1，最小安全距离为 1，最小倾斜长度为 40，如图 13-18 所示。

（17）设置传递方式。在〖非切削移动〗对话框中选择 传递/快速 选项，然后设置安全设置选项为"使用继承的"，区域之间和区域内的传递类型设置为"前一平面"，如图 13-19 所示。

图 13-18　设置非切削参数

图 13-19　设置传递方式

（18）设置主轴转速和切削。在〖型腔铣〗对话框中单击〖进给率和速度〗按钮，弹出〖进给率和速度〗对话框，然后勾选"主轴转度"选项，并设置主轴转度为 2000，切削设置为 2200，如图 13-20 所示。

（19）生成刀路。在〖型腔铣〗对话框中单击〖生成〗按钮，系统开始生成刀路，如图 13-21 所示。

图 13-20　设置主轴转速和切削

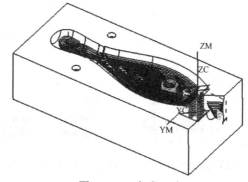

图 13-21　生成刀路

13.6.3 陡峭面半精加工——等高轮廓铣

（1）创建程序组。在〖加工创建〗工具条中单击〖创建程序〗 按钮，弹出〖创建程序〗对话框。在〖名称〗输入框中输入 B2，然后单击 确定 按钮两次。

选择此类型

图 13-22 创建工序

（2）创建工序。在〖加工创建〗工具条中单击〖创建工序〗 按钮，弹出〖创建工序〗对话框，然后设置如图 13-22 所示的参数。

（3）选择加工面。在〖创建工序〗对话框中单击 确定 按钮，弹出〖深度加工轮廓〗对话框。在〖深度加工轮廓〗对话框中单击〖指定切削区域〗 按钮，然后选择如图 13-23 所示的加工面，选择完成后单击 确定 按钮。

（4）设置加工参数。设置陡峭空间范围为"无"，最大距离为 0.35，如图 13-24 所示。

（5）设置切削方向和切削顺序。在〖深度加工轮廓〗对话框中单击〖切削参数〗 按钮，弹出〖切削参数〗对话框，然后设置切削方向为"混合"，切削方向为"深度优先"，如图 13-25 所示。

（6）设置余量。在〖切削参数〗对话框中选择 余量 选项，然后保持"底面余量和侧壁余量一致"选项的勾选，并设置部件侧面余量为 0.15，如图 13-26 所示。

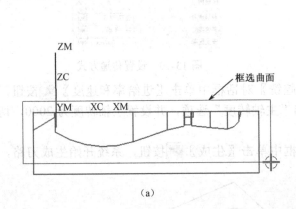

(a)

(b)

图 13-23 选择加工面

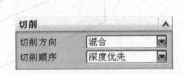

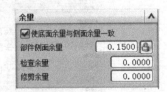

图 13-24 设置加工参数　　图 13-25 设置切削方向和切削顺序　　图 13-26 设置余量

（7）设置层到层之间的进刀方式。在〖切削参数〗对话框中选择 连接 选项，然后设置层到层的方式为"使用传递方法"。

（8）设置非切削参数。在〖深度加工轮廓〗对话框中单击〖非切削参数〗 按钮，弹出〖非切削移动〗对话框，然后设置封闭区域的进刀类型为"和开放区域相同"，并设置开放区域的进刀类型为"圆弧"，半径为5，圆弧角度为90，高度为0.5，如图13-27所示。

（9）设置传递方式。在〖非切削移动〗对话框中选择 传递/快速 选项，然后设置安全设置选项为"使用继承的"，区域之间和区域内的传递类型设置为"前一平面"。

（10）设置主轴转速和切削。在〖深度加工轮廓〗对话框中单击〖进给率和速度〗 按钮，弹出〖进给率和速度〗对话框，然后勾选"主轴转度"选项，并设置主轴转速为2500，切削为1500。

（11）生成刀路。在〖深度加工轮廓〗对话框中单击〖生成〗 按钮，系统开始生成刀路，如图13-28所示。

图13-27　设置非切削参数

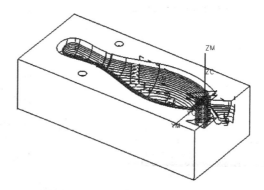

图13-28　生成刀路

13.6.4　底部平缓面半精加工——轮廓区域铣

（1）创建程序组。在〖加工创建〗工具条中单击〖创建程序〗 按钮，弹出〖创建程序〗对话框。在〖名称〗输入框中输入B3，然后单击 确定 按钮两次。

（2）创建工序。在〖加工创建〗工具条中单击〖创建工序〗 按钮，弹出〖创建操作〗对话框，然后设置如图13-29所示的参数。

（3）选择加工面。在〖创建操作〗对话框中单击 确定 按钮，弹出〖深度加工轮廓〗对话框。在〖深度加工轮廓〗对话框中单击〖指定切削区域〗 按钮，然后选择如图13-30所示的12个加工面，选择完成后单击 确定 按钮。

（4）指定检查。在〖轮廓区域〗对话框中单击〖指定检查〗 按钮，弹出〖检查几何体〗对话框，然后选择如图13-31所示的直壁面为保护面。

（5）设置区域铣削。在〖轮廓区域〗对话框中单击〖区域铣削编辑〗 按钮，弹出〖区域铣削驱动方法〗对话框。设置方法为"非陡峭"，陡角为40，切削模式为"往复"，步距为"恒定"，步距为了0.25，步距已应用为"在曲面上"，切削角为"指定"，切削角为80，如图13-32所示。

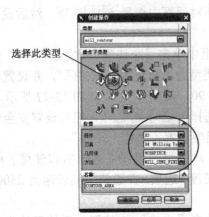

图 13-29　创建操作

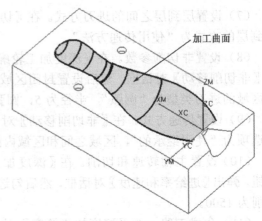

图 13-30　选择加工面

图 13-31　指定检查

图 13-32　设置区域铣削

> 编程工程师点评：
>
> 　　由于陡峭面已进行了半精加工，所以，在此设置陡角为 40 的目的是限制刀具只在 40°的范围内进行半精加工。

（6）设置余量。在〖轮廓区域〗对话框中单击〖切削参数〗按钮，弹出〖切削参数〗对话框。选择 余量 选项，然后设置部件余量为 0.15，检查余量为 0.15，如图 13-33 所示。

（7）安全设置。在〖切削参数〗对话框中选择 安全设置 选项，然后设置过切时为"跳过"，检查安全距离为 0.15，如图 13-34 所示。

（8）设置主轴转速和切削。在〖轮廓区域〗对话框中单击〖进给率和速度〗按钮，弹出〖进给率和速度〗对话框，然后设置主轴转速为 2500，切削为 1500。

图 13-33　设置余量

图 13-34　安全设置

（9）生成刀路。在〖轮廓区域〗对话框中单击〖生成〗按钮，系统开始生成刀路，如图 13-35 所示。

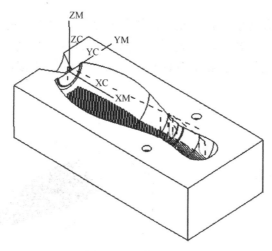

图 13-35　生成刀路

13.6.5　大区域面精加工——轮廓区域铣

（1）创建程序组。在〖加工创建〗工具条中单击〖创建程序〗![icon]按钮，弹出〖创建程序〗对话框。在〖名称〗输入框中输入 **B4**，然后单击 确定 按钮两次。

（2）复制刀路，如图 13-36 所示。

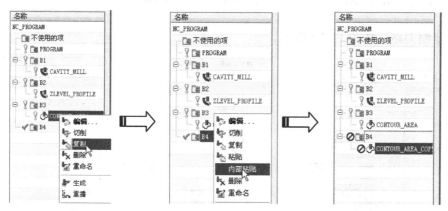

图 13-36　复制刀路

（3）修改方法。在〖工序导航器〗中双击![icon]CONTOUR_AREA_COPY 图标，弹出〖轮廓区域〗对话框，然后修改方法为 MILL_FINISH。

（4）修改区域铣削参数。在〖轮廓区域〗对话框中单击〖区域铣削编辑〗![icon]按钮，弹出〖区域铣削驱动方法〗对话框，然后修改方法为"无"，距离为 0.18，步距已应用为"在部件上"，如图 13-37 所示。

 编程工程师点评

　　为了保证陡峭面上的加工质量，此处应该设置步距已应用为"在部件上"。

（5）设置主轴转速和切削。在〖轮廓区域〗对话框中单击〖进给率和速度〗 按钮，弹出〖进给率和速度〗对话框，然后设置主轴转速为3000，切削为1200。

（6）生成刀路。在〖轮廓区域〗对话框中单击〖生成〗 按钮，系统开始生成刀路，如图13-38所示。

图13-37 修改区域铣削参数

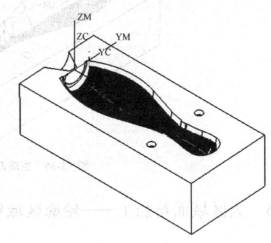

图13-38 生成刀路

13.6.6 直壁面精加工——等高轮廓铣

（1）复制刀路，如图13-39所示。

图13-39 复制刀路

（2）指定修剪边界。在〖工序导航器〗中双击 ZLEVEL_PROFILE_C 图标，弹出〖深度加工轮廓〗对话框。在〖深度加工轮廓〗对话框中单击〖指定修剪边界〗 按钮，弹出〖修剪边界〗对话框。单击〖点边界〗 按钮，并设置点方法为"光标位置"，修剪侧为"外部"，然后创建如图13-40所示的两个封闭边界。

（3）修改刀具、方法和最大距离。修改刀具为"R4"，方法为MILL_FINISH，最大距离为0.2。

（4）修改主轴转速和切削。在〖深度加工轮廓〗对话框中单击〖进给率和速度〗 按钮，弹出〖进给率和速度〗对话框，然后修改主轴转速为 2500，切削为 1200。

（5）生成刀路。在〖深度加工轮廓〗对话框中单击〖生成〗 按钮，系统开始生成刀路，如图 13-41 所示。

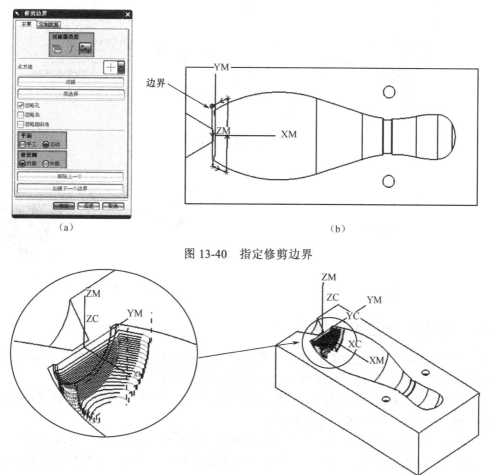

（a）

（b）

图 13-40　指定修剪边界

（a）

（b）

图 13-41　生成刀路

13.6.7　圆锥面精加工——轮廓区域铣

（1）复制刀路，如图 13-42 所示。

（2）在〖工序导航器〗中双击 CONTOUR_AREA_COP 图标，弹出〖轮廓区域〗对话框。在〖轮廓区域〗对话框中单击〖指定切削区域〗 按钮，弹出〖切削区域〗对话框。接着单击〖移除〗 按钮移除已选的曲面，然后选择如图 13-43 所示的一个加工曲面，最后单击 确定 按钮。

（3）生成刀路。在〖轮廓区域〗对话框中单击〖生成〗 按钮，系统开始生成刀路，如图 13-44 所示。

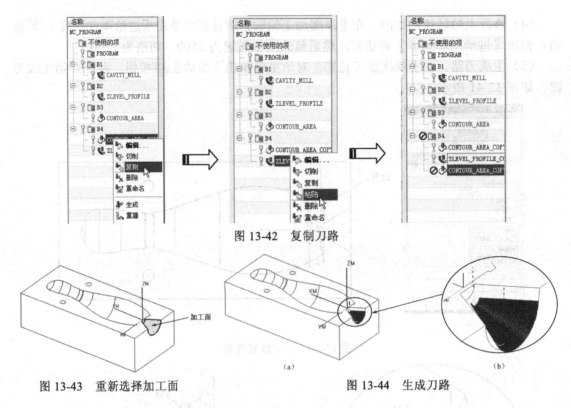

图 13-42　复制刀路

图 13-43　重新选择加工面

图 13-44　生成刀路

13.6.8　清角——轮廓区域铣

（1）创建程序组。在〖加工创建〗工具条中单击〖创建程序〗 按钮，弹出〖创建程序〗对话框。在〖名称〗输入框中输入 B5，然后单击 确定 按钮两次。

（2）创建工序。在〖加工创建〗工具条中单击〖创建工序〗 按钮，弹出〖创建工序〗对话框，然后设置如图 13-45 所示的参数。

（3）选择加工面。在〖创建工序〗对话框中单击 确定 按钮，弹出〖深度加工轮廓〗对话框。在〖深度加工轮廓〗对话框中单击〖指定切削区域〗 按钮，然后选择如图 13-46 所示的 7 个加工面，选择完成后单击 确定 按钮。

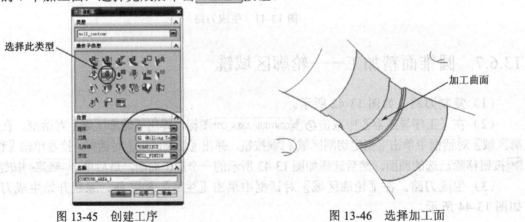

图 13-45　创建工序

图 13-46　选择加工面

（4）设置驱动方法为清根。修改驱动方法为"清根"，弹出〖驱动方法〗对话框，如图 13-47 所示。

（a）　　　　　　　　　　　　　　　（b）

图 13-47　修改驱动方法

（5）设置清根驱动参数。在〖驱动方法〗对话框中单击 确定 按钮，弹出〖清根驱动方法〗对话框，然后设置空间范围为"无"，清根类型为"参考刀具偏置"，步距为 0.1，顺序为"由外向内交替"，参考刀具直径为 9，其他参数按默认设置，如图 13-48 所示。

（6）设置主轴转速和切削。在〖轮廓区域〗对话框中单击〖进给率和速度〗 按钮，弹出〖进给率和速度〗对话框，然后设置主轴转速为 4000，切削为 1000。

（7）生成刀路。在〖轮廓区域〗对话框中单击〖生成〗 按钮，系统开始生成刀路，如图 13-49 所示。

图 13-48　设置清根参数

图 13-49　生成刀路

13.6.9　两小孔的加工——等高轮廓铣

（1）创建程序组。在〖加工创建〗工具条中单击〖创建程序〗 按钮，弹出〖创建程序〗对话框。在〖名称〗输入框中输入 B6，然后单击 确定 按钮两次。

（2）复制刀路，如图 13-50 所示。

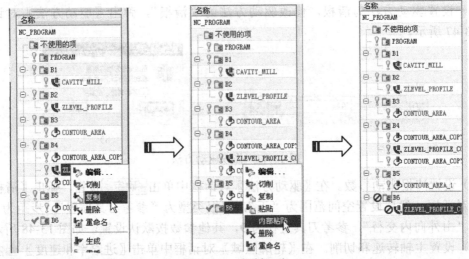

图 13-50　复制刀路

（3）指定修剪边界。在〖工序导航器〗中双击 ⊘↘ ZLEVEL_PROFILE_C 图标，弹出〖深度加工轮廓〗对话框。在〖深度加工轮廓〗对话框中单击〖指定修剪边界〗 按钮，弹出〖修剪边界〗对话框。依次单击 移除 按钮和 附加 按钮，接着单击〖点边界〗 按钮，并设置点方法为"光标位置"，修剪侧为"外部"，然后创建如图 13-51 所示的两个封闭边界。

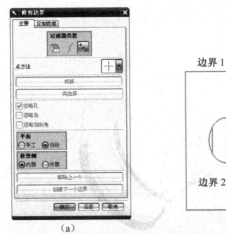

（a）

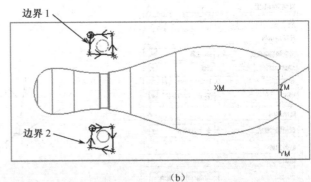

（b）

图 13-51　指定修剪边界

（4）修改刀具为 D6，最大距离为 0.08。

（5）设置非切削移动。在〖深度加工轮廓〗对话框中单击〖非切削移动〗 按钮，弹出〖非切削移动〗对话框。设置封闭区域的进刀类型为"螺旋"，直径为 50，倾斜角度为 2，高度为 0.2，最小安全距离为 0，最小倾斜长度为 0，开放区域进刀类型为"与封闭区域相同"，如图 13-52 所示。

（6）修改主轴转速和切削。在〖深度加工轮廓〗对话框中单击〖进给率和速度〗 按钮，弹出〖进给率和速度〗对话框，然后修剪主轴转速为 3500，切削为 1200。

（7）生成刀路。在〖深度加工轮廓〗对话框中单击〖生成〗 按钮，系统开始生成刀路，如图 13-53 所示。

图 13-52 设置非切削移动

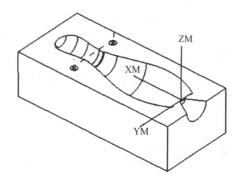

图 13-53 生成刀路

13.6.10 实体模拟验证

（1）在〖工序导航器中〗选择 NC-PROGRAM。

（2）在〖加工操作〗对话框中单击〖校验刀轨〗 按钮，弹出〖刀轨可视化〗对话框。在〖刀轨可视化〗对话框中选择 2D 动态 选项，然后单击〖播放〗 按钮，系统开始实体模拟，如图 13-54 所示。

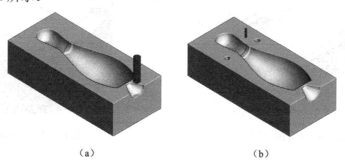

（a）   （b）

图 13-54 实体模拟

13.7 工程师经验点评

（1）当切削范围小于 1.5 倍刀半径时，会产生顶刀现象。如图 13-55 所示的工件，孔的直径为 20mm，则不能选择直径大于或等于 14mm 的刀具进行开粗，应该选择更小的刀具。

（2）精铣大面积的平缓区域时使用大的球刀，因为大的球刀可以设置大的进给量，提高生产效率。相反，精铣狭小的平缓区域要用小的球刀，进给量也要相应地设置小一些。

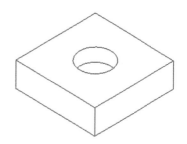

图 13-55 顶刀现象

（3）精铣前必须用较小直径的刀将角位的余量粗清角，无法清角的地方，必须做曲面挡住，避免精铣时角位余量过多导致刀具损坏，要保证精铣时余量是均匀的。

（4）当使用直径小于或等于 3mm 的平底刀加工小凹槽时，则粗加工和精加工一起进行，最大距离设置为 0.03，侧面余量和底面余量均设置为 0。

（5）当加工小直径的孔，且孔的精度要求不是特别高时，可直接使用"等高轮廓铣"的方法一次性加工完成这个孔。但需要注意的是，使用的刀具直径不能小于孔的半径，也不能大于孔的 1.5 倍半径。

13.8　练习题

13-1　打开光盘中的〖Lianxi\Ch13\drft.prt〗文件，如图 13-56 所示。根据本章所学习的知识，对模型进行完整的编程。

13-2　打开光盘中的〖Lianxi\Ch13\gjm.prt〗文件，如图 13-57 所示。根据本章所学习的知识，对模型进行完整的编程。

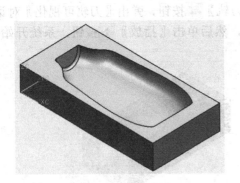

图 13-56　drft.prt 文件

图 13-57　gjm.prt 文件

第14章

电蚊香座盖后模的编程

电蚊香座盖后模的编程难度不高，但需要考虑的问题比较多，工艺的合理安排非常重要，希望读者独立对该模型进行编程后，再比较书中的编程方法，这样就会有更大的收获和进步。

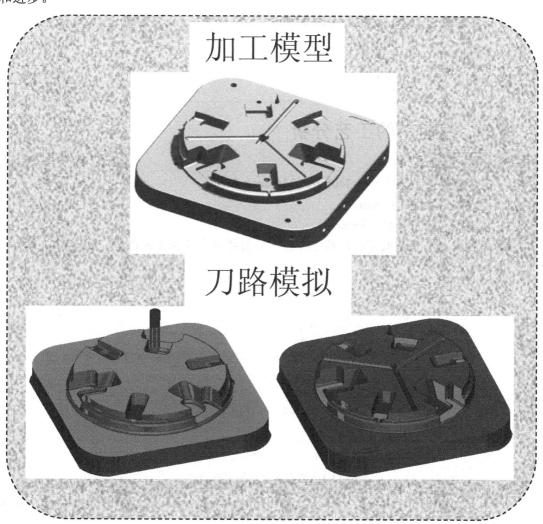

加工模型

刀路模拟

14.1　学习目标与课时安排

　学习目标及学习内容

（1）学会编程前的工艺分析，确定加工刀具。

（2）学会制作加工程序单。

（3）学会模具编程前需要补面和创建加工辅助面的情况。

（4）掌握实际编程加工的参数设置。

（5）学会创建不同的加工几何体。

（6）将"型腔铣"、"等高轮廓铣"、"轮廓区域铣"、"平面铣"和"等高清角"等加工方法学以致用。

　学习课时安排（共 2 课时）

（1）工艺分析——1 课时。

（2）编程参数设置——1 课时。

14.2　编程前的工艺分析

（1）电蚊香座盖后模大小：340mm×330mm×67mm。

（2）最大加工深度：67mm。

（3）最小的凹圆角半径：3mm。

（4）是否需要电火花加工：模具中存在三处需要电火花加工的部位，如图 14-1 所示。

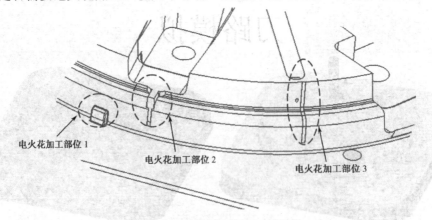

图 14-1　需要电火花加工的部位

（5）需要使用的加工方法：型腔铣开粗、深度加工轮廓半精加工、区域轮廓铣半精加工、轮廓区域精加工和清根。

14.3　编程思路及刀具的使用

（1）根据电蚊香盖后模的大小和形状，首先使用 D35R5 的飞刀进行开粗去除毛坯四个角上的余量。

（2）使用 D17R0.8 的飞刀清除上步加工所留下的底角余量。

（3）使用 D35R5 的飞刀对模具进行开粗，去除大量的余量。

（4）使用 D17R0.8 飞刀对模型进行二次开粗，使模具的余量尽量均匀。

（5）使用 D17R0.8 的飞刀对模型中部分的陡峭区域进行半精加工。

（6）使用新的 D17R0.8 飞刀对模型中平面进行精加工。

（7）使用 D6 的合金平底刀对模型中的陡峭区域进行清角加工。

（8）使用 D6 的合金刀进行小平面精加工。

（9）使用 D6 的合金刀对浅槽进行精加工。

（10）使用新的 R4 的合金球刀加工出流道。

14.4　制定加工程序单

程 序 单

序号	加工区域	程序组名称	刀具名称	刀具长度	加工子类型	加工方式
1	毛坯圆角	DW1	D35R5	80	等高轮廓铣	精加工
2	毛坯圆角底部	DW2	D17R0.8	80	等高轮廓铣	精加工
3	全部区域（开粗）	DW3	D35R5	80	型腔铣	粗加工
4	狭窄区域（二次开粗）	DW4	D17R0.8	65	型腔铣	粗加工
5	陡峭面	DW5	D17R0.8	65	等高轮廓铣	半精加工
6	大平面	DW6	D17R0.8	65	平面铣	半精加工
7	陡峭夹角	DW7	6R0.15	35	等高轮廓铣	半精加工
8	狭窄处平面	DW8	D6	30	轮廓区域铣	精加工
9	陡峭面	DW9	D17R0.8	65	等高轮廓铣	精加工
10	陡峭夹角	DW10	6R0.15	35	等高轮廓铣	精加工
11	两小孔					
12	流道	DW11	R4	30	轮廓区域铣	精加工

模具装夹示意图

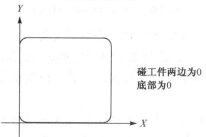

碰工件两边为0
底部为0

14.5　编程前需要注意的问题

（1）确定模具的装夹方式，并要考虑圆角加工时的装夹方式和开粗时的装夹方式不同。

（2）要通过客户了解模具的加工精度要求，并根据产品确定哪些是碰穿面。

（3）确定需要电火花加工部件的余量。

（4）确定模具中的流道是在数控铣床上加工还是在普通铣床上加工。

14.6　电蚊香座盖后模编程的具体步骤

电蚊香座盖后模编程总的过程分为打开模板和调入模型、调整坐标、模具补面、创建辅助曲面、清除圆角余量、清除圆角底部余量、开粗、陡峭面半精加工、陡峭夹角加工、狭窄处平面精加工、陡峭面精加工、陡峭夹角精加工、两小孔精加工和流道加工。

14.6.1　打开模板和调入模型

（1）打开光盘中的〖Example\moban\moban.prt〗文件，如图 14-2 所示。文件中已创建了常用的刀具，即刀具库。

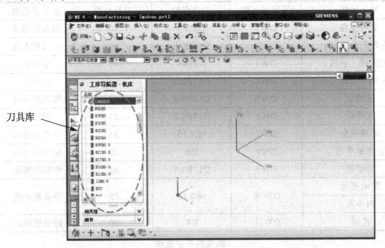

图 14-2　打开 moban.prt 文件

（2）导入要编程的文件。在主菜单栏中选择〖文件〗/〖导入〗/〖部件〗命令，弹出〖导入部件〗对话框，默认其参数设置并单击 确定 按钮，然后选择〖Example\Ch13\dwxzg.prt〗文件进行导入，弹出〖点〗对话框，最后依次单击 确定 按钮，结果如图 14-3 所示。

（3）另存文件。在主菜单栏中选择〖文件〗/〖另存为〗命令，弹出〖保存 CAM 安装部件为〗对话框，然后在文件名输入框中输入 dwxzg-2.prt，最后单击 OK 按钮。

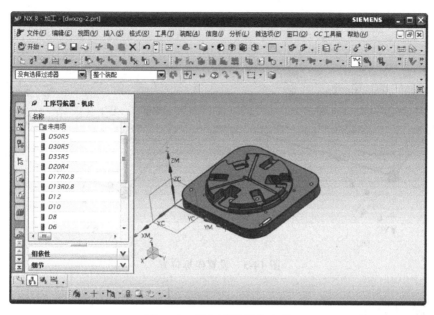

图 14-3　导入要编程的文件

14.6.2　调整坐标

（1）进入建模界面。在键盘上按 **Ctrl＋M** 组合键进入建模界面。

（2）修剪曲线。在主菜单栏中选择〖编辑〗/〖曲线〗/〖修剪〗命令，弹出〖修剪曲线〗对话框，默认其参数设置，然后依次选择如图 14-4 所示的两条边，最后单击 确定 按钮。

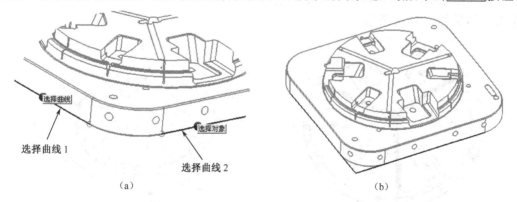

（a）　　　　　　　　　　　　　　　　　　　　（b）

图 14-4　修剪曲线

（3）设置坐标位置。双击当前坐标使坐标激活，接着选择如图 14-5（a）所示的交点为新坐标的位置，然后拖动旋转球使坐标 Z 轴朝上，如图 14-5（b）所示。

 编程工程师点评

> 若设置角点为加工坐标，则对刀时只需要碰相交的两个侧面和顶面或底面即可。

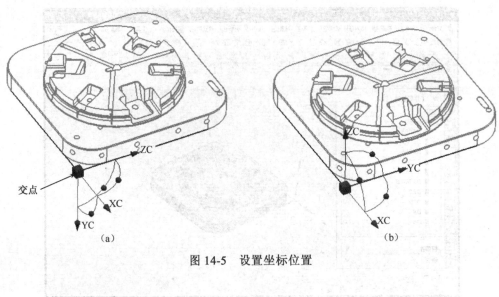

图 14-5　设置坐标位置

14.6.3　模具补面

（1）进入注塑模向导界面。在菜单条中选择〖开始〗/〖所有应用模块〗/〖注塑模向导〗命令，弹出〖注塑模向导〗工具条。在〖注塑模向导〗工具条中单击〖注塑模工具〗 按钮，弹出〖注塑模工具〗工具条，如图 14-6 所示。

图 14-6　〖注塑模工具〗工具条

（2）参考第 11 章中的补面方法，使用〖曲面补片〗 命令补面，结果如图 14-7 所示；使用〖边缘补片〗 命令补面，结果如图 14-8 所示。

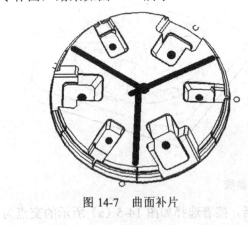

图 14-7　曲面补片

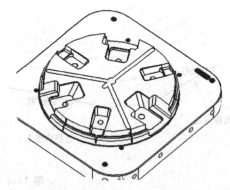

图 14-8　边缘补片

14.6.4　创建辅助曲面

拉伸曲面。选择模具上四个大圆角的外边缘为拉伸对象，拉伸高度为 33.5，如图 14-9 所示。

图 14-9　拉伸曲面

14.6.5　清除圆角余量——等高轮廓铣

（1）进入编程界面。在键盘上按 Ctrl+Alt+M 组合键，弹出〖加工环境〗对话框，如图 14-10 所示。选择 mill-contour 的方式，然后单击 确定 按钮进入编程主界面。

图 14-10　〖加工环境〗对话框

（2）设置安全高度。在〖工序导航器〗中的空白处单击鼠标右键，接着在弹出的菜单中选择〖几何视图〗命令，然后双击 MCS 图标，弹出〖Mill Orient〗对话框，接着选择 XC-YC 平面，并设置距离为 80，如图 14-11 所示，最后单击 确定 按钮。

（3）设置部件。在〖工序导航器〗中双击 WORKPIECE 图标，弹出〖铣削几何体〗对话框。单击〖指定部件〗 按钮，弹出〖部件几何体〗对话框，如图 14-12（a）所示，接着框选所有实体和曲面为部件，如图 14-12（b）所示，然后单击 确定 按钮。

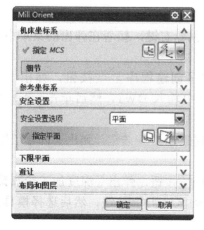

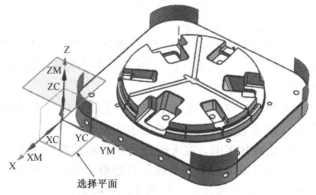

图 14-11　设置安全高度

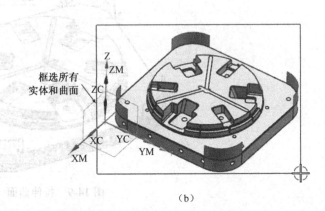

框选所有
实体和曲面

(a)　　　　　　　　　　　　　　(b)

图 14-12　设置部件

（4）设置毛坯。在〖铣削几何体〗对话框中单击〖指定毛坯〗 按钮，弹出〖毛坯几何体〗对话框，接着设置如图 14-13 所示的参数，然后单击 确定 按钮。

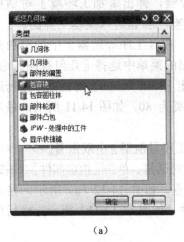

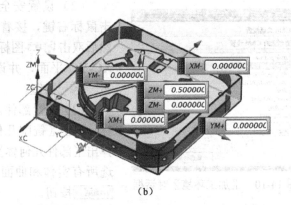

(a)　　　　　　　　　　　　　　(b)

图 14-13　设置毛坯

（5）切换视图。在〖工序导航器〗中的空白处单击鼠标右键，接着在弹出的菜单中选择〖程序顺序视图〗命令。

（6）创建程序组。在〖加工创建〗工具条中单击〖创建程序〗 按钮，弹出〖创建程序〗对话框，如图 14-14 所示。在〖名称〗输入框中输入 DW1，然后单击 确定 按钮两次。

（7）创建工序。在〖加工创建〗工具条中单击〖创建工序〗 按钮，弹出〖创建工序〗对话框，然后设置如图 14-15 所示的参数。

（8）选择加工面。在〖创建工序〗对话框中单击 确定 按钮，弹出〖深度加工轮廓铣〗对话框。在〖深度加工轮廓铣〗对话框中单击〖指定切削区域〗 按钮，然后选择模具上四个角上的 12 个圆角面，如图 14-16 所示。

图 14-14 创建程序名称

图 14-15 创建工序

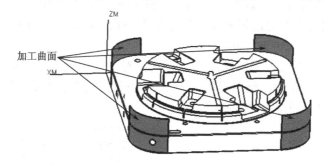

图 14-16 选择加工面

（9）指定修剪边界。在〖深度加工轮廓铣〗对话框中单击〖指定修剪边界〗按钮，弹出〖修剪边界〗对话框。默认过滤器类型为"面边界"，修剪侧为"内部"，然后选择模具的底面为修剪边界，如图 14-17 所示。

（a）

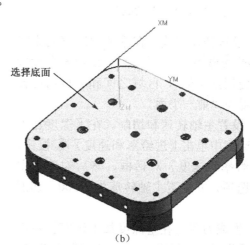

（b）

图 14-17 指定修剪边界

（10）设置加工参数。设置陡峭空间范围为"无"，最大距离为 0.3，如图 14-18 所示。

（11）设置切削方向和切削顺序。在〖深度加工轮廓〗对话框中单击〖切削参数〗 按钮，弹出〖切削参数〗对话框，然后设置切削方向为"混合"，切削方向为"深度优先"，如图 14-19 所示。

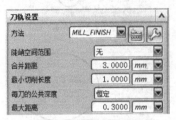

图 14-18　设置加工参数

图 14-19　设置切削方向和切削顺序

（12）设置余量。在〖切削参数〗对话框中选择 余量 选项，然后保持"底面余量和侧壁余量一致"选项的勾选，并设置部件侧面余量为 0，如图 14-20 所示。

（13）设置层到层之间的进刀方式。在〖切削参数〗对话框中选择 连接 选项，然后设置层到层的方式为"使用传递方法"。

（14）设置非切削参数。在〖深度加工轮廓〗对话框中单击〖非切削参数〗 按钮，弹出〖非切削移动〗对话框，然后设置开放区域的进刀类型为"圆弧"，半径为 3，圆弧角度为 90，高度为 0.5，如图 14-21 所示。

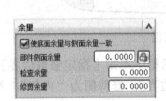

图 14-20　设置余量

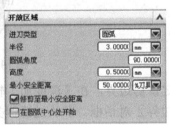

图 14-21　设置非切削参数

（15）设置传递方式。在〖非切削移动〗对话框中选择 传递/快速 选项，然后设置安全设置选项为"使用继承的"，区域之间和区域内的传递类型设置为"前一平面"。

（16）设置主轴转速和切削。在〖深度加工轮廓〗对话框中单击〖进给率和速度〗 按钮，弹出〖进给率和速度〗对话框，然后勾选"主轴转速"选项，并设置主轴转速为 2500，切削为 1500。

（17）生成刀路。在〖深度加工轮廓〗对话框中单击〖生成〗 按钮，系统开始生成刀路，如图 14-22 所示。

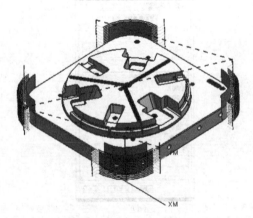

图 14-22　生成刀路

14.6.6 清除圆角底部余量——等高轮廓铣

（1）创建程序组。在〖加工创建〗工具条中单击〖创建程序〗![按钮]按钮，弹出〖创建程序〗对话框。在〖名称〗输入框中输入 DW2，然后单击 ![确定] 按钮两次。

（2）复制刀路，如图 14-23 所示。

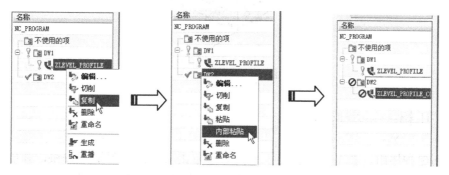

图 14-23 复制刀路

（3）修改刀具和最大距离。在〖工序导航器〗中双击 ![图标]ZLEVEL_PROFILE_C 图标，弹出〖深度加工轮廓〗对话框，然后修改刀具为 D17R0.8，最大距离为 0.25。

（4）设置切削层。在〖深度加工轮廓〗对话框中单击〖切削层〗![按钮]按钮，弹出〖切削层〗对话框，接着选择顶部切削层，并修改 ZC 为 5.1，如图 14-24 所示，然后单击 ![确定] 按钮。

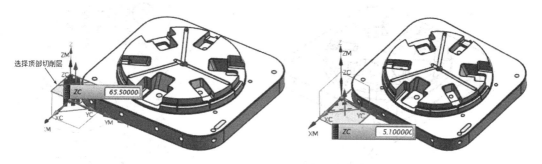

图 14-24 设置切削层

> 💡 **编程工程师点评**
>
> 由于 D35R5 刀具加工后模具底部还留有 5mm 深度的余量，所以需要继续使用刀具清除底部的余量。

（5）生成刀路。在〖深度加工轮廓〗对话框中单击〖生成〗![按钮]按钮，系统开始生成刀路，如图 14-25 所示。

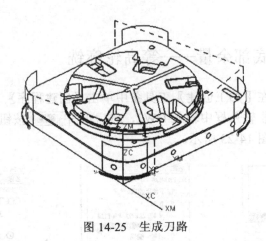

图 14-25　生成刀路

14.6.7　开粗——型腔铣

（1）创建程序组。在〖加工创建〗工具条中单击〖创建程序〗按钮，弹出〖创建程序〗对话框。在〖名称〗输入框中输入 DW3，然后单击 确定 按钮两次。

（2）隐藏前面创建的四个拉伸曲面，结果如图 14-26 所示。

（3）创建工序。在〖加工创建〗工具条中单击〖创建工序〗按钮，弹出〖创建工序〗对话框，然后设置如图 14-27 所示的参数。

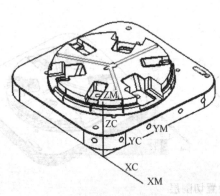

图 14-26　隐藏曲面

图 14-27　创建工序

> 📖 **编程工程师点评**
>
> 　　为了使开粗时圆角处的余量完全被清除掉，则不能选择前面创建的四个拉伸曲面为部件，所以〖创建工序〗对话框中的几何体不能设置为 WORKPIECE，而需要重新创建一个部件。

（4）指定新部件。在〖型腔铣〗对话框中单击〖新建几何体〗按钮，弹出〖新建几何体』对话框，接着选择如图 14-28（a）所示的图标为几何体子类型，并设置 Geometry 为 MCS-MILL，其他按默认设置，然后单击 确定 按钮，弹出『工件』对话框。单击『指定部件』 按钮，弹出『部件几何体』对话框，然后框选所有曲面和实体，如图 14-28（b）所示，最后单击 确定 按钮。

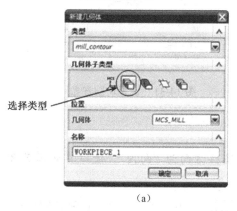

（a）

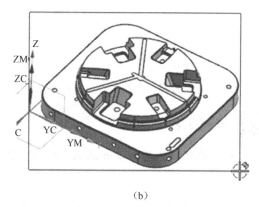

（b）

图 14-28　指定新部件

（5）设置毛坯。在『MCS』对话框中单击『指定毛坯』 按钮，弹出『毛坯几何体』对话框，接着设置类型为"包容块"选项，然后设置 ZM+为"0.5"，其他数值为 0，最后单击 确定 按钮。

（6）指定修剪边界。在『深度加工轮廓铣』对话框中单击『指定修剪边界』 按钮，弹出『修剪边界』对话框。默认过滤器类型为"面边界"，修剪侧为"外部"，然后选择模具的底面为修剪边界，如图 14-29 所示。

（a）

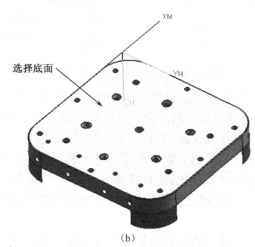

（b）

图 14-29　指定修剪边界

（7）设置切削模式、步进和吃刀量。设置切削模式为"跟随周边"，平面直径百分比为 55，最大距离为 0.4，如图 14-30 所示。

（8）设置切削参数。在『型腔铣』对话框中单击『切削参数』 按钮，弹出『切削参数》对话框，然后设置切削方向为"顺铣"，切削顺序为"深度优先"，图样方向为"向内"；勾选"岛清理"选项，并设置壁清理为"自动"，如图14-31所示。

图14-30　设置切削模式、步进和吃刀量

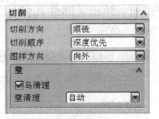

图14-31　设置切削参数

 编程工程师点评

由于模具形状总体呈开放状，所以应该设置图样方向为"向内"，使刀具从模具侧面进刀。

（9）设置余量。在《切削参数》对话框中选择 余量 选项，然后去除"底面和侧壁余量一致"选项的勾选，并设置部件侧面余量为0.3，部件底面余量为0.15，如图14-32所示。

（10）设置拐角。在《切削参数》对话框中选择 拐角 选项，然后设置光顺为"所有刀路"，半径为0.5mm，如图14-33所示。

（11）设置二次开粗方式。在《切削参数》对话框中选择 空间范围 选项，然后设置处理中的工件为"使用基于层的"，如图14-34所示。

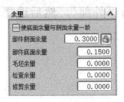

图14-32　设置余量

图14-33　设置拐角

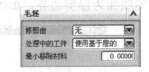

图14-34　设置二次开粗方式

（12）设置非切削参数。在《型腔铣》对话框中单击《非切削移动》按钮，弹出《非切削移动》对话框，然后设置封闭的区域内进刀类型为"螺旋"，直径为90，斜角为2，高度为0.5，最小安全距离为1，最小倾斜长度为0。

（13）设置传递方式。在《非切削移动》对话框中选择 传递/快速 选项，然后设置安全设置选项为"使用继承的"，区域之间和区域内的传递类型设置为"前一平面"。

（14）设置主轴转速和切削。在《型腔铣》对话框中单击《进给率和速度》按钮，弹出《进给率和速度》对话框，然后勾选"主轴转速"选项，并设置主轴转速为2000，切削为3200。

（15）生成刀路。在《型腔铣》对话框中单击《生成》按钮，系统开始生成刀路，如图14-35所示。

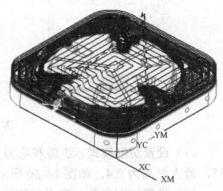

图14-35　生成刀路

编程工程师点评

由于是对所有面进行加工，所以在 UG 编程中可以不选择加工面；但为了避免在工件外产生不必要的刀路而浪费时间，则应选择工件的最大边缘作为加工边界。

14.6.8　二次开粗——型腔铣

（1）创建程序组。在〖加工创建〗工具条中单击〖创建程序〗按钮，弹出〖创建程序〗对话框。在〖名称〗输入框中输入 DW4，然后单击 确定 按钮两次。

（2）复制刀路，如图 14-36 所示。

（3）修改刀具和最大距离。在〖工序导航器〗中双击 CAVITY_MILL_COPY 图标，弹出〖型腔铣〗对话框，然后修改刀具为 D17R0.8，最大距离为 0.25。

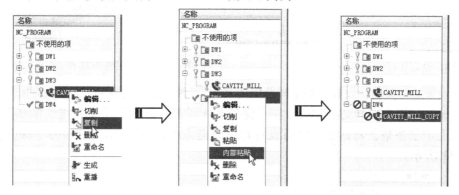

图 14-36　复制刀路

（4）修改余量。在〖型腔铣〗对话框中单击〖切削参数〗按钮，弹出〖切削参数〗对话框。选择 余量 选项，然后修改部件侧面余量为 0.35，部件底面余量为 0.15。

（5）修改主轴转速和切削。在〖型腔铣〗对话框中单击〖进给率和速度〗按钮，弹出〖进给率和速度〗对话框，然后修改主轴转速为 2500，切削为 2800。

（6）生成刀路。在〖型腔铣〗对话框中单击〖生成〗按钮，系统开始生成刀路，如图 14-37 所示。

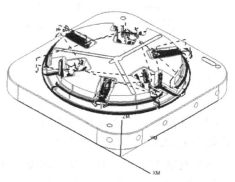

图 14-37　生成刀路

14.6.9　陡峭面半精加工——等高轮廓铣

（1）创建程序组。在〖加工创建〗工具条中单击〖创建程序〗按钮，弹出〖创建程序〗对话框。在〖名称〗输入框中输入 DW5，然后单击 确定 按钮两次。

（2）创建工序。在〖加工创建〗工具条中单击〖创建工序〗![按钮，弹出〖创建工序〗对话框，然后设置如图 14-38 所示的参数。

（3）指定修剪边界。在〖深度加工轮廓铣〗对话框中单击〖指定修剪边界〗![按钮，弹出〖修剪边界〗对话框。默认过滤器类型为"面边界"，修剪侧为"外部"，然后选择模具的底面为修剪边界，如图 14-39 所示。

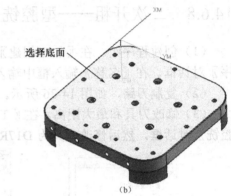

图 14-38 创建工序　　　　　　　　　　图 14-39 指定修剪边界

（4）设置加工参数。设置陡峭空间范围为"无"，最大距离为 0.35，如图 14-40 所示。

（5）设置切削方向和切削顺序。在〖深度加工轮廓〗对话框中单击〖切削参数〗![按钮，弹出〖切削参数〗对话框，然后设置切削方向为"混合"，切削方向为"深度优先"，如图 14-41 所示。

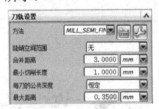

图 14-40 设置加工参数　　　　　图 14-41 设置切削方向和切削顺序

（6）设置余量。在〖切削参数〗对话框中选择 余量 选项，然后保持"底面余量和侧壁余量一致"选项的勾选，并设置部件侧面余量为 0.15，如图 14-42 所示。

（7）设置层到层之间的进刀方式。在〖切削参数〗对话框中选择 连接 选项，然后设置层到层的方式为"使用传递方法"。

（8）设置非切削参数。在〖深度加工轮廓〗对话框中单击〖非切削参数〗![按钮，弹出〖非切削移动〗对话框，然后设置封闭区域的进刀类型为"和开放区域相同"，并设置开放区域的进刀类型为"圆弧"，半径为 3，圆弧角度为 90，高度为 0.5，如图 14-43 所示。

（9）设置传递方式。在〖非切削移动〗对话框中选择 传递/快速 选项，然后设置安全设置选项为"使用继承的"，区域之间和区域内的传递类型设置为"前一平面"。

（10）设置主轴转速和切削。在〖深度加工轮廓〗对话框中单击〖进给率和速度〗![按钮，弹出〖进给率和速度〗对话框，然后勾选"主轴转速"选项，并设置主轴转速为 2500，切削为 1500。

图 14-42　设置余量

图 14-43　设置非切削参数

（11）生成刀路。在〖深度加工轮廓〗对话框中单击〖生成〗按钮，系统开始生成刀路，如图 14-44 所示。

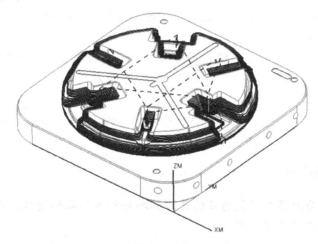

图 14-44　生成刀路

14.6.10　大平面精加工——平面铣

（1）创建程序组。在〖加工创建〗工具条中单击〖创建程序〗按钮，弹出〖创建程序〗对话框。在〖名称〗输入框中输入 DW6，然后单击 确定 按钮两次。

（2）创建工序。在〖加工创建〗工具条中单击〖创建工序〗按钮，弹出〖创建工序〗对话框，然后设置如图 14-45 所示的参数。

 编程工程师点评

此平面加工不能选择 WORKPIECE，否则产生的平面加工刀路会出现问题。

（3）选择加工面。在〖创建工序〗对话框中单击 确定 按钮，弹出〖平面铣〗对话框。在〖平面铣〗对话框中单击〖指定面边界〗按钮，弹出〖指定面几何体〗对话框，勾选"忽略孔"选项，然后选择如图 14-46 所示的两个加工面，选择完成后单击 确定 按钮。

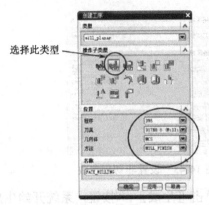

图 14-45　创建工序

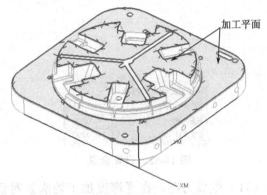

加工平面

图 14-46　选择加工面

（4）设置刀具参数。设置切削模式为"跟随周边"，平面直径百分比为 60，毛坯距离为 0.3，最终底面余量为 0。

（5）设置切削参数。在〖平面铣〗对话框中单击〖切削参数〗 按钮，弹出〖切削参数〗对话框，然后设置切削方向为"顺铣"，图样方向为"向内"，勾选"岛清理"选项，并设置壁清理为"自动"。

（6）设置余量。在〖切削参数〗对话框中选择 余量 选项，然后设置部件余量为 0，壁余量为 0，毛坯余量为-7，如图 14-47 所示。

编程工程师点评

　　设置毛坯余量为刀具半径值的目的使刀具刚好加工到面的边缘，而不在外面多绕一圈，其作用相当于设置修剪边界。

（7）设置拐角。在〖切削参数〗对话框中选择 拐角 选项，然后设置凸角为"延伸并修剪"，光顺为"所有刀路"，半径为 0.1mm，如图 14-48 所示。

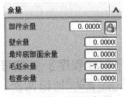

图 14-47　设置余量

图 14-48　设置拐角

（8）设置非切削移动。在〖切削参数〗对话框中单击〖非切削移动〗 按钮，弹出〖非切削移动〗对话框，然后设置开放区域的进刀类型为"线性"，长度为 50，旋转角度为 0，倾斜角度为 0。

（9）设置进刀点。在〖非切削移动〗对话框中选择 开始/钻点 选项，然后设置重叠距离为 0.2，并选择如图 14-49 所示的直线中点为进刀点。

（10）设置主轴转速和切削。在〖深度加工轮廓〗对话框中单击〖进给率和速度〗 按钮，弹出〖进给率和速度〗对话框，然后勾选"主轴转速"选项，并设置主轴转速为 2000，切削为 1200。

（11）生成刀路。在〖平面铣〗对话框中单击〖生成〗 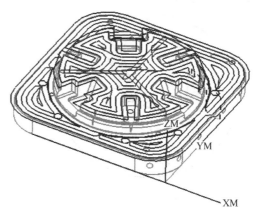 按钮，系统开始生成刀路，如图 14-50 所示。

图 14-49　设置非切削移动

图 14-50　生成刀路

14.6.11　陡峭夹角半精加工——等高清角加工

（1）创建程序组。在〖加工创建〗工具条中单击〖创建程序〗 按钮，弹出〖创建程序〗对话框。在〖名称〗输入框中输入 DW7，然后单击 确定 按钮两次。

（2）复制刀路，如图 14-51 所示。

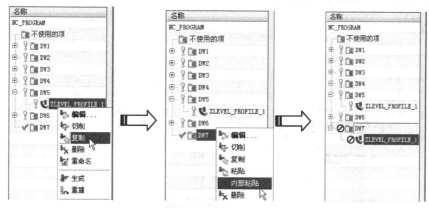

图 14-51　复制刀路

（3）修改刀具和最大距离。在〖工序导航器〗中双击 ZLEVEL_PROFILE_1图标，弹出〖深度加工轮廓〗对话框，然后修改刀具为 6R0.15，最大距离为 0.2。

（4）修改切削方向。在〖加工深度轮廓〗对话框中单击〖切削参数〗按钮，弹出〖切削参数〗对话框，然后修改切削方向为"混合"。

（5）修改余量。在〖切削参数〗对话框选择 余量 选项，然后修改余量为 0.12。

（6）修改主轴转速和切削。在〖深度加工轮廓〗对话框中单击〖进给率和速度〗 按钮，弹出〖进给率和速度〗对话框，然后修改主轴转速为 4000，进给速度为 1200。

（7）生成刀路。在〖深度加工轮廓〗对话框中单击〖生成〗按钮，系统开始生成刀路，如图 14-52 所示。

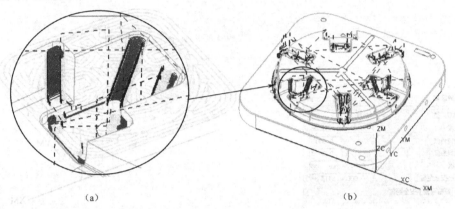

(a)　　　　　　　　　　　　　　　　　　(b)

图 14-52　生成刀路

14.6.12　狭窄处平面精加工——平面铣

（1）创建程序组。在〖加工创建〗工具条中单击〖创建程序〗按钮，弹出〖创建程序〗对话框。在〖名称〗输入框中输入 DW8，然后单击 确定 按钮两次。

（2）复制刀路，如图 14-53 所示。

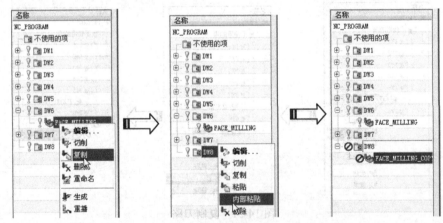

图 14-53　复制刀路

（3）重新指定面边界。在〖工序导航器〗中双击 FACE_MILLING_COP 图标，弹出〖平面铣〗对话框。在〖平面铣〗对话框中单击〖指定面边界〗按钮，弹出〖指定面几何体〗对话框。单击 全重选 按钮，弹出〖全重选〗对话框并单击 确定(O) 按钮；单击 附加 按钮，然后创建如图 14-54 所示的 6 个平面，最后单击 确定(O) 按钮两次。

（4）修改刀具、方法和最大距离。修改刀具为 D6。

（5）生成刀路。在〖深度加工轮廓〗对话框中单击〖生成〗按钮，系统开始生成刀路，如图 14-55 所示。

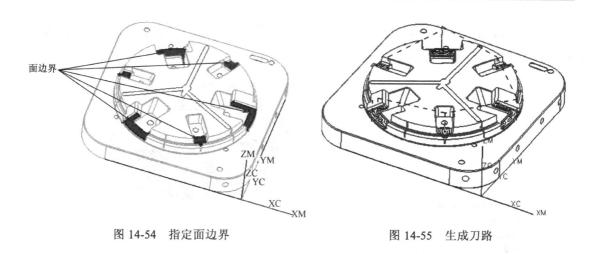

图 14-54　指定面边界　　　　　　　　　　图 14-55　生成刀路

14.6.13　陡峭面精加工——等高轮廓铣

（1）创建程序组。在〖加工创建〗工具条中单击〖创建程序〗 按钮，弹出〖创建程序〗对话框。在〖名称〗输入框中输入 DW9，然后单击 确定 按钮两次。

（2）复制刀路，如图 14-56 所示。

（3）修改最大距离。在〖工序导航器〗中双击 ZLEVEL_PROFILE_1 图标，弹出〖深度加工轮廓〗对话框，然后修改最大距离为 0.25。

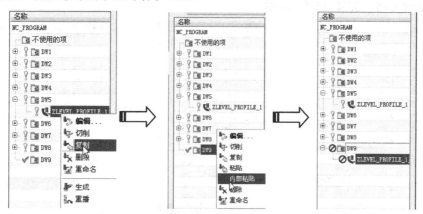

图 14-56　复制刀路

（4）修改余量。在〖深度加工轮廓〗对话框中单击〖切削参数〗 按钮，弹出〖切削参数〗对话框。选择 选项，然后去除"使底面余量与侧面余量一致"选项的勾选，然后设置侧面余量为 0，底面余量为 0.05，如图 14-57 所示。

编程工程师点评

由于等高轮廓铣加工侧面时进给比较快，所以为了避免底面过切，则应该避空 0.05mm。

（5）生成刀路。在〖深度加工轮廓〗对话框中单击〖生成〗按钮，系统开始生成刀路，如图 14-58 所示。

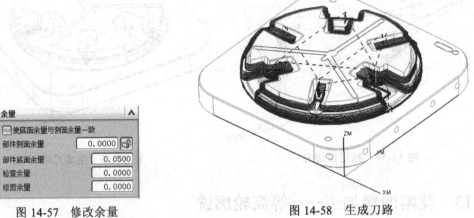

图 14-57　修改余量　　　　　　　　　图 14-58　生成刀路

14.6.14　陡峭夹角精加工——等高清角加工

（1）创建程序组。在〖加工创建〗工具条中单击〖创建程序〗按钮，弹出〖创建程序〗对话框。在〖名称〗输入框中输入 DW10，然后单击 确定 按钮两次。

（2）复制刀路，如图 14-59 所示。

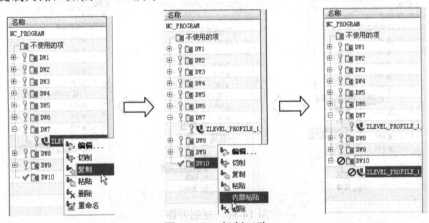

图 14-59　复制刀路

（3）修改最大距离。在〖工序导航器〗中双击 ZLEVEL_PROFILE_1 图标，弹出〖深度加工轮廓〗对话框，然后修改最大距离为 0.12。

（4）修改余量。在〖深度加工轮廓〗对话框中单击〖切削参数〗按钮，弹出〖切削参数〗对话框。选择选项，然后去除"使底面余量与侧面余量一致"选项的勾选，然后设置侧面余量为 0，底面余量为 0.05。

（5）生成刀路。在〖深度加工轮廓〗对话框中单击〖生成〗按钮，系统开始生成刀路，如图 14-60 所示。

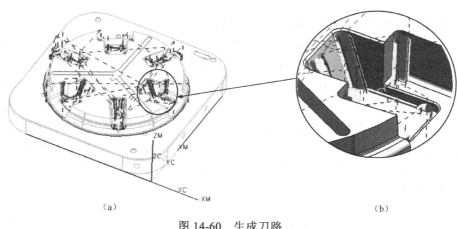

（a）   （b）

图 14-60　生成刀路

14.6.15　两小孔的加工——等高轮廓铣

（1）复制刀路，如图 14-61 所示。

（2）重新设置部件。在〖工序导航器〗中双击 ⊘📖 ZLEVEL_PROFILE_C 图标，弹出〖深度加工轮廓〗对话框。在〖深度加工轮廓〗对话框中单击〖指定部件〗🔲 按钮，弹出〖部件几何体〗对话框，然后选择实体工件为部件。

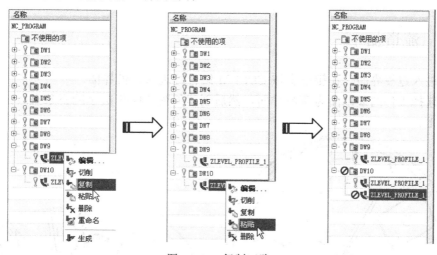

图 14-61　复制刀路

 编程工程师点评

如果选择 WORKPIECE 或 WORKPIECE_1 作为部件时，则无法产生刀路。

（3）指定修剪边界。在〖深度加工轮廓〗对话框中单击〖指定修剪边界〗 按钮，弹出〖修剪边界〗对话框，接着单击 移除 按钮，然后单击 确定 按钮两次取消指定边界。

（4）指定切削区域。在〖深度加工轮廓〗对话框中单击〖指定切削区域〗 按钮，弹出〖切削区域〗对话框，然后选择如图 14-62 所示的两个小槽面。

（5）修改刀具为"6R0.15"，最大距离为0.08。

（6）设置非切削移动。在〖深度加工轮廓〗对话框中单击〖非切削移动〗按钮，弹出〖非切削移动〗对话框。设置封闭区域的进刀类型为"螺旋"，直径为50，倾斜角度为2，高度为0.2，最小安全距离为0，最小倾斜长度为0，开放区域进刀类型为"与封闭区域相同"，如图14-63所示。

（7）修改主轴转速和切削。在〖深度加工轮廓〗对话框中单击〖进给率和速度〗按钮，弹出〖进给率和速度〗对话框，然后修剪主轴转速为3500，切削为1200。

（8）生成刀路。在〖深度加工轮廓〗对话框中单击〖生成〗按钮，系统开始生成刀路，如图14-64所示。

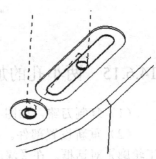

图14-62　指定切削区域　　　　图14-63　设置非切削移动　　　　图14-64　生成刀路

14.6.16　流道加工

（1）进入建模界面。在键盘上按Ctrl＋M组合键进入建模界面。

（2）选择工件的最顶面为草图平面，然后创建如图14-65所示的三条直线，且直线端点在圆心上。

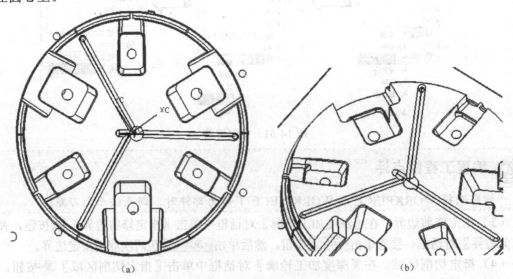

(a)　　　　　　　　　　　　　　　　　　(b)

图14-65　创建直线

（3）选择工件的一个直侧面为草图平面，然后创建如图 14-66 所示的一条直线。

（4）拉伸曲面，结果如图 14-67 所示。

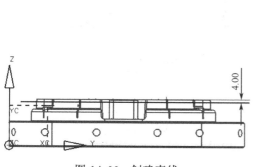

图 14-66　创建直线

图 14-67　拉伸曲面

（5）进入编程界面。在键盘上按 Ctrl＋Alt＋M 组合键，弹出〖加工环境〗对话框，接着选择 mill-contour 的方式，然后单击 确定 按钮进入编程主界面。

（6）创建程序组。在〖加工创建〗工具条中单击〖创建程序〗 按钮，弹出〖创建程序〗对话框。在〖名称〗输入框中输入 DW11，然后单击 确定 按钮两次。

（7）创建工序。在〖加工创建〗工具条中单击〖创建工序〗 按钮，弹出〖创建工序〗对话框，然后设置如图 14-68 所示的参数。

（8）指定部件。在〖创建工序〗对话框中单击 确定 按钮，弹出〖轮廓区域〗对话框。在〖轮廓区域〗对话框中单击〖指定部件〗 按钮，弹出〖部件几何体〗对话框，然后选择如图 14-69 所示的曲面为部件。

图 14-68　创建工序

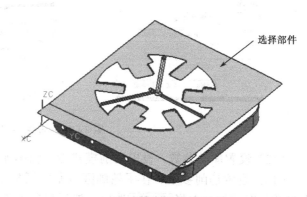

图 14-69　指定部件

（9）设置驱动方式。设置驱动方式为"边界"，弹出〖驱动方式〗对话框，然后单击 确定(O) 按钮，弹出〖边界驱动方法〗对话框。

（10）设置驱动几何体。在〖边界驱动方法〗对话框中单击〖边界驱动方法〗 按钮，弹出〖边界几何体〗对话框，接着设置模式为"曲线/边"，弹出〖创建边界〗对话框，如图 14-70 所示。

(a)

(b)

图 14-70　设置驱动几何体

（11）设置边界参数。在〖创建边界〗对话框中设置类型为"开放的"，刀具位置为"对中"，然后选择如图 14-71 所示直线为边界，最后单击 确定 按钮两次。

编程工程师点评

选择流道最顶且中心位置上的直线作为边界，可以保证产生刀具的轨迹在该直线的垂直下方，且产生的轨迹形状完全由该直线控制。

(a)

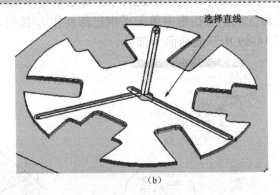

选择直线

(b)

图 14-71　设置边界参数

（12）设置驱动参数。设置切削模式为"轮廓加工"，其他参数不变，如图 14-72 所示。

（13）设置切削参数。在〖轮廓区域〗对话框中单击〖切削参数〗 按钮，弹出〖切削参数〗对话框。选择 多条刀路 选项，然后设置部件余量偏置为 4，勾选"多重深度切削"选项，并设置步进方法为"增量"，增量为 0.08，如图 14-73 所示。

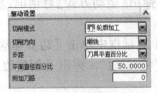

图 14-72　设置驱动参数

图 14-73　设置切削参数

编程工程师点评

部件余量的偏置值应大于或等于流道的深度，若过大则会产生过多空刀，若小于流道深度，则刀具会直接踩进较深的材料里，容易造成断刀。

（14）设置余量。在〖切削参数〗对话框中选择 余量 选项，然后设置部件余量为 0，检查余量为 0，如图 14-74 所示。

（15）设置非切削移动。在〖轮廓区域〗对话框中单击〖非切削移动〗 按钮，弹出〖非切削移动〗对话框，接着选择 进刀 选项，然后设置进刀类型为"无"，如图 14-75 所示。

（16）设置主轴转速和切削。在〖轮廓区域〗对话框中单击〖进给率和速度〗 按钮，弹出〖进给率和速度〗对话框，然后设置主轴转速为 2800，切削为 1500。

（17）生成刀路。在〖轮廓区域〗对话框中单击〖生成〗 按钮，系统开始生成刀路，如图 14-76 所示。

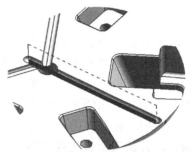

图 14-74　设置余量　　　图 14-75　设置非切削移动　　　图 14-76　生成刀路

（18）参考前面的流道加工方法，继续对另外两条流道进行加工，结果如图 14-77 所示。

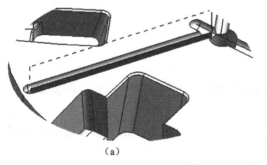

（a）　　　　　　　　　　　　　　　（b）

图 14-77　流道加工刀路

14.6.17　实体模拟验证

（1）在〖工序导航器中〗选择 NC-PROGRAM。

（2）在〖加工操作〗对话框中单击〖校验刀轨〗 按钮，弹出〖刀轨可视化〗对话框。在〖刀轨可视化〗对话框中选择 2D动态 选项，然后单击〖播放〗 按钮，系统开始实体模拟，如图 14-78 所示。

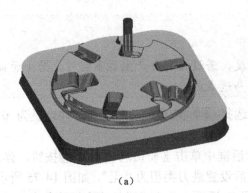

(a)

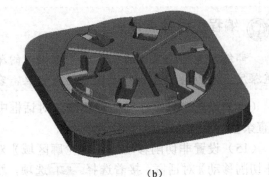

(b)

图 14-78   实体模拟

14.7   工程师经验点评

（1）不能选择大圆角的飞刀进行精加工，中间是岛屿的平面，否则型芯的四周将会留下一个大圆角半径的余量，本章中的实例的大平面就不能使用大圆角的飞刀进行加工。

（2）清除陡峭圆角上的余量时，最好选择"等高轮廓铣"的加工方式，并通过设置"参考刀具"的方式来清除前面未清除的余量。

（3）加工模具中的小平面时，如不小心就会造成侧面过切，所以一般情况下要设置侧面余量，并认真检查生成刀路。

（4）加工流道时，选择的球刀半径刚好和流道的半径相同，所以要保证辅助线必须在流道的中心上，且两端点必须在流道两端的圆心上。

14.8   练习题

14-1   打开光盘中的〖Lianxi\Ch14\bbdt.prt〗文件，如图 14-79 所示。根据本章所学习的知识，对模型进行完整的编程。

14-2   打开光盘中的〖Lianxi\Ch14\ffrg.prt〗文件，如图 14-80 所示。根据本章所学习的知识，对模型进行完整的编程。

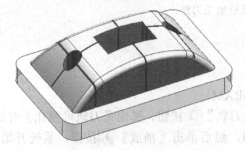

图 14-79   bbdt.prt 文件

图 14-80   ffrg.prt 文件

第15章

保温瓶盖前模编程

保温瓶盖前模的结构形状比较简单，尺寸要求也不高，但表面光洁度要求较高。本章具有一定的代表性，编程初学者学完本章后在 NX 编程方面将会有更一进的提高，尤其在刀具的选择上。

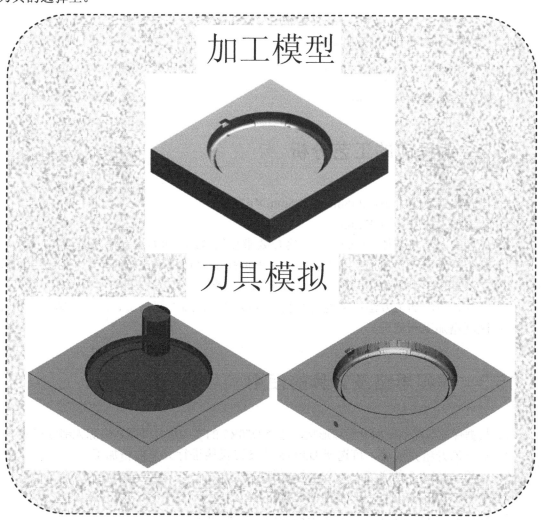

加工模型

刀具模拟

15.1 学习目标与课时安排

学习目标及学习内容

（1）学会编程前的工艺分析，确定加工刀具。

（2）学会制作加工程序单。

（3）学会调整加工坐标。

（4）学会补面和如何设置加工几何体

（5）掌握实际编程加工的参数设置。

（6）将"型腔铣"、"等高轮廓铣"、"轮廓区域铣"、"面铣"和"等高清角"等加工方法学以致用。

（7）重点要掌握如何同时加工具有陡峭面和平缓面的区域。

学习课时安排（共2课时）

（1）工艺分析——1课时。

（2）编程参数设置——1课时。

15.2 编程前的工艺分析

（1）保温瓶盖前模大小：255mm×115mm×67mm。

（2）最大加工深度：约37mm。

（3）最小的凹圆角半径：0.6mm，但客户要求使用 R2 的球刀进行清角即可。

（4）是否需要电火花加工：不需要。因为保温瓶盖前模模型比较简单，不存在直角或尖角，加工深度比不大，最小凹圆角可以直接加工出来。

（5）需要使用的加工方法：型腔铣开粗、深度加工轮廓半精加工、区域轮廓铣半精加工、轮廓区域精加工和清根。

15.3 编程思路及刀具的使用

（1）根据保温瓶盖前模的大小和形状，选择 D50R5 的飞刀进行开粗，去除大部分余量。

（2）第一次开粗完成后，可选择 D30R5 的飞刀直接进行大平面精加工。

（3）使用 D13R0.8 的飞刀对顶部小槽进行二次开粗。

（4）使用 D17R0.8 的飞刀对顶部曲面进行半精加工。

（5）使用新的 D17R0.8 的飞刀对顶部曲面进行精加工。

（6）使用 D4 的合金平底刀对顶部小槽侧面进行半精加工。

（7）使用 D8 的平底刀对底部进行二次开粗。

（8）使用 D4 的合金平底刀对顶部小槽的底面和侧面进行精加工。

（9）使用相同的 D4 的合金平底刀对最底部进行二次开粗。

（10）使用新的 D4 的合金平底刀对最底平面进行精加工。

（11）使用 D4 的合金平底刀对最底部侧面进行精加工。

15.4　制定加工程序单

程 序 单

序号	加工区域	程序组名称	刀具名称	刀具长度	加工子类型	加工方式
1	全部区域（开粗）	BP1	D50R5	80	型腔铣	粗加工
2	大平面	BP2	D30R5	80	面铣	精加工
3	顶部小槽	BP3	D13R0.8	50	等高轮廓铣	粗加工
4	上部陡峭面	BP4	D17R0.8	65	等高轮廓铣	半精加工
5	上部陡峭面	BP5	D17R0.8	65	等高轮廓铣	精加工
6	小区域陡峭面	BP6	D4	15	等高轮廓铣	半精加工
7	底部狭窄处	BP7	D8	40	型腔铣	粗加工
8	小区域平面	BP8	D4	30	面铣	精加工
9	小区域陡峭面				等高轮廓铣	精加工
10	最底部的狭窄处				型腔铣	粗加工
11	最底平面	BP9	D4	30	面铣	精加工
12	底部陡峭面				等高轮廓铣	
13	底部陡峭面					

模具装夹示意图

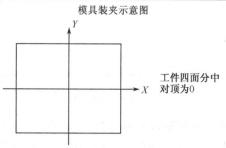

工件四面分中
对顶为0

15.5　编程前需要注意的问题

（1）根据模具的形状和大小，应该选择"压板式"的装夹方式。

（2）要通过客户了解模具的加工精度要求，并根据产品确定哪些是碰穿面。

（3）首先要检查您所使用的机床是否能装上 D50R5 的刀具，如果不能只好选择更小型号的刀具进行开粗了。

15.6 保温瓶盖前模编程的具体步骤

保温瓶盖前模编程总的过程分为补面、开粗、大平面精加工、小区域开粗、上部陡峭面半精加工、上部陡峭面精加工、小区域陡峭面半精加工、二次开粗、小区域平面精加工、小区域陡峭面精加工、最底部余量的二次开粗、最底平面精加工和底部陡峭面精加工。

15.6.1 打开模板和调入模型

（1）打开光盘中的〖Example\moban\moban.prt〗文件，如图 15-1 所示。文件中已创建了常用的刀具，即刀具库。

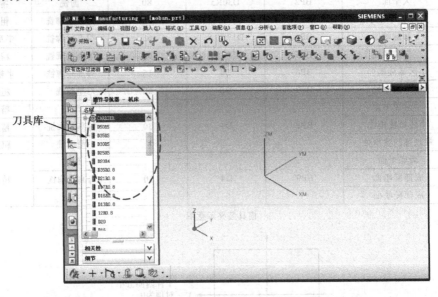

图 15-1 打开 moban.prt 文件

（2）导入要编程的文件。在主菜单栏中选择〖文件〗/〖导入〗/〖部件〗命令，弹出〖导入部件〗对话框，默认其参数设置并单击 确定 按钮，然后选择〖Example\Ch15\bwpqm.prt〗文件进行导入，弹出〖点〗对话框，最后依次单击 确定 按钮，结果如图 15-2 所示。

（3）另存文件。在主菜单栏中选择〖文件〗/〖另存为〗命令，弹出〖保存 CAM 安装部件为〗对话框，然后在文件名输入框中输入 bwpqm-2.prt，最后单击 OK 按钮。

15.6.2 模具补面

（1）进入建模界面。在键盘上按 Ctrl＋M 组合键进入建模界面。

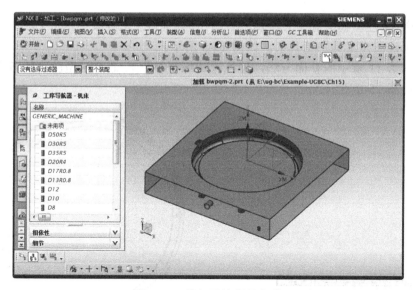

图 15-2　导入要编程的文件

（2）桥接曲线。使用〖桥接曲线〗命令桥接曲线，如图 15-3 所示。

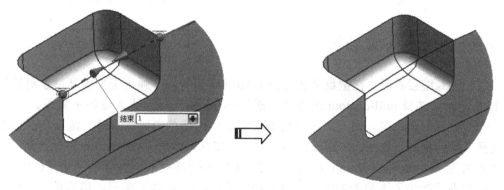

图 15-3　桥接曲线

（3）创建网格曲面。使用〖通过曲线网格〗命令创建如图 15-4 所示的曲面。

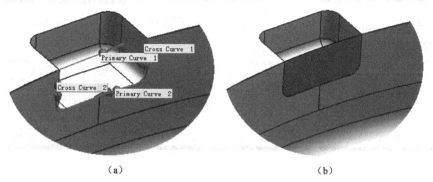

（a）　　　　　　　　　　　　　　　　（b）

图 15-4　创建网格曲面

（4）进入注塑模向导界面。在菜单条中选择〖开始〗/〖所有应用模块〗/〖注塑模向

导》命令，弹出《注塑模向导》工具条。在《注塑模向导》工具条中单击《注塑模工具》 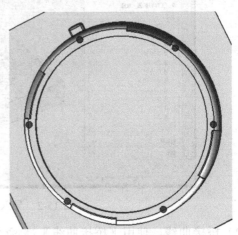按钮，弹出《注塑模工具》工具条，如图 15-5 所示。

（5）参考第 11 章中的补面方法，使用《边缘修补》命令对型腔内的 6 个小孔进行补面，结果如图 15-6 所示。

图 15-5　《注塑模工具》工具条　　　　　图 15-6　边缘修补

15.6.3　开粗——型腔铣

（1）进入编程界面。在键盘上按 Ctrl＋Alt＋M 组合键，弹出《加工环境》对话框，如图 15-7 所示。选择 mill-contour 的方式，然后单击 确定 按钮进入编程主界面。

（2）设置安全高度。在《工序导航器》中的空白处单击鼠标右键，接着在弹出的菜单中选择《几何视图》命令，然后双击 MCS_MILL 图标，弹出《Mill Orient》对话框，并设置安全距离为 15，如图 15-8（a）所示。单击《CSYS 对话框》按钮，弹出《CSYS》对话框，然后在《参考》下拉列表框中选择 WCS，如图 15-8（b）所示，最后单击 确定 按钮两次。

（a）　　　　　　　　（b）

图 15-7　《加工环境》对话框　　　　　图 15-8　设置安全高度

（3）设置部件。在《工序导航器》中双击 WORKPIECE 图标，弹出《铣削几何体》对话框。单击〖指定部件〗 ![btn]按钮，弹出〖部件几何体〗对话框，如图 15-9（a）所示我，然后选择实体为为部件，如图 15-9（b）所示，最后单击 确定 按钮。

（a）

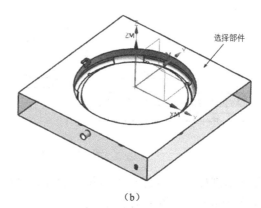

选择部件

（b）

图 15-9　设置部件

（4）设置毛坯。在〖铣削几何体〗对话框中单击〖指定毛坯〗 ![btn]按钮，弹出〖毛坯几何体〗对话框，接着设置类型为"包容块"，如图 15-10 所示，然后单击 确定 按钮两次。

（5）切换视图。在〖工序导航器〗中的空白处单击鼠标右键，接着在弹出的菜单中选择〖程序顺序视图〗命令。

（6）创建程序组。在〖加工创建〗工具条中单击〖创建程序〗 ![btn]按钮，弹出〖创建程序〗对话框，接着在〖名称〗输入框中输入 BP1，然后单击 确定 按钮两次。

（7）创建工序。在〖加工创建〗工具条中单击〖创建工序〗 ![btn]按钮，弹出〖创建工序〗对话框，然后设置如图 15-11 所示的参数。

（a）

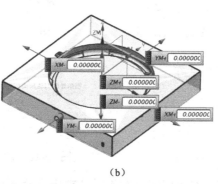

（b）

图 15-10　设置毛坯

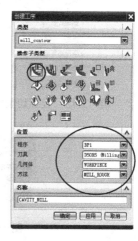

图 15-11　创建工序

（8）选择加工面。在〖创建工序〗对话框中单击 确定 按钮，弹出〖型腔铣〗对话框。在〖型腔铣〗对话框中单击〖指定切削区域〗 ![btn]按钮，然后选择如图 15-12 所示的加工面。

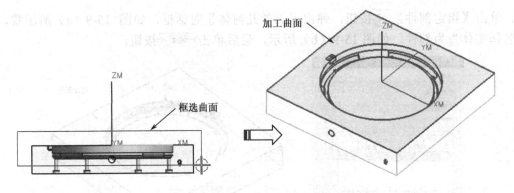

图 15-12　选择加工面

（9）设置切削模式、步进和吃刀量。设置切削模式为"跟随周边"，平面直径百分比为50，最大距离为 0.4，如图 15-13 所示。

（10）设置切削参数。在〖型腔铣〗对话框中单击〖切削参数〗按钮，弹出〖切削参数〗对话框，然后设置切削方向为"顺铣"，切削顺序为"深度优先"，图样方向为"向外"；勾选"岛清理"选项，并设置壁清理为"自动"，如图 15-14 所示。

（11）设置余量。在〖切削参数〗对话框中选择 余量 选项，然后去除"底部面和侧壁余量一致"选项的勾选，并设置部件侧面余量为 0.3，部件底面余量为 0.15，如图 15-15 所示。

（12）设置拐角。在〖切削参数〗对话框中选择 拐角 选项，然后设置光顺为"所有刀路"，半径为 0.5mm，如图 15-16 所示。

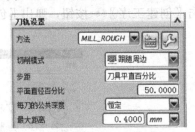

图 15-13　设置切削模式、步进和吃刀量

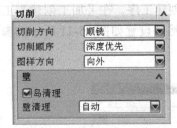

图 15-14　设置切削参数

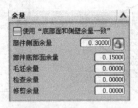

图 15-15　设置余量

图 15-16　设置拐角

（13）设置二次开粗方式。在〖切削参数〗对话框中选择 空间范围 选项，然后设置处理中的工件为"使用基于层的"，如图 15-17 所示。

（14）设置非切削参数。在〖型腔铣〗对话框中单击〖非切削移动〗按钮，弹出〖非切削移动〗对话框，然后设置封闭的区域内进刀类型为"螺旋"，直径为 90，斜角为 2，高度为 0.5，最小安全距离为 1，最小倾斜长度为 0，如图 15-18 所示。

（15）设置传递方式。在〖非切削移动〗对话框中选择 传递/快速 选项，然后设置安全设置选项为"使用继承的"， 区域之间和区域内的传递类型设置为"前一平面"。

（16）设置主轴转速和切削。在〖型腔铣〗对话框中单击〖进给率和速度〗 按钮，弹出〖进给率和速度〗对话框，然后勾选"主轴速度"选项，并设置主轴速度为 2000，切削为 2200。

（17）生成刀路。在〖型腔铣〗对话框中单击〖生成〗 按钮，系统开始生成刀路，如图 15-19 所示。

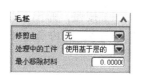

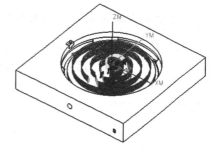

图 15-17　设置二次开粗方式　　图 15-18　设置非切削参数　　　　图 15-19　生成刀路

15.6.4　大平面精加工——面铣

（1）创建程序组。在〖加工创建〗工具条中单击〖创建程序〗 按钮，弹出〖创建程序〗对话框。在〖名称〗输入框中输入 BP2，然后单击 确定 按钮两次。

（2）创建工序。在〖加工创建〗工具条中单击〖创建工序〗 按钮，弹出〖创建工序〗对话框，然后设置如图 15-20 所示的参数。

（3）选择加工面。在〖创建工序〗对话框中单击 确定 按钮，弹出〖面铣〗对话框。在〖面铣〗对话框中单击〖指定面边界〗 按钮，弹出〖指定面几何体〗对话框，勾选"忽略孔"选项，然后选择如图 15-21 所示的一个加工面，选择完成后单击 确定 按钮。

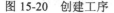

图 15-20　创建工序

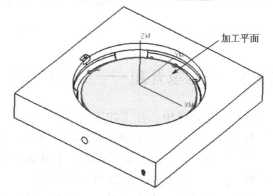

图 15-21　选择加工面

（4）设置刀具参数。设置切削模式为"跟随周边"，平面直径百分比为 55，毛坯距离为 0.3，最终底部面余量为 0。

（5）设置切削参数。在〖面铣〗对话框中单击〖切削参数〗按钮，弹出〖切削参数〗对话框，然后设置切削方向为"顺铣"，图样方向为"向外"，勾选"岛清理"选项，并设置壁清理为"自动"。

（6）设置余量。在〖切削参数〗对话框中选择 余量 选项，然后设置部件余量为0，壁余量为0.4，如图15-22所示。

> **编程工程师点评**
>
> 要避免刀具在加工平面时碰到侧壁，需要设置的参数是部件余量，而不是壁余量。

（7）设置拐角。在〖切削参数〗对话框中选择 拐角 选项，然后设置凸角为"延伸并修剪"，光顺为"所有刀路"，半径为0.1mm，如图15-23所示。

（8）设置非切削移动。在〖切削参数〗对话框中单击〖非切削移动〗 按钮，弹出〖非切削移动〗对话框，然后设置封闭区域的进刀类型为"螺旋"，倾斜角度为2，高度为0.5，最小安全距离为0，最小倾斜长度为0。

（9）设置主轴转速和切削。在〖深度加工轮廓〗对话框中单击〖进给率和速度〗 按钮，弹出〖进给率和速度〗对话框，然后勾选"主轴速度"选项，并设置主轴转速为2000，切削为1200。

（10）生成刀路。在〖面铣〗对话框中单击〖生成〗 按钮，系统开始生成刀路，如图15-24所示。

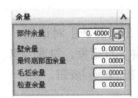

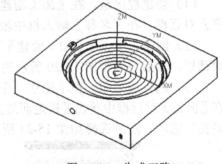

图15-22 设置余量   图15-23 设置拐角   图15-24 生成刀路

15.6.5 小区域开粗——等高轮廓铣

（1）创建程序组。在〖加工创建〗工具条中单击〖创建程序〗 按钮，弹出〖创建程序〗对话框。在〖名称〗输入框中输入BP3，然后单击 确定 按钮两次。

（2）创建工序。在〖加工创建〗工具条中单击〖创建工序〗 按钮，弹出〖创建工序〗对话框，然后设置如图15-25所示的参数。

（3）指定部件。在〖创建工序〗对话框中单击 确定 按钮，弹出〖深度加工轮廓〗对话框。在〖深度加工轮廓〗对话框中单击〖指定部件〗 按钮，弹出〖部件几何体〗对话框，然后只选择实体工件作为部件，最后单击 确定 按钮。

（4）选择加工面。在〖创建工序〗对话框中单击 确定 按钮，弹出〖深度加工轮廓〗

对话框。在〖深度加工轮廓〗对话框中单击〖指定切削区域〗按钮，然后选择如图 15-26 所示的加工面，选择完成后单击 确定 按钮。

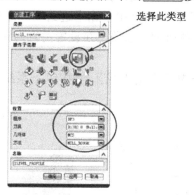

图 15-25　创建工序

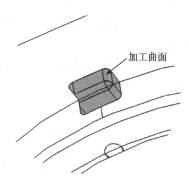

图 15-26　选择加工面

（5）设置加工参数。设置陡峭空间范围为"无"，最大距离为 0.3，如图 15-27 所示。

（6）设置切削方向和切削顺序。在〖深度加工轮廓〗对话框中单击〖切削参数〗按钮，弹出〖切削参数〗对话框，然后设置切削方向为"混合"，切削方向为"深度优先"；勾选"在边上延伸"选项，并设置距离为 7mm，如图 15-28 所示。

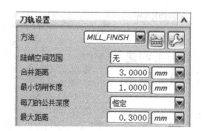

图 15-27　设置加工参数

图 15-28　设置切削方向和切削顺序

编程工程师点评

由于前面设置了"直接对部件进刀"的进刀方式，如不设置在边上延伸一个刀具半径值，则可能会损坏刀具。

（7）设置余量。在〖切削参数〗对话框中选择 余量 选项，然后保持"底面余量和侧壁余量一致"选项的勾选，并设置部件侧面余量为 0.2。

（8）设置拐角。在〖切削参数〗对话框中选择 拐角 选项，然后设置光顺为"所有刀路"，半径为 0.2mm，如图 15-29 所示。

（9）设置层到层之间的进刀方式。在〖切削参数〗对话框中选择 连接 选项，然后设置层到层的方式为"直接对部件进刀"。

（10）设置非切削参数。在〖深度加工轮廓〗对话框中单击〖非切削参数〗按钮，弹出〖非切削移动〗对话框，然后设置封闭区域的进刀类型为"与开放区域相同"，并设置开放区域的进刀类型为"线性"，如图 15-30 所示。

（11）设置传递方式。在〖非切削移动〗对话框中选择 传递/快速 选项，然后设置安全设置选项为"使用继承的"，区域之间和区域内的传递类型设置为"前一平面"。

（12）设置主轴转速和切削。在〖深度加工轮廓〗对话框中单击〖进给率和速度〗 按钮，弹出〖进给率和速度〗对话框，然后勾选"主轴速度"选项，并设置主轴转速为2000，切削为2500。

（13）生成刀路。在〖深度加工轮廓〗对话框中单击〖生成〗 按钮，系统开始生成刀路，如图15-31所示。

图15-29　设置拐角

图15-30　设置非切削参数

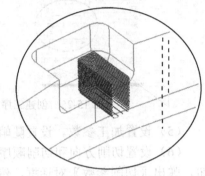

图15-31　生成刀路

15.6.6　上部陡峭面半精加工——等高轮廓铣

（1）创建程序组。在〖加工创建〗工具条中单击〖创建程序〗 按钮，弹出〖创建程序〗对话框。在〖名称〗输入框中输入BP4，然后单击 确定 按钮两次。

（2）创建工序。在〖加工创建〗工具条中单击〖创建工序〗 按钮，弹出〖创建工序〗对话框，然后设置如图15-32所示的参数。

（3）选择加工面。在〖创建工序〗对话框中单击 确定 按钮，弹出〖深度加工轮廓〗对话框。在〖深度加工轮廓〗对话框中单击〖指定切削区域〗 按钮，然后选择如图15-33所示的12个加工面，选择完成后单击 确定 按钮。

图15-32　创建工序

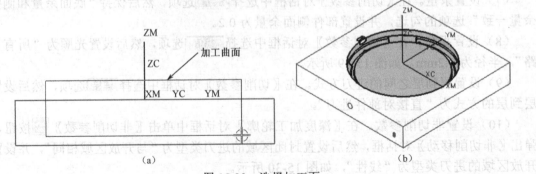

图15-33　选择加工面

（4）设置加工参数。设置陡峭空间范围为"无"，最大距离为 0.3。

（5）设置切削方向和切削顺序。在〖深度加工轮廓〗对话框中单击〖切削参数〗![按钮]按钮，弹出〖切削参数〗对话框，然后设置切削方向为"混合"，切削方向为"深度优先"。

（6）设置余量。在〖切削参数〗对话框中选择 余量 选项，然后保持"底面余量和侧壁余量一致"选项的勾选，并设置部件侧面余量为 0.12。

（7）设置拐角。在〖切削参数〗对话框中选择 拐角 选项，然后设置光顺为"所有刀路"，半径为 0.1mm。

（8）设置层到层之间的进刀方式。在〖切削参数〗对话框中选择 连接 选项，然后设置层到层的方式为"使用传递方法"。

（9）设置非切削参数。在〖深度加工轮廓〗对话框中单击〖非切削参数〗![按钮]按钮，弹出〖非切削移动〗对话框，然后设置封闭区域的进刀类型为"与开放区域相同"，并设置开放区域的进刀类型为"圆弧"，半径为 3，高度为 0.5。

（10）设置传递方式。在〖非切削移动〗对话框中选择 传递/快速 选项，然后设置安全设置选项为"使用继承的"，区域之间和区域内的传递类型设置为"前一平面"。

（11）设置主轴转速和切削。在〖深度加工轮廓〗对话框中单击〖进给率和速度〗![按钮]按钮，弹出〖进给率和速度〗对话框，然后勾选"主轴速度"选项，并设置主轴转速为 2000，切削为 2500。

（12）生成刀路。在〖深度加工轮廓〗对话框中单击〖生成〗![按钮]按钮，系统开始生成刀路，如图 15-34 所示。

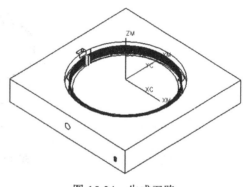

图 15-34　生成刀路

15.6.7　上部陡峭面精加工——等高轮廓铣

（1）创建程序组。在〖加工创建〗工具条中单击〖创建程序〗![按钮]按钮，弹出〖创建程序〗对话框。在〖名称〗输入框中输入 BP5，然后单击 确定 按钮两次。

（2）复制刀路，如图 15-35 所示。

（3）修改最大距离。在〖工序导航器〗中双击 ⊘ ZLEVEL_PROFILE_1图标，弹出〖深度加工轮廓〗对话框，然后修改最大距离为 0.2。

（4）修改余量。在〖深度加工轮廓〗对话框中单击〖切削参数〗![按钮]按钮，弹出〖切削参数〗对话框。选择 余量 选项，然后修改部件侧面余量为 0。

（5）生成刀路。在〖深度加工轮廓〗对话框中单击〖生成〗![按钮]按钮，系统开始生成刀路，如图 15-36 所示。

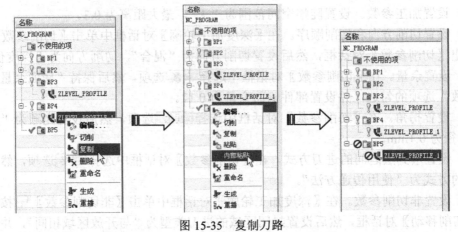

图 15-35　复制刀路

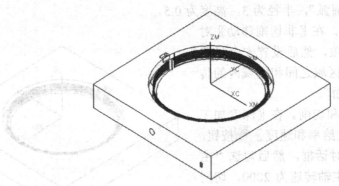

图 15-36　生成刀路

15.6.8　小区域陡峭面半精加工——等高轮廓铣

（1）创建程序组。在〖加工创建〗工具条中单击〖创建程序〗 按钮，弹出〖创建程序〗对话框。在〖名称〗输入框中输入 BP6，然后单击 确定 按钮两次。

（2）复制刀路，如图 15-37 所示。

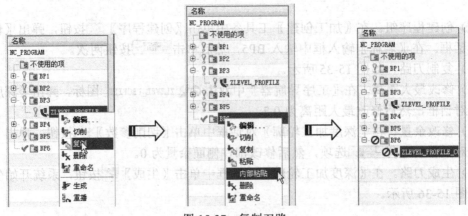

图 15-37　复制刀路

（3）修改刀具和最大距离。在〖工序导航器〗中双击 ⊘ꞁ ZLEVEL_PROFILE_1图标，弹出〖深度加工轮廓〗对话框，然后修改刀具为 D4，最大距离为 0.1。

（4）修改余量。在〖深度加工轮廓〗对话框中单击〖切削参数〗 按钮，弹出〖切削参数〗对话框。选择 余量 选项，然后修改部件侧面余量为 0.1，底部面余量为 0.08。

（5）修改主轴转速和切削。在〖深度加工轮廓〗对话框中单击〖进给率和速度〗 按钮，弹出〖进给率和速度〗对话框，然后修改主轴速度为 4000，切削为 1500。

（6）生成刀路。在〖深度加工轮廓〗对话框中单击〖生成〗 按钮，系统开始生成刀路，如图 15-38 所示。

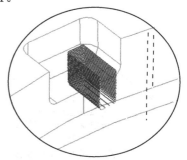

图 15-38　生成刀路

15.6.9　二次开粗——型腔铣

（1）创建程序组。在〖加工创建〗工具条中单击〖创建程序〗 按钮，弹出〖创建程序〗对话框。在〖名称〗输入框中输入 BP7，然后单击 确定 按钮两次。

（2）复制刀路，如图 15-39 所示。

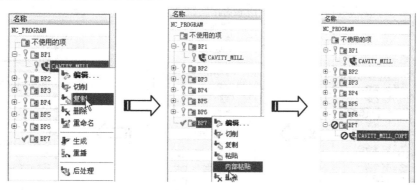

图 15-39　复制刀路

（3）修改刀具、切削模式和最大距离。在〖工序导航器〗中双击 ⊘ꞁ CAVITY_MILL_COPY 图标，弹出〖型腔铣〗对话框，然后修改刀具为 D8，切削模式为"跟随部件"，最大距离为 0.2。

（4）修改余量。在〖型腔铣〗对话框中单击〖切削参数〗 按钮，弹出〖切削参数〗对话框。选择 余量 选项，然后修改部件侧面余量为 0.1，部件底面余量为 0.08。

（5）设置连接。在〖切削参数〗对话框中选择 连接 选项，然后设置开放刀路为"变换切削方向"，如图 15-40 所示。

（6）修改主轴转速和切削。在〖型腔铣〗对话框中单击〖进给率和速度〗 按钮，弹出〖进给率和速度〗对话框，然后修改主轴转速为 3000，切削为 1800。

（7）生成刀路。在〖深度加工轮廓〗对话框中单击〖生成〗 按钮，系统开始生成刀路，如图 15-41 所示。

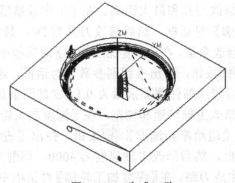

图 15-40　设置连接　　　　　　　　　　　　图 15-41　生成刀路

15.6.10　小区域平面精加工——面铣

（1）创建程序组。在〖加工创建〗工具条中单击〖创建程序〗 按钮，弹出〖创建程序〗对话框。在〖名称〗输入框中输入 BP8，然后单击 确定 按钮两次。

（2）复制刀路，如图 15-42 所示。

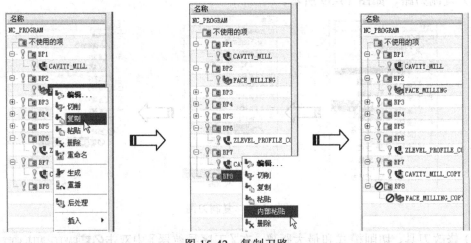

图 15-42　复制刀路

（3）设置部件。在〖工序导航器〗中双击 FACE_MILLING_COP 图标，弹出〖面铣〗对话框，然后设置几何体为 MCS-MILL。

（4）指定面边界。在〖面铣〗对话框中单击〖指定面边界〗 按钮，弹出〖指定面几何体〗对话框。单击 移除 按钮移除已选的曲面，接着单击 附加 按钮，然后选择如图 15-43 所示的平面为面边界。

（5）修改刀具为 D4。

（6）修改主轴转速和切削。在〖面铣〗对话框中单击〖进给率和速度〗 按钮，弹出〖进给率和速度〗对话框，然后修改主轴转速为 2000，切削为 1000。

（7）生成刀路。在〖面铣〗对话框中单击〖生成〗 按钮，系统开始生成刀路，如图 15-44 所示。

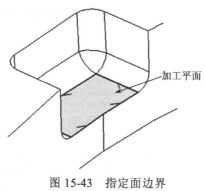

图 15-43　指定面边界

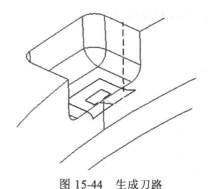

图 15-44　生成刀路

15.6.11　小区域陡峭面精加工——等高轮廓铣

（1）复制刀路，如图 15-45 所示。

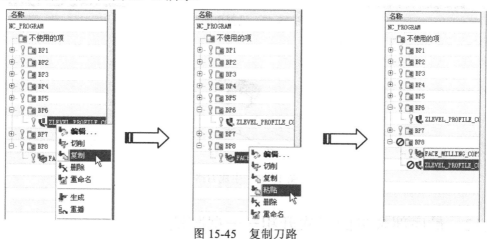

图 15-45　复制刀路

（2）设置切削层。在〖工序导航器〗中双击 ⊘ ZLEVEL_PROFILE_C 图标，弹出〖深度加工轮廓〗对话框。在〖深度加工轮廓〗对话框中单击〖切削层〗 按钮，弹出〖切削层〗对话框，首先单击〖创建新集〗 按钮创建新的切削层，接着选择如图 15-46 所示的点来确定切削层深度，然后选择第 2 切削层并修改每刀深度为 0.05，如图 15-46 所示，最后单击 确定 按钮。

> **编程工程师点评**
>
> 　当等高轮廓加工的部件存在较陡峭的区域和较平缓的区域时，可通过设置切削层的方式使陡峭区域的最大距离大些，平缓区域的最大距离小些，这样可保证平缓区域的加工质量高而又不浪费加工时间。

（3）修改余量。在〖深度加工轮廓〗对话框中单击〖切削参数〗 按钮，弹出〖切削参数〗对话框。选择 余量 选项，然后修改部件侧面余量为 0，部件底面余量为 0.03。

（4）生成刀路。在〖深度加工轮廓〗对话框中单击〖生成〗 按钮，系统开始生成刀路，如图 15-47 所示。放大刀路，可发现等高轮廓铣上下刀路的距离差不多。

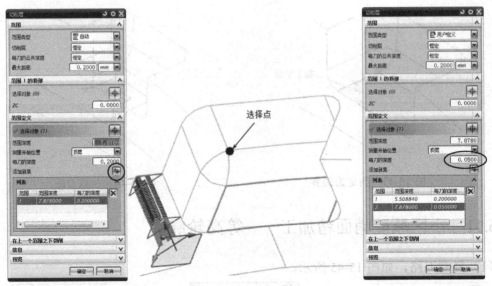

图 15-47 设置切削层

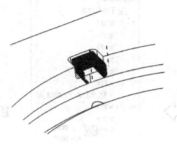

图 15-47 生成刀路

15.6.12 最底部余量的二次开粗——型腔铣

（1）复制刀路，如图 15-48 所示。

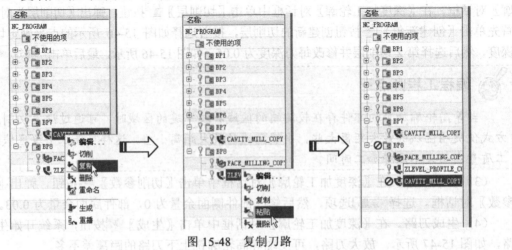

图 15-48 复制刀路

（2）修改刀具和最大距离。在〖工序导航器〗中双击 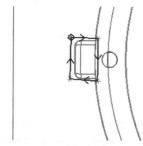 CAVITY_MILL_COPY图标，弹出〖型腔铣〗对话框，然后修改刀具为 D4，最大距离为 0.1。

（3）指定修剪边界。在〖型腔铣〗对话框中单击〖指定修剪边界〗 按钮，弹出〖边界几何体〗对话框。单击〖点方法〗 按钮，并设置点方法为"光标位置"，修剪侧为"内部"，然后创建如图 15-49 所示的边界。

（4）修改余量。在〖深度加工轮廓〗对话框中单击〖切削参数〗 按钮，弹出〖切削参数〗对话框。选择 余量 选项，然后修改部件侧面余量为 0.18，部件底面余量为 0.08。

（5）设置二次开粗方式。在〖切削参数〗对话框中选择 空间范围 选项，接着修改处理中的工件为"无"，然后单击〖新建〗 按钮，并创建名称为 D9 直径为 9 的平底刀，如图 15-50 所示。

图 15-49　指定修剪边界　　　　　　图 15-50　设置二次开粗方式

（6）修改主轴转速和切削。在〖型腔铣〗对话框中单击〖进给率和速度〗 按钮，弹出〖进给率和速度〗对话框，然后修改主轴转速为 4000，切削为 1500。

（7）生成刀路。在〖型腔铣〗对话框中单击〖生成〗 按钮，系统开始生成刀路，如图 15-51 所示。

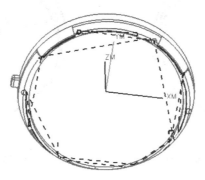

图 15-51　生成刀路

15.6.13　最底平面精加工——面铣

（1）创建程序组。在〖加工创建〗工具条中单击〖创建程序〗 按钮，弹出〖创建程序〗对话框。在〖名称〗输入框中输入 BP9，然后单击 确定 按钮两次。

（2）复制刀路，如图 15-52 所示。

（3）指定部件。在〖工序导航器〗中双击 FACE_MILLING_COP 图标，弹出〖面铣〗对话框。在〖面铣〗对话框中单击〖指定部件〗按钮，弹出〖部件几何体〗对话框，然后单击 全选 按钮选择所有的曲面。

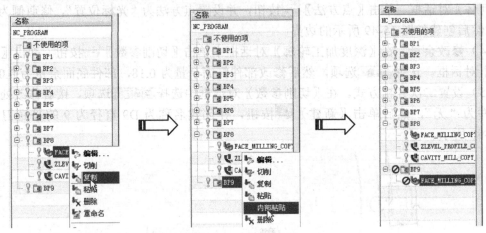

图 15-52　复制刀路

（4）重新选择加工平面。在〖面铣〗对话框中单击〖指定面边界〗按钮，接着依次单击 移除 按钮和 附加 按钮，然后选择模具型腔中的最底平面为加工平面，如图 15-53 所示。

（5）生成刀路。在〖面铣〗对话框中单击〖生成〗按钮，系统开始生成刀路，如图 15-54 所示。

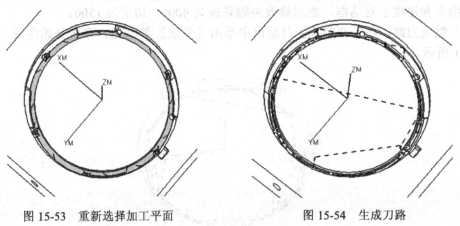

图 15-53　重新选择加工平面　　　　　　图 15-54　生成刀路

15.6.14　底部陡峭面精加工——等高轮廓铣

（1）复制刀路，如图 15-55 所示。

（2）重新选择加工面。在〖工序导航器〗中双击 ZLEVEL_PROFILE_1 图标，弹出〖深度加工轮廓〗对话框。在〖深度加工轮廓〗对话框中单击〖指定切削区域〗按钮，弹出〖切削区域〗对话框。单击〖移除〗按钮移除已选的曲面，然后选择凸起的两个直侧面，如图 15-56 所示。

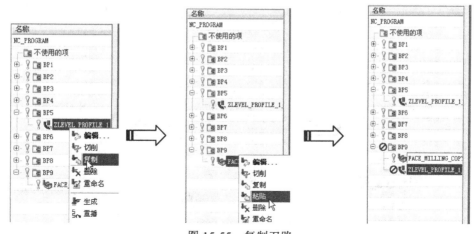

图 15-55　复制刀路

（3）修改刀具和最大距离。修改刀具为 D4，最大距离为 0.08。

（4）修改主轴转速和切削。在〖型腔铣〗对话框中单击〖进给率和速度〗![icon]按钮，弹出〖进给率和速度〗对话框，然后修改主轴转速为 4000，切削为 1500。

（5）生成刀路。在〖深度加工轮廓〗对话框中单击〖生成〗![icon]按钮，系统开始生成刀路，如图 15-57 所示。

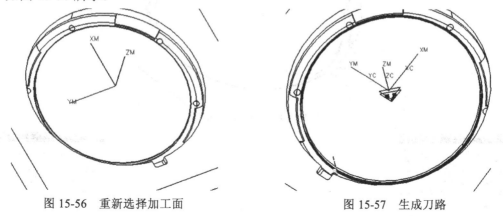

图 15-56　重新选择加工面　　　　　　　　　图 15-57　生成刀路

15.6.15　底部陡峭面精加工二——等高轮廓铣

（1）复制刀路，如图 15-58 所示。

（2）重新选择加工面。在〖工序导航器〗中双击 ![icon] ZLEVEL_PROFILE_1 图标，弹出〖深度加工轮廓〗对话框。在〖深度加工轮廓〗对话框中单击〖指定切削区域〗![icon]按钮，弹出〖切削区域〗对话框。单击〖移除〗![icon]按钮移除已选的曲面，然后选择底部狭窄处的陡峭曲面，如图 15-59 所示。

（3）设置切削层。在〖深度加工轮廓〗对话框中单击〖切削层〗![icon]按钮，弹出〖切削层〗对话框，首先单击〖创建新集〗![icon]按钮创建新的切削层，接着设置范围深度为 8，然后选择第 2 切削层并修改每刀深度为 0.03，最后单击 ![确定] 按钮。

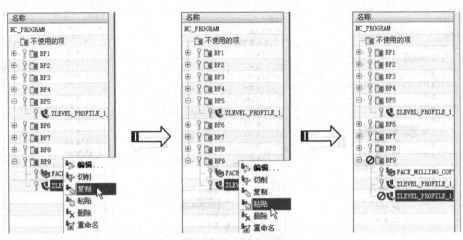

图 15-58 复制刀路

（3）修改刀具和切入点，设定刀路为 1 刀，最大跨距为 0.08。

（4）单击主轴转向下拉图标，如图所示 所示，在弹出的工具栏中单击【显示】图标，此时系统弹出如图所示 的对话框，在该对话框中单击主轴转向为【顺铣】，设置进给率为 1500。

（5）设置深度，单击【切削层】按钮，弹出如图 所示对话框，设置加工深度，如图 15-57 所示。

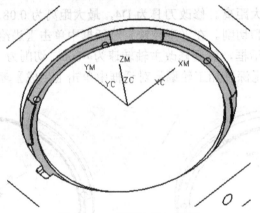

图 15-59 重新选择加工面

 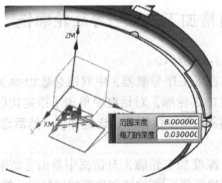 

图 15-60 设置切削层

在加工面上，重新选择底面及内 XY 面作为加工面，在【切削层】对话框中，设置范围类型为【用户定义】，对话框中每刀的切削深度为 0.03，如图所示。

（6）在【切削层】对话框中，设置范围类型为【用户定义】，在范围定义中单击每刀为 8，将每刀的深度改为 0.03，如图 15-60 所示。

（4）生成刀路。在〖深度加工轮廓〗对话框中单击〖生成〗 按钮，系统开始生成刀路，如图 15-61 所示。

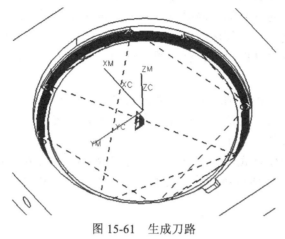

图 15-61　生成刀路

15.6.16　实体模拟验证

（1）在〖工序导航器中〗选择 NC-PROGRAM。

（2）在〖加工操作〗对话框中单击〖校验刀轨〗 按钮，弹出〖刀轨可视化〗对话框。在〖刀轨可视化〗对话框中选择 2D 动态 选项，然后单击〖播放〗 按钮，系统开始实体模拟，如图 15-62 所示。

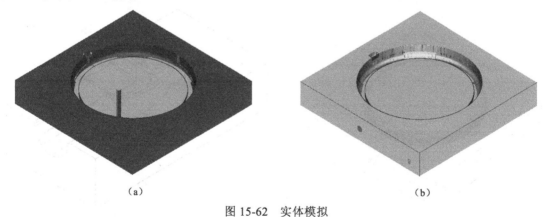

（a）　　　　　　　　　　　　　　　　　（b）

图 15-62　实体模拟

15.7　工程师经验点评

（1）当开粗需要清除余量的面积较大时，首先考虑使用较大直径的刀具，如 D50R5、D35R5 等，这样可大大提高加工效率。

（2）当加工深度大于 120mm 时，要分两次或两次以上装刀。因为加工深度越大，越容易产生弹刀，所以当装加长刀杆时，其吃刀量也要相应地减少。

（3）本章中重点讲述等高加工同时有陡峭和平缓的曲面区域时，可通过设置切削层中最大距离的方式区分陡峭与平缓区域间的下刀深度，即陡峭区域的最大距离大些，平缓区域的最大距离小些，这样就既可以保证平缓区域的等高加工质量，也能保证加工效率，并大大减少编程时的麻烦。

（4）当模具的上部比较宽阔，而下部非常狭窄，则可先将上部该加工的部位全部精加工完成，再开始对下部狭窄的部位开粗加工和精加工等，这样有利于设置底部二次开粗时侧面余量，并减少底部的加工工序。

（5）由于本章中的模具底部比较狭窄，也比较深，所以在精加工前应尽量将余量留小一些，如 0.05 左右，这样使直径小的刀具加工时，由于吃刀量比较小，则不容易造成断刀或弹刀了。

15.8　练习题

15-1　打开光盘中的〖Lianxi\Ch15\bwphm.prt〗文件，如图 15-63 所示。根据本章所学习的知识，对模型进行完整的编程。

15-2　打开光盘中的〖Lianxi\Ch15\gjqqm.prt〗文件，如图 15-64 所示。根据本章所学习的知识，对模型进行完整的编程。

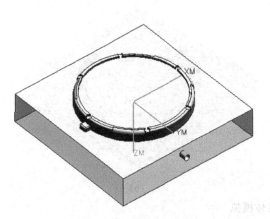

图 15-63　bwphm.prt 文件

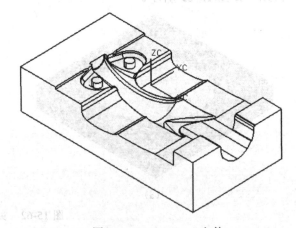

图 15-64　gjqqm.prt 文件

第16章

铜公（电极）编程

铜公（电极）的结构形状比较简单，尺寸要求也不高，但表面光洁度要求较高。本章具有一定的代表性，编程初学者学完本章后即可对 NX 编程思路有总体的认识，并可掌握一定的加工工艺知识。

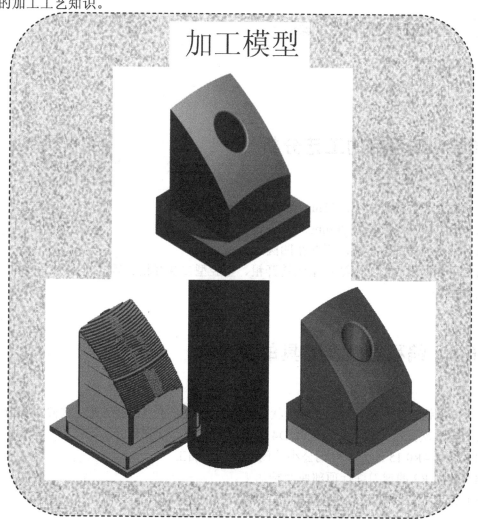

加工模型

16.1　学习目标与课时安排

学习目标及学习内容

（1）掌握铜公的加工工艺。

（2）掌握铜公加工的火花预留量，即负余量的设置。

（3）掌握铜公加工主要使用哪些刀具。

（4）掌握铜公加工的切削参数。

（5）掌握用刀具侧刃来加工直壁面。

学习课时安排（共1课时）

（1）铜公加工工艺。

（2）铜公加工参数设置。

16.2　编程前的工艺分析

（1）铜公（电极）大小：25mm×25mm×30mm。

（2）最大加工深度：约30mm。

（3）最小的凹圆角半径：不存在凹圆角。

（4）需要使用的加工方法：型腔铣开粗、型腔型二次开粗、等高轮廓加工、面铣和区域轮廓铣加工。

16.3　编程思路及刀具的使用

（1）根据铜公（电极）的大小和形状，选择D20的平底刀进行开粗，去除大部分余量。

（2）第一次开粗完成后，可选择D4的平底刀进行二次开粗。

（3）选择4R0.15的刀具对铜公小孔侧面进行精加工。

（4）使用R2的球刀进行顶部曲面精加工。

（5）使用D12的平底刀对直壁面和基准板平面进行精加工。

16.4　制定加工程序单

程　序　单

序号	加工区域	程序组名称	刀具名称	刀具长度	加工子类型	加工方式
1	全部区域（开粗）	TG1	D20	40	型腔铣	粗加工
2	全部区域	TG2	D4	30	型腔铣	粗加工
3	孔陡峭面	TG3	D4	30	等高轮廓铣	精加工
4	顶部平缓曲面	TG4	R2	10	轮廓区域铣	精加工
5	直壁面和基准平面	TG5	D12	35	等高轮廓铣	精加工
6	基准板侧面	TG6	D12	35	轮廓区域铣	

模具装夹示意图

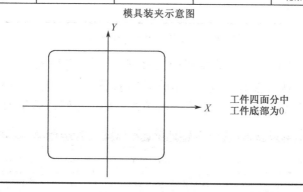

工件四面分中
工件底部为0

16.5　编程前需要注意的问题

（1）首先确定铜公的开料尺寸，从而确定铜公的开粗方式。

（2）确定铜公的装夹方式，是使用平口钳或用"502 胶水"黏住即可。

（3）由于铜公的体积多数比较小，为了减少拆装时间，很多时候会同时加工多个不同的铜公，所以，需要考虑刀路的进退刀或抬刀等是否会撞到另一个铜公。

16.6　铜公（电极）编程的具体步骤

铜公（电极）编程总的过程分为开粗、二次开粗、孔侧面精加工、顶部平缓面精加工、直壁面精加工和基准板侧面精加工。

16.6.1　打开模板和调入模型

（1）打开光盘中的〖Example\moban\moban.prt〗文件，如图 16-1 所示。文件中已创建了常用的刀具，即刀具库。

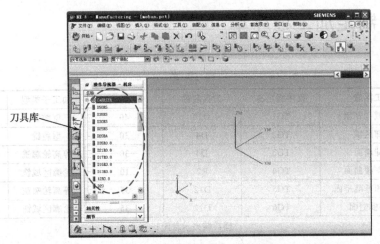

图 16-1　打开 moban.prt 文件

（2）导入要编程的文件。在主菜单栏中选择〖文件〗/〖导入〗/〖部件〗命令，弹出〖导入部件〗对话框，默认其参数设置并单击 确定 按钮，然后选择〖Example\Ch16\tg.prt〗文件进行导入，弹出〖点〗对话框，最后依次单击 确定 按钮，结果如图 16-2 所示。

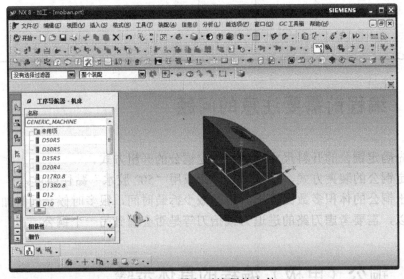

图 16-2　导入要编程的文件

（3）另存文件。在主菜单栏中选择〖文件〗/〖另存为〗命令，弹出〖保存 CAM 安装部件为〗对话框，然后在文件名输入框中输入 tg-2.prt，最后单击 OK 按钮。

16.6.2　开粗——型腔铣

（1）进入编程界面。在键盘上按 Ctrl＋Alt＋M 组合键，弹出〖加工环境〗对话框，如图 16-3 所示。选择 mill-contour 的方式，然后单击 确定 按钮进入编程主界面。

（2）设置安全高度。在〖工序导航器〗中的空白处单击鼠标右键，接着在弹出的菜单中选择〖几何视图〗命令，然后双击 MCS_MILL 图标，弹出〖Mill Orient〗对话框，并设置安全距离为 44。

（3）设置部件。在〖工序导航器〗中双击 WORKPIECE 图标，弹出〖铣削几何体〗对话框。单击〖指定部件〗按钮，弹出〖部件几何体〗对话框，如图 16-4（a），接着选择铜公实体为部件，所示如图 16-4（b）所示，然后单击 确定 按钮。

图 16-3　〖加工环境〗对话框

（a）

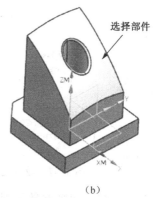

（b）

图 16-4　设置部件

（4）设置毛坯。在〖铣削几何体〗对话框中单击〖指定毛坯〗按钮，弹出〖毛坯几何体〗对话框，接着设置类型为"包容块"，并设置如图 16-5 所示的参数，然后单击 确定 按钮两次。

（a）

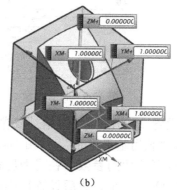

（b）

图 16-5　设置毛坯

（5）切换视图。在〖工序导航器〗中的空白处单击鼠标右键，接着在弹出的菜单中选择〖程序顺序视图〗命令。

（6）创建程序组。在〖加工创建〗工具条中单击〖创建程序〗按钮，弹出〖创建程序〗对话框，接着在〖名称〗输入框中输入 TG1，然后单击 确定 按钮两次。

（7）创建工序。在〖加工创建〗工具条中单击〖创建工序〗 按钮，弹出〖创建工序〗对话框，然后设置如图16-6所示的参数。

（8）设置切削模式、步进和吃刀量。设置切削模式为"跟随周边"，平面直径百分比为60，最大距离为0.5，如图16-7所示。

（9）设置切削参数。在〖型腔铣〗对话框中单击〖切削参数〗 按钮，弹出〖切削参数〗对话框，然后设置切削方向为"顺铣"，切削顺序为"深度优先"，图样方向为"向内"；勾选"岛清理"选项，并设置壁清理为"自动"，如图16-8所示。

图16-6　创建工序　　　图16-7　设置切削模式、步进和吃刀量　　　图16-8　设置切削参数

（10）设置余量。在〖切削参数〗对话框中选择 余量 选项，然后保持"底面余量和侧面余量一致"选项的勾选，并设置部件侧面余量为0.12，如图16-9所示。

（11）设置拐角。在〖切削参数〗对话框中选择 拐角 选项，然后设置光顺为"所有刀路"，半径为0.5mm，如图16-10所示。

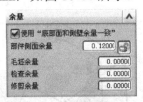

图16-9　设置余量　　　　　　　图16-10　设置拐角

（12）设置二次开粗方式。在〖切削参数〗对话框中选择 空间范围 选项，然后设置处理中的工件为"使用基于层的"，如图16-11所示。

（13）设置非切削参数。在〖型腔铣〗对话框中单击〖非切削移动〗 按钮，弹出〖非切削移动〗对话框，然后设置封闭的区域内进刀类型为"与开放区域相同"，并设置开放区域的进刀类型为"线性"，长度为1，高度为0.5，最小安全距离为4，如图16-12所示。

（14）设置传递方式。在〖非切削移动〗对话框中选择 传递/快速 选项，然后设置安全设置选项为"使用继承的"，区域之间和区域内的传递类型设置为"前一平面"。

（15）设置主轴转度和切削。在〖型腔铣〗对话框中单击〖进给率和速度〗 按钮，弹出〖进给率和速度〗对话框，然后勾选"主轴速度"选项，并设置主轴速度为1500，切削为3500。

（16）生成刀路。在〖型腔铣〗对话框中单击〖生成〗 按钮，系统开始生成刀路，如图16-13所示。

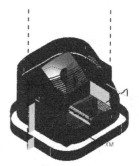

图16-11 设置二次开粗方式   图16-12 设置非切削参数   图16-13 生成刀路

16.6.3 二次开粗——型腔铣

（1）创建程序组。在〖加工创建〗工具条中单击〖创建程序〗 按钮，弹出〖创建程序〗对话框。在〖名称〗输入框中输入TG2，然后单击 确定 按钮两次。

（2）复制刀路，如图16-14所示。

（a）   （b）   （c）

图16-14 复制刀路

（3）指定修剪边界。在〖工序导航器〗中双击 CAVITY_MILL_COPY 图标，弹出〖型腔铣〗对话框。在〖型腔铣〗对话框中单击〖指定修剪边界〗 按钮，弹出〖修剪边界〗对话框，设置过滤器类型为"曲线边界 "，修剪侧为"外部"，然后选择如图16-15所示的两条孔外边缘为修剪边界。

（4）修改刀具为D4，最大距离为0.18。

（5）修改余量。在〖型腔铣〗对话框中单击〖切削参数〗 按钮，弹出〖切削参数〗对话框。选择 余量 选项，然后修改部件侧面余量为0.05。

（6）修改主轴转速和切削。在〖深度加工轮廓〗对话框中单击〖进给率和速度〗 按钮，弹出〖进给率和速度〗对话框，然后修改主轴速度为3500，切削为2800。

（7）生成刀路。在〖型腔铣〗对话框中单击〖生成〗 按钮，系统开始生成刀路，如图 16-16 所示。

(a)

选择边缘为修剪边界

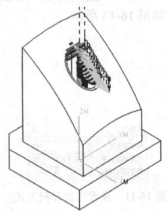

(b)

图 16-15　指定修剪边界

图 16-16　生成刀路

16.6.4　孔侧面精加工——等高轮廓铣

（1）创建程序组。在〖加工创建〗工具条中单击〖创建程序〗 按钮，弹出〖创建程序〗对话框。在〖名称〗输入框中输入 **TG3**，然后单击 确定 按钮两次。

（2）创建工序。在〖加工创建〗工具条中单击〖创建工序〗 按钮，弹出〖创建工序〗对话框，然后设置如图 16-17 所示的参数。

（3）选择加工面。在〖创建工序〗对话框中单击 确定 按钮，弹出〖深度加工轮廓〗对话框。在〖深度加工轮廓〗对话框中单击〖指定切削区域〗 按钮，然后选择孔中的所有面为加工面，如图 16-18 所示，最后单击 确定 按钮。

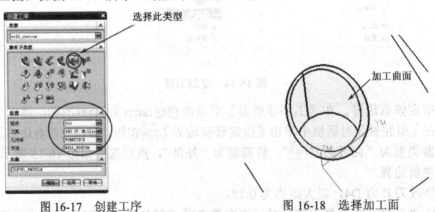

选择此类型

加工曲面

图 16-17　创建工序

图 16-18　选择加工面

（4）设置加工参数。设置陡峭空间范围为"无"，最大距离为 0.08。

（5）设置切削方向和切削顺序。在〖深度加工轮廓〗对话框中单击〖切削参数〗 按钮，弹出〖切削参数〗对话框，然后设置切削方向为"混合"，切削方向为"深度优先"。

（6）设置余量。在〖切削参数〗对话框中选择 余量 选项，然后保持"底面余量和侧面余量一致的"选项的勾选，并设置部件侧面余量为-0.1，如图 16-19 所示。

 编程工程师点评

铜公成型面的加工余量是负数，一般情况下精公（幼公）的火花位约 0.08～0.15，粗公的火花位为 0.25～0.5。

（7）设置拐角。在〖切削参数〗对话框中选择 拐角 选项，然后设置光顺为"所有刀路"，半径为 0.2mm。

（8）设置层到层之间的进刀方式。在〖切削参数〗对话框中选择 连接 选项，然后设置层到层的方式为"直接对部件进刀"。

（9）设置非切削参数。在〖深度加工轮廓〗对话框中单击〖非切削移动〗按钮，弹出〖非切削移动〗对话框，然后设置封闭区域的进刀类型为"和开放区域相同"，并设置开放区域的进刀类型为"圆弧"，半径为 3mm，高度为 0.5，最小安全距离为 0，最小倾斜长度为 0。

（10）设置传递方式。在〖非切削移动〗对话框中选择 传递/快速 选项，然后设置安全设置选项为"使用继承的"，区域之间和区域内的传递类型设置为"前一平面"。

（11）设置主轴转速和切削。在〖深度加工轮廓〗对话框中单击〖进给率和速度〗按钮，弹出〖进给率和速度〗对话框，然后勾选"主轴速度"选项，并设置主轴转速为 3500，切削为 1500。

（12）生成刀路。在〖深度加工轮廓〗对话框中单击〖生成〗按钮，系统开始生成刀路，如图 16-20 所示。

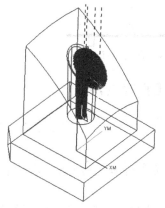

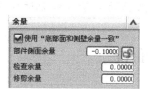

图 16-19　设置余量　　　　　图 16-20　生成刀路

16.6.5　顶部平缓面精加工——轮廓区域铣

（1）创建程序组。在〖加工创建〗工具条中单击〖创建程序〗按钮，弹出〖创建程序〗对话框。在〖名称〗输入框中输入 TG4，然后单击 确定 按钮两次。

（2）创建工序。在〖加工创建〗工具条中单击〖创建工序〗 ► 按钮，弹出〖创建工序〗对话框，然后设置如图 16-21 所示的参数。

（3）选择加工面。在〖创建工序〗对话框中单击 确定 按钮，弹出〖轮廓区域铣〗对话框。在〖轮廓区域铣〗对话框中单击〖指定切削区域〗 ⬚ 按钮，然后选择如图 16-22 所示的三个顶面为加工面，最后单击 确定 按钮。

（4）设置驱动铣削参数。在〖轮廓区域铣〗对话框中单击〖区域铣削编辑〗 🔧 按钮，弹出〖区域铣削驱动方法〗对话框，然后设置步距为"恒定"，距离为 0.1，切削角为"指定"，角度为 2。

（5）设置主轴转速和切削。在〖深度加工轮廓〗对话框中单击〖进给率和速度〗 ✦ 按钮，弹出〖进给率和速度〗对话框，然后勾选"主轴速度"选项，并设置主轴转速为 4000，切削为 1500。

（6）生成刀路。在〖轮廓区域铣〗对话框中单击〖生成〗 ► 按钮，系统开始生成刀路，如图 16-23 所示。

选择此类型

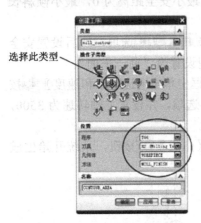

加工曲面

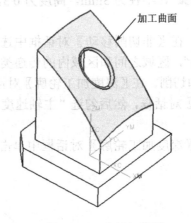

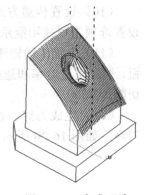

图 16-21　创建工序　　　　　图 16-22　选择加工面　　　　　图 16-23　生成刀路

 编程工程师点评

　　如使用 R3 或更大直径的刀具加工时，则孔内圆弧面的余量可能无法完全清除。

16.6.6　直壁面和基准板平面的加工——面铣

（1）创建程序组。在〖加工创建〗工具条中单击〖创建程序〗 🗔 按钮，弹出〖创建程序〗对话框。在〖名称〗输入框中输入 TG5，然后单击 确定 按钮两次。

（2）创建工序。在〖加工创建〗工具条中单击〖创建工序〗 ► 按钮，弹出〖创建工序〗对话框，然后设置如图 16-24 所示的参数。

（3）选择加工面。在〖创建工序〗对话框中单击 确定 按钮，弹出〖面铣〗对话框。在〖面铣〗对话框中单击〖指定面边界〗 ⬚ 按钮，弹出〖指定面几何体〗对话框，勾选"忽略孔"选项，然后选择如图 16-25 所示的一个加工面，选择完成后单击 确定 按钮。

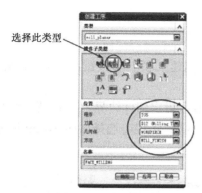

图 16-24　创建工序

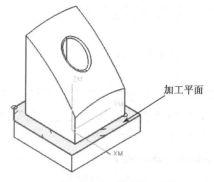

图 16-25　选择加工面

（4）设置刀具参数。设置切削模式为"轮廓加工"，步距为"恒定"，距离为 0.1，毛坯距离为 0.3，最终底部面余量为 0，附加刀路为 2，如图 16-26 所示。

 编程工程师点评

由于直壁面上还存在 0.25mm 的厚度需要加工，且加工高度不算小，所以需要附加 2 个刀路，避免因弹刀而造成过切或加工效果不好。

图 16-26　设置刀具参数

（5）设置切削参数。在〖面铣〗对话框中单击〖切削参数〗按钮，弹出〖切削参数〗对话框，然后设置切削方向为"顺铣"，图样方向为"向外"，勾选"岛清理"选项，并设置壁清理为"自动"。

（6）设置余量。在〖面铣〗对话框中单击〖切削参数〗按钮，弹出〖切削参数〗对话框。选择 余量 选项，然后设置部件余量为 -0.1。

（7）设置非切削移动。在〖切削参数〗对话框中单击〖非切削移动〗按钮，弹出〖非切削移动〗对话框，然后设置封闭区域的进刀类型为"与开放区域相同"，并设置开放区域的进刀类型为"圆弧"，半径为 3mm，高度为 0.5。

（8）设置主轴转速和切削。在〖深度加工轮廓〗对话框中单击〖进给率和速度〗按钮，弹出〖进给率和速度〗对话框，然后勾选"主轴速度"选项，并设置主轴转速为 2000，切削为 500。

（9）生成刀路。在〖面铣〗对话框中单击〖生成〗按钮，系统开始生成刀路，如图 16-27 所示。放大刀路，可以发现刀路中存在三圈轨迹。

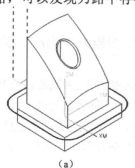

（a）

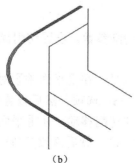

（b）

图 16-27　生成刀路

16.6.7　基准板侧面精加工——平面铣

（1）创建工序。在〖加工创建〗工具条中单击〖创建工序〗 按钮，弹出〖创建工序〗对话框，然后设置如图 16-28 所示的参数。

（2）指定部件边界。在〖平面铣〗对话框中单击〖指定部件边界〗 按钮，弹出〖边界几何体〗对话框。默认模式为"面"，材料侧为"内部"，接着选择如图 16-29 所示的底平面，最后单击 确定 按钮。

图 16-28　创建工序

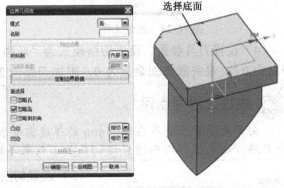

图 16-29　选择加工面

（3）指定底面。在〖平面铣〗对话框中单击〖指定底面〗 按钮，弹出〖平面〗对话框，接着选择如图 16-30 所示的底面，最后单击 确定 按钮。

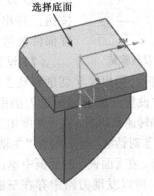

图 16-30　指定底面

（4）设置切削参数。设置切削模式为"轮廓加工"，步距为"恒定"，距离为 0.1，附加刀路为 1。

（5）设置余量。在〖平面铣〗对话框中单击〖切削参数〗 按钮，弹出〖切削参数〗对话框。选择 余量 选项，然后设置部件余量为 0，最终底面余量为 0。

（6）设置非切削移动。在〖平面铣〗对话框中单击〖非切削移动〗 按钮，弹出〖非切削移动〗对话框，然后修改开放区域的进刀类型为"圆弧"，半径为 3mm。

（7）设置主轴转速和切削。在〖平面铣〗对话框中单击〖进给率和速度〗按钮，弹出〖进给率和速度〗对话框，然后设置主轴速度为 2000，切削为 500。

（8）生成刀路。在〖平面铣〗对话框中单击〖生成〗按钮，系统开始生成刀路，如图 16-31 所示。放大刀路，可以发现刀路中存在两圈轨迹。

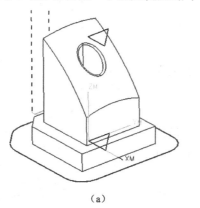 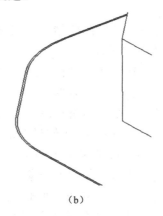

（a） （b）

图 16-31 生成刀路

 编程工程师点评

第一圈刀路去除直壁上的 0.1mm 余量，第二圈刀路去除剩余的 0.05mm 余量。

16.6.8 实体模拟验证

（1）在〖工序导航器中〗选择 NC-PROGRAM。

（2）在〖加工操作〗对话框中单击〖校验刀轨〗按钮，弹出〖刀轨可视化〗对话框。在〖刀轨可视化〗对话框中选择 **2D 动态** 选项，然后单击〖播放〗按钮，系统开始实体模拟，如图 16-32 所示。

（a） （b）

图 16-32 实体模拟

16.7 工程师经验点评

（1）铜公开粗时多用飞刀或合金刀，尽量不用白钢刀。

（2）铜公基准板侧壁精加工时多数是利用白钢刀或合金的的侧刃进行加工。

（3）由于铜料较软，所以尽量使用同一把刀加工较多的部分，以提高加工效率

（4）基准板是无需留负余量（火花位）的。

（5）由于精公（幼公）的最终余量要比粗公的最终余量要小，故一般情况下先加工幼公后加工粗工，减少幼公因过切而导致报废的现象。

（6）当铜公的四周成型面也是直壁面时，为了提高加工效率，也应该使用刀具的侧刃进行加工，但当直壁面过高时，则可以分开来分层加工，如图16-33所示。

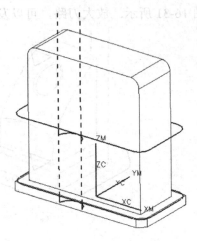

图 16-33　加工直壁面

16.8 练习题

16-1　打开光盘中的〖Lianxi\Ch16\tg00.prt〗文件，如图16-34所示。根据本章所学习的知识，对提供的铜公进行编程，其中精公火花位为0.1，粗公火花位为0.3。

16-2　打开光盘中的〖Lianxi\Ch16\tg01.prt〗文件，如图16-35所示。根据本章所学习的知识，对提供的铜公进行编程，其中精公火花位为0.1，粗公火花位为0.3。

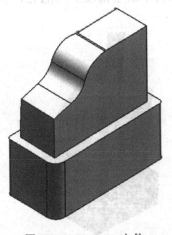

图 16-34　tg00.prt 文件

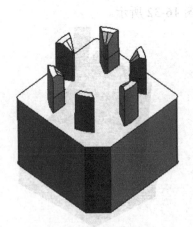

图 16-35　tg01.prt 文件